"十四五"职业教育国家规划教材

职业教育**数字媒体应用**
人才培养系列教材

Illustrator CC 2019

实例教程 全彩微课版

湛邵斌／主编　李晓堂／副主编

U0233637

人民邮电出版社

北　京

图书在版编目（ＣＩＰ）数据

Illustrator实例教程：全彩微课版 / 湛邵斌主编
. -- 北京：人民邮电出版社，2022.2
职业教育数字媒体应用人才培养系列教材
ISBN 978-7-115-56660-7

Ⅰ．①I… Ⅱ．①湛… Ⅲ．①图形软件－职业教育－
教材 Ⅳ．①TP391.412

中国版本图书馆CIP数据核字(2021)第112657号

内 容 提 要

本书全面系统地介绍了 Illustrator CC 2019 的基本操作方法和矢量图形制作技巧，包括初识
Illustrator CC 2019、图形的绘制与编辑、路径的绘制与编辑、图像对象的组织、颜色填充与描边、文
本的编辑、图表的编辑、图层和蒙版的使用、使用混合与封套效果、效果的使用、综合设计实训等
内容。

本书内容的讲解均以课堂案例为主线，通过课堂案例，学生可以快速熟悉软件功能和图形设计
思路。书中的软件功能解析部分可以使学生深入了解软件的功能；课堂练习和课后习题可以拓展学
生的实际应用能力，使学生熟悉软件的使用技巧；最后一章的综合设计实训可以帮助学生快速地掌
握商业图形的设计理念和设计元素，顺利达到实战水平。

本书适合作为高等职业院校数字媒体艺术类专业 Illustrator 课程的教材，也可作为相关人员的参
考用书。

♦ 主　　编　湛邵斌
　　副 主 编　李晓堂
　　责任编辑　桑　珊
　　责任印制　王　郁　焦志炜
♦ 人民邮电出版社出版发行　　北京市丰台区成寿寺路 11 号
　　邮编 100164　电子邮件 315@ptpress.com.cn
　　网址 https://www.ptpress.com.cn
　　雅迪云印（天津）科技有限公司印刷
♦ 开本：787×1092　1/16
　　印张：18　　　　　　　　　2022 年 2 月第 1 版
　　字数：458 千字　　　　　　2025 年 1 月天津第 9 次印刷

定价：79.80 元

读者服务热线：(010)81055256　印装质量热线：(010)81055316
反盗版热线：(010)81055315
广告经营许可证：京东市监广登字 20170147 号

Illustrator 是由 Adobe 公司开发的矢量图形处理和编辑软件。它功能强大、易学易用，深受平面设计人员和图形图像处理爱好者的喜爱，已经成为这一领域非常流行的软件之一。目前，我国很多职业院校的数字媒体艺术类专业都将 Illustrator 列为重要的专业课程。为了帮助职业院校的教师全面、系统地讲授这门课程，使学生能够熟练地使用 Illustrator 来进行创意设计，我们几位长期在职业院校从事 Illustrator 教学的教师与专业平面设计公司中经验丰富的设计师合作，共同编写了本书。

本书全面贯彻党的二十大精神，以社会主义核心价值观为引领，传承中华优秀传统文化，坚定文化自信，使内容更好体现时代性、把握规律性、富于创造性。

我们对本书的编写体系做了精心的设计，按照"课堂案例 – 软件功能解析 – 课堂练习 – 课后习题"这一思路进行编排，力求通过课堂案例演练，使学生快速地熟悉软件功能和艺术设计思路；通过软件功能的解析，使学生深入地学习软件功能和制作特色；通过课堂练习和课后习题，拓展学生的实际应用能力。在内容编写方面，我们力求细致全面、重点突出；在文字叙述方面，我们注意言简意赅、通俗易懂；在案例选取方面，我们强调案例的针对性和实用性。

本书的配套云盘中包含了书中所有案例的素材及效果文件。另外，为方便教师教学，本书配备了详尽的课堂练习和课后习题的操作步骤、PPT 课件以及教学大纲等丰富的教学资源，任课教师可到人邮教育社区（www.ryjiaoyu.com）免费下载使用。本书的参考学时为 64 学时，其中实训环节为 34 学时，各章的参考学时参见下面的学时分配表。

章	课程内容	学时分配	
		讲　授	实　训
第 1 章	初识 Illustrator CC 2019	2	
第 2 章	图形的绘制与编辑	4	4
第 3 章	路径的绘制与编辑	2	4
第 4 章	图像对象的组织	2	2
第 5 章	颜色填充与描边	4	4
第 6 章	文本的编辑	2	4
第 7 章	图表的编辑	2	2
第 8 章	图层和蒙版的使用	2	2
第 9 章	使用混合与封套效果	2	2
第 10 章	效果的使用	4	4
第 11 章	综合设计实训	4	6
学时总计		30	34

本书中提到的颜色，如浅黄色（255、244、190），括号中的数值分别为其 R、G、B 的值；如浅蓝色（60、3、31、0），括号中的数值分别为其 C、M、Y、K 的值。

由于编者水平有限，书中难免存在不妥之处，敬请广大读者批评指正。

编　者
2023 年 5 月

教学辅助资源

素材类型	名称或数量	素材类型	名称或数量	素材类型	名称或数量
教学大纲	1 套	PPT 课件	11 个	课后习题	11 个
电子教案	11 个	课堂案例	25 个	课后答案	11 个

配套视频列表

章	视频微课	章	视频微课
第 2 章 图形的绘制与编辑	绘制人物图标	第 7 章 图表的编辑	制作用户年龄分布图表
	绘制卡通形象		制作旅行主题偏好图表
	绘制猫头鹰	第 8 章 图层和蒙版的使用	制作脐橙线下海报
	绘制钱包插图		制作旅游海报
	绘制家居装修 App 图标		制作旅游出行微信运营海报
第 3 章 路径的绘制与编辑	绘制可口冰淇淋	第 9 章 使用混合与封套效果	制作礼券
	绘制播放图标		制作火焰贴纸
	绘制可爱小鳄鱼		制作音乐节海报
	绘制婴儿贴		制作果果代金券
第 4 章 图像对象的组织	制作寿司店海报	第 10 章 效果的使用	制作锯齿状文字效果
	制作文化传媒运营海报		制作矛盾空间效果 Logo
	制作家居画册内页		制作学术讲座海报
	制作钢琴演奏海报		制作文化传媒微信运营海报
第 5 章 颜色填充与描边	绘制餐饮图标	第 11 章 综合设计实训	制作餐饮食品招贴
	绘制金刚区歌单话筒图标		制作美食宣传单
	绘制许愿灯插画		制作阅读平台推广海报
	制作金融理财 App 弹窗		制作坚果食品包装
	制作化妆品 Banner		制作金融理财 App 的 Banner
第 6 章 文本的编辑	制作电商广告		制作餐饮连锁店 App 引导页
	制作服装饰品杂志封面		设计家居画册封面
	制作美食线下海报		设计健康医疗 App 引导页
	制作文字海报		设计培训班宣传单
第 7 章 图表的编辑	制作招聘求职领域月活跃人数图表		设计商场海报
	制作娱乐直播统计图表		

课程思政元素分布

序号	章节	案例名称	思政元素	序号	章节	案例名称	思政元素
1	第 2 章	绘制猫头鹰	保护野生动物、爱护生态环境	5	第 7 章	制作招聘求职领域月活跃人数图表	平等竞争、积极就业
2	第 4 章	制作文化传媒运营海报	中国优秀传统文化的体现——传统节日	6	第 8 章	制作脐橙线下海报	乡村振兴、地方特色
3	第 4 章	绘制许愿灯插画	中国优秀传统文化的体现——传统节日	7	第 10 章	制作学术讲座海报	弘扬中国传统文化，宣传民族特色和风貌
4	第 6 章	制作文字海报	艰苦奋斗、实事求是、勇于开拓的创业精神	8	第 11 章	制作美食宣传单	传统八大菜系

C O N T E N T S 目 录

目录 C O N T E N T S

CONTENTS 目录

目录 C O N T E N T S

CONTENTS 目录

目录 C O N T E N T S

01

第 1 章
初识 Illustrator CC 2019

学习引导

本章将介绍 Illustrator CC 2019 的工作界面，以及矢量图和位图的概念；此外，还将介绍文件的基本操作和图像的显示效果；最后介绍标尺、参考线、网格的使用，以及软件的安装与卸载方法。通过本章的学习，读者可以掌握 Illustrator CC 2019 的基本功能，为进一步学习 Illustrator CC 2019 打下坚实的基础。

知识目标

1. 了解 IllustratorCC 2019 的工作界面
2. 掌握矢量图和位图的区别
3. 熟练掌握文件的基本操作命令
4. 了解辅助工具
5. 了解软件的安装与卸载

能力目标

1. 熟练掌握新建、打开、保存和关闭文件的操作方法
2. 掌握显示图像的技巧
3. 掌握标尺、参考线和网格的使用方法

素质目标

1. 培养能够合理制定学习计划的学习能力
2. 培养能够与他人有效沟通的合作能力
3. 培养信息资源高效获取的能力

1.1　Illustrator CC 2019 的工作界面

Illustrator CC 2019 的工作界面主要由菜单栏、标题栏、工具箱、工具属性栏、控制面板、页面区域、滚动条、泊槽和状态栏等部分组成，如图 1-1 所示。

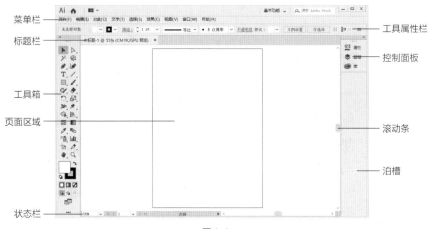

图 1-1

菜单栏：包括 Illustrator CC 2019 中所有的操作命令，主要包括 9 个主菜单，每一个菜单中又包括各自的子菜单，通过选择菜单中的命令可以完成基本操作。

标题栏：标题栏左侧是当前运行程序的名称，右侧是控制窗口的按钮。

工具箱：包括 Illustrator CC 2019 中所有的工具，大部分工具还有其展开式工具组，其中包括与该工具功能相似的工具，可以方便、快捷地进行绘图与编辑。

工具属性栏：当选中工具箱中的一个工具后，会在 Illustrator CC 2019 的工作界面中出现该工具的属性栏。

控制面板：使用控制面板可以快速调出许多设置数值和调节功能的对话框，它是 Illustrator CC 2019 中最重要的组件之一。控制面板是可以折叠的，可根据需要分离或组合，非常灵活。

页面区域：指在工作界面的中间以黑色实线表示的矩形区域，这个区域的大小就是用户设置的页面大小。

滚动条：当屏幕内不能完全显示出整个文档的时候，可以通过对滚动条的拖曳来实现对整个文档的全部浏览。

泊槽：用来组织和存放控制面板。

状态栏：显示当前文档视图的显示比例，当前正在使用的工具、时间和日期等信息。

1.1.1　菜单栏及其快捷方式

熟练使用菜单栏能够快速、有效地绘制和编辑图像，达到事半功倍的效果，下面详细介绍菜单栏。

Illustrator CC 2019 中的菜单栏包含"文件""编辑""对象""文字""选择""效果""视图""窗口""帮助"这 9 个菜单，如图 1-2 所示。每个菜单里又包含相应的子菜单。

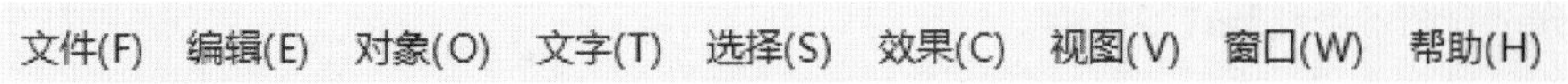

文件(F)　编辑(E)　对象(O)　文字(T)　选择(S)　效果(C)　视图(V)　窗口(W)　帮助(H)

图 1-2

　　每个下拉菜单的左边是命令的名称，在经常使用的命令右边是该命令的快捷组合键（以下简称组合键），要执行该命令，可以直接按下键盘上的组合键，这样可以提高操作速度。例如，"选择 > 全部"命令的组合键为 Ctrl+A。

　　有些命令的右边有一个黑色的三角形"▶"，表示该命令还有相应的子菜单，用鼠标单击它，即可弹出其子菜单。有些命令的后面有省略号"..."，表示用鼠标单击该命令可以弹出相应的对话框，在对话框中可进行更详尽的设置。有些命令呈灰色，表示该命令在当前状态下不可用，需要选中相应的对象或在合适的设置时，该命令才会变为黑色，呈可用状态。

1.1.2　工具箱

　　Illustrator CC 2019 的工具箱内包括了大量具有强大功能的工具，这些工具可以使用户在绘制和编辑图像的过程中制作出更加精彩的效果。工具箱如图 1-3 所示。

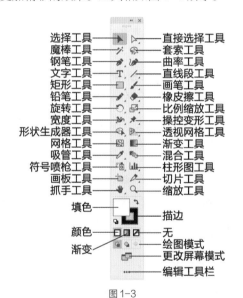

图 1-3

　　工具箱中部分工具按钮的右下角带有一个黑色三角形"◢"，表示该工具还有展开式工具组，用鼠标按住该工具不放，即可弹出展开式工具组。如用鼠标按住文字工具 **T**，将展开文字工具组，如图 1-4 所示。用鼠标单击文字工具组右边的黑色三角形，如图 1-5 所示，文字工具组就从工具箱中分离出来，成为一个相对独立的工具栏，如图 1-6 所示。

图 1-4

图 1-5

图 1-6

下面分别介绍各个展开式工具组。

直接选择工具组：包括 2 个工具，直接选择工具和编组选择工具，如图 1-7 所示。

钢笔工具组：包括 4 个工具，钢笔工具、添加锚点工具、删除锚点工具和锚点工具，如图 1-8 所示。

文字工具组：包括 7 个工具，文字工具、区域文字工具、路径文字工具、直排文字工具、直排区域文字工具、直排路径文字工具和修饰文字工具，如图 1-9 所示。

图 1-7　　　　　　　　图 1-8　　　　　　　　图 1-9

直线段工具组：包括 5 个工具，直线段工具、弧形工具、螺旋线工具、矩形网格工具和极坐标网格工具，如图 1-10 所示。

矩形工具组：包括 6 个工具，矩形工具、圆角矩形工具、椭圆工具、多边形工具、星形工具和光晕工具，如图 1-11 所示。

画笔工具组：包括 2 个工具，画笔工具和斑点画笔工具，如图 1-12 所示。

铅笔工具组：包括 5 个工具，Shaper 工具、铅笔工具、平滑工具、路径橡皮擦工具和连接工具，如图 1-13 所示。

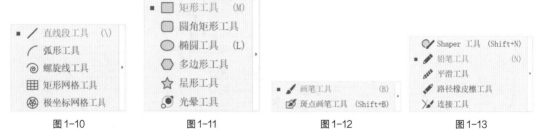

图 1-10　　　　　　图 1-11　　　　　　图 1-12　　　　　　图 1-13

橡皮擦工具组：包括 3 个工具，橡皮擦工具、剪刀工具和刻刀，如图 1-14 所示。

旋转工具组：包括 2 个工具，旋转工具和镜像工具，如图 1-15 所示。

比例缩放工具组：包括 3 个工具，比例缩放工具、倾斜工具和整形工具，如图 1-16 所示。

宽度工具组：包括 8 个工具，宽度工具、变形工具、旋转扭曲工具、缩拢工具、膨胀工具、扇贝工具、晶格化工具和皱褶工具，如图 1-17 所示。

图 1-14　　　　　　图 1-15　　　　　　图 1-16　　　　　　图 1-17

操控变形工具组：包括 2 个工具，操控变形工具和自由变换工具，如图 1-18 所示。

形状生成器工具组：包括 3 个工具，形状生成器工具、实时上色工具和实时上色选择工具，如图 1-19 所示。

透视网格工具组：包括 2 个工具，透视网格工具和透视选区工具，如图 1-20 所示。

吸管工具组：包括 2 个工具，吸管工具和度量工具，如图 1-21 所示。

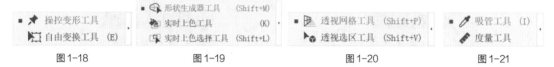

| 图 1-18 | 图 1-19 | 图 1-20 | 图 1-21 |

符号喷枪工具组：包括 8 个工具，符号喷枪工具、符号移位器工具、符号紧缩器工具、符号缩放器工具、符号旋转器工具、符号着色器工具、符号滤色器工具和符号样式器工具，如图 1-22 所示。

柱形图工具组：包括 9 个工具，柱形图工具、堆积柱形图工具、条形图工具、堆积条形图工具、折线图工具、面积图工具、散点图工具、饼图工具和雷达图工具，如图 1-23 所示。

切片工具组：包括 2 个工具，切片工具和切片选择工具，如图 1-24 所示。

抓手工具组：包括 2 个工具，抓手工具和打印拼贴工具，如图 1-25 所示。

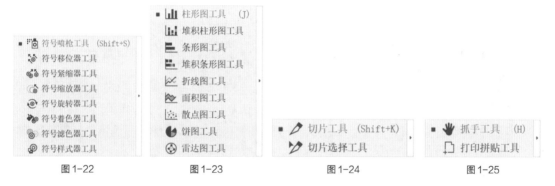

| 图 1-22 | 图 1-23 | 图 1-24 | 图 1-25 |

1.1.3　工具属性栏

在 Illustrator CC 2019 的工具属性栏中可以快捷应用与所选对象相关的选项，它根据用户所选工具和对象的不同来显示不同的选项，包括画笔、描边、样式等多个控制面板的功能。选择路径对象的锚点后，工具属性栏如图 1-26 所示。选择"文字"工具 **T** 后，工具属性栏如图 1-27 所示。

图 1-26

图 1-27

1.1.4　控制面板

Illustrator CC 2019 的控制面板位于工作界面的右侧，它包括许多实用、快捷的工具和命令。随着 Illustrator CC 新版本功能的不断增强，控制面板也在不断改进，越来越合理，为用户绘制和编辑图像带来了更大的方便。

控制面板以组的形式出现，图 1-28 所示是其中的一组控制面板。用鼠标选中并按住"色板"控制面板的标题不放，如图 1-29 所示，向页面中拖曳，如图 1-30 所示。拖曳到控制面板组外时，释放鼠标左键，将形成独立的控制面板，如图 1-31 所示。

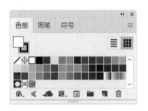

图 1-28

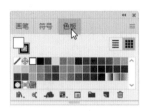

图 1-29

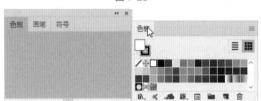

图 1-30

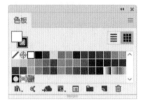

图 1-31

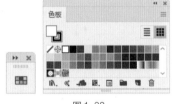

图 1-32

用鼠标单击控制面板右上角的折叠为图标按钮 « 和展开按钮 » 来折叠或展开控制面板，效果如图 1-32 所示。将鼠标指针放置在控制面板右下角，指针变为 ⤡ 图标，单击并按住鼠标左键不放，拖曳鼠标可放大或缩小控制面板。

绘制图形图像时，经常需要选择不同的选项和数值，可以通过控制面板直接进行操作。通过选择"窗口"菜单中的各个命令可以显示或隐藏控制面板。这样可省去反复选择命令或关闭窗口的麻烦。控制面板为用户设置数值和修改命令提供了一个方便、快捷的平台，使软件的交互性更强。

1.1.5 状态栏

状态栏在工作界面的最下面，包括 4 个部分。第 1 部分的百分比表示当前文档的显示比例；第 2 部分是画板导航，可在画板间切换；第 3 部分显示当前使用的工具，当前的日期、时间、文件操作的还原次数和文档颜色配置文件等；右侧是滚动条，当绘制的图像过大不能完全显示时，可以通过拖曳滚动条浏览整个图像，如图 1-33 所示。

图 1-33

1.2 矢量图和位图

在计算机应用系统中，大致会应用两种图像，即位图图像与矢量图像。在 Illustrator CC 2019 中，不仅可以制作出各式各样的矢量图像，还可以导入位图图像进行编辑。

位图图像也叫点阵图像，如图 1-34 所示，它是由许多单独的点组成的，这些点又称为像素点，每个像素点都有特定的位置和颜色值。位图图像的显示效果与像素点是紧密联系在一起的，不同排列和着色的像素点在一起组成了一幅色彩丰富的图像。像素点越多，图像的分辨率越高，相应地，图像文件占用的存储空间也会随之增大。

使用 Illustrator CC 2019 可以对位图进行编辑，除了可以使用变形工具对位图进行变形处理外，还可以通过复制工具，在画面上复制出相同的位图，制作出更完美的作品。位图图像的优点是制作的图像色彩丰富；不足之处是文件占用的存储空间太大，而且在放大图像时会失真，图像边缘会出现锯齿，模糊不清。

矢量图像也叫向量图像，如图 1-35 所示，它是一种用基于数学方法的绘图方式绘制的图像。矢量图像中的各种图形元素称之为对象，每一个对象都是独立的个体，都具有大小、颜色、形状、轮廓等特性。在移动和改变它们的属性时，可以保持对象原有的清晰度和弯曲度。矢量图形是由一条条的直线或曲线构成的，在填充颜色时，会按照指定的颜色沿曲线的轮廓边缘进行着色。

图 1-34

图 1-35

矢量图像的优点是文件占用的存储空间较小，矢量图像的显示效果与分辨率无关，因此缩放图形时，对象会保持原有的清晰度以及弯曲度，颜色和外观形状也都不会发生任何偏差和变形，不会产生失真的现象。其不足之处是矢量绘图方式不易制作色调丰富的图像，绘制出来的图形无法像位图那样精确地描绘各种绚丽的景象。

1.3　文件的基本操作

在开始设计和制作平面设计作品前，需要掌握一些基础的文件操作方法。下面将介绍新建、打开、保存和关闭文件的基本方法。

1.3.1　新建文件

选择"文件 > 新建"命令（组合键为 Ctrl+N），弹出"新建文档"对话框，根据需要单击上方的类别选项卡，选择需要的预设新建文档，如图 1-36 所示。可在右侧的"预设详细信息"选项中修改图像的名称、宽度和高度、分辨率和颜色模式等预设数值。设置完成后，单击"创建"按钮，即可建立一个新的文档。

"名称"文本框：可以在文本框中输入新建文件的名称，默认状态下为"未标题 -1"。

"宽度"和"高度"文本框：用于设置文件的宽度和高度的数值。

"单位"选项：设置文件宽度和高度所采用的单位，默认状态下为"毫米"。

"方向"选项：用于设置新建页面竖向或横向排列。

"画板"选项：可以设置页面中画板的数量。

"出血"选项：用于设置页面上、下、左、右的出血值。默认状态下，右侧按钮为锁定状态 ，可同时设置出血值；单击右侧的按钮，使其处于解锁状态，可单独设置出血值。

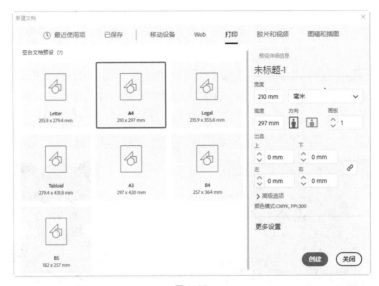

图 1-36

单击"高级选项"左侧的三角按钮，可以展开高级选项，如图 1-37 所示。

"颜色模式"选项：用于设置新建文件的颜色模式。

"光栅效果"选项：用于设置文件的栅格效果。

"预览模式"选项：用于设置文件的预览模式。

单击"更多设置"按钮，弹出"更多设置"对话框，如图 1-38 所示，可进行更进一步的设置。

图 1-37

图 1-38

1.3.2　打开文件

选择"文件 > 打开"命令（组合键为 Ctrl+O），弹出"打开"对话框，如图 1-39 所示。在对话框中搜索路径和要打开的文件，确认文件类型和名称，单击"打开"按钮，即可打开选择的文件。

图 1-39

1.3.3 保存文件

当用户第一次保存文件时，选择"文件 > 存储"命令（组合键为 Ctrl+S），弹出"存储为"对话框，如图 1-40 所示，在对话框中输入要保存的文件名称，设置保存文件的路径、类型。设置完成后，单击"保存"按钮，即可保存文件。

当用户对图形文件进行了各种编辑操作并保存后，再选择"存储"命令时，将不弹出"存储为"对话框，计算机会直接保存最终确认的结果，并覆盖原文件。因此，在未确定要放弃原始文件之前，应慎用此命令。

图 1-40

若既要保存修改过的文件，又不想放弃原文件，则可以用"存储为"命令。选择"文件 > 存储为"命令（组合键为 Shift+Ctrl+S），弹出"存储为"对话框，在这个对话框中，可以为修改过的文件重新命名，并设置文件的路径和类型。设置完成后，单击"保存"按钮，原文件依旧保留不变，而修改过的文件被另存为一个新的文件。

1.3.4 关闭文件

选择"文件 > 关闭"命令（组合键为 Ctrl+W），如图 1-41 所示，可将当前文件关闭。"关闭"命令只有当有文件被打开时才呈现为可用状态。也可单击绘图窗口右上角的按钮 ⊠ 来关闭文件。若当前文件被修改过或是新建的文件，那么在关闭文件的时候系统就会弹出一个提示框，如图 1-42 所示。单击"是"按钮即可先保存再关闭文件，单击"否"按钮即不保存文件的更改而直接关闭文件，单击"取消"按钮即取消关闭文件的操作。

图 1-41

图 1-42

1.4 图像的显示效果

在使用 Illustrator CC 2019 绘制和编辑图形图像的过程中，用户可以根据需要随时调整图形图像的显示模式和显示比例，以便对所绘制和编辑的图形图像进行观察和操作。

1.4.1 选择视图模式

Illustrator CC 2019 包括 6 种视图模式，即"CPU 预览""轮廓""GPU 预览""叠印预览""像素预览""裁切视图"，绘制图像的时候，可根据不同的需要选择不同的视图模式。

"CPU 预览"模式是系统默认的模式，图像显示效果如图 1-43 所示。

"轮廓"模式隐藏了图像的颜色信息，用线框轮廓来表现图像。这样在绘制图像时有很高的灵活性，可以根据需要，单独查看轮廓线，极大地提升了图像运算的速度，提高了工作效率。"轮廓"模式的图像显示效果如图 1-44 所示。如果当前图像为其他模式，选择"视图 > 轮廓"命令（组合键为 Ctrl+Y），将切换到"轮廓"模式，再选择"视图 > 在 CPU 上预览"命令（组合键为 Ctrl+Y），将切换到"CPU 预览"模式，可以预览彩色图稿。

"GPU 预览"模式，可以在屏幕分辨率的高度或宽度大于 2 000 像素时，按轮廓查看图稿。此模式下，轮廓的路径显示会更平滑，且可以缩短重新绘制图稿的时间。如果当前图像为其他模式，选择"视图 > GPU 预览"命令（组合键为 Ctrl+E），将切换到"GPU 预览"模式。

"叠印预览"模式可以显示接近油墨混合的效果，如图 1-45 所示。如果当前图像为其他模式，选择"视图 > 叠印预览"命令（组合键为 Alt+Shift+Ctrl+Y），将切换到"叠印预览"模式。

"像素预览"模式可以将绘制的矢量图像转换为位图显示。这样可以有效控制图像的精确度和尺寸等。转换后的图像在放大时会看见排列在一起的像素点，如图 1-46 所示。如果当前图像为其他模式，选择"视图 > 像素预览"命令（组合键为 Alt+Ctrl+Y），将切换到"像素预览"模式。

图 1-43　　　　　　　图 1-44　　　　　　　图 1-45　　　　　　　图 1-46

"裁切视图"模式可以剪除画板边缘以外的图稿，并隐藏画布上的所有非打印对象，如网格、参考线等。选择"视图 > 裁切视图"命令，将切换到"裁切视图"模式。

1.4.2 适合窗口大小显示图像

绘制图像时，可以选择"适合窗口大小"命令来显示图像，这时图像就会最大限度地显示在工作界面中并保持其完整性。

选择"视图 > 画板适合窗口大小"命令（组合键为 Ctrl+0），可以使当前画板刚好在窗口中完整显示，图像显示的效果如图 1-47 所示。也可以用鼠标双击"抓手"工具，将图像调整为适合窗口大小显示。

选择"视图 > 全部适合窗口大小"命令（组合键为 Alt+Ctrl+0），可以使全部画板适合窗口大小显示，从而查看窗口中的所有画板内容。

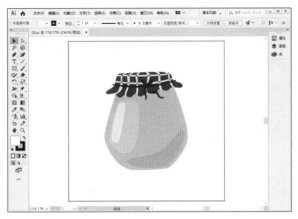

图 1-47

1.4.3　显示图像的实际大小

"实际大小"命令可以使图像按 100% 的效果显示，在此状态下可以对文件进行精确的编辑。选择"视图 > 实际大小"命令（组合键为 Ctrl+1），图像的显示效果如图 1-48 所示。

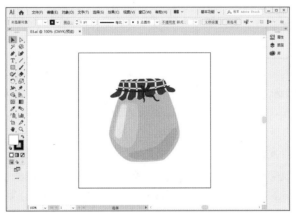

图 1-48

1.4.4　放大显示图像

选择"视图 > 放大"命令（组合键为 Ctrl++），每选择一次"放大"命令，页面内的图像就会被放大一级。例如，图像以 100% 的比例显示在屏幕上，选择"放大"命令一次，则变成 150%，再选择一次，则变成 200%，放大后的效果如图 1-49 所示。

也可使用"缩放"工具放大显示图像。选择"缩放"工具 🔍，在页面中鼠标指针会自动变为放大图标 🔍，每单击一次鼠标左键，图像就会放大一级。例如，图像以 100% 的比例显示在屏幕上，单击鼠标一次，则变成 150%，放大的效果如图 1-50 所示。

若要对图像的局部区域放大，则先选择"缩放"工具 🔍，然后把放大图标 🔍 定位在要放大的区域外，按住鼠标左键并拖曳鼠标指针，画出矩形框圈选所需的区域，如图 1-51 所示，然后释放鼠标左键，这个区域就会放大显示并填满图像窗口，如图 1-52 所示。

图 1-49

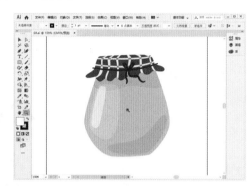

图 1-50

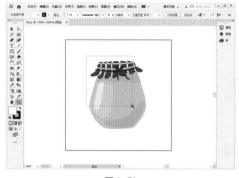

图 1-51

图 1-52

提示

在使用其他工具时，若要切换到缩放工具，按 Ctrl+Space（空格）组合键即可。

使用状态栏也可放大显示图像。在状态栏中的百分比数值框 100% 中直接输入需要放大的百分比数值，按 Enter 键即可执行放大操作。

还可使用"导航器"控制面板放大显示图像。单击控制面板下方数值框右侧的"放大"按钮，可逐级地放大图像，如图 1-53 所示。在百分比数值框中直接输入数值后，按 Enter 键也可以将图像放大，如图 1-54 所示。单击百分比数值框右侧的按钮，在弹出的下拉列表中可以选择缩放比例。

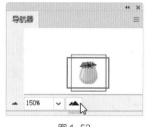

图 1-53

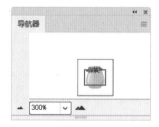

图 1-54

1.4.5 缩小显示图像

选择"视图 > 缩小"命令（组合键为 Ctrl+-），每选择一次"缩小"命令，页面内的图像就会被缩小一级，效果如图 1-55 所示。

也可使用缩小工具缩小显示图像。选择"缩放"工具 🔍，在页面中鼠标指针会自动变为放大图标 🔍，按住 Alt 键，则屏幕上的图标变为缩小图标 🔍。按住 Alt 键不放，单击图像一次，图像就会缩小一级。

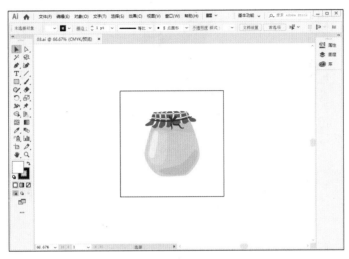

图 1-55

 提示

在使用其他工具时，若要切换到缩小工具，可以按 Alt+Ctrl+Space 组合键。

使用状态栏也可缩小显示图像。在状态栏中的百分比数值框 100% ☑ 中直接输入需要缩小的百分比数值，按 Enter 键即可执行缩小操作。

还可使用"导航器"控制面板缩小显示图像。单击控制面板下方数值框左侧的"缩小"按钮 ▲，可逐级地缩小图像。在百分比数值框中直接输入需要缩小的百分比数值后，按 Enter 键也可以将图像缩小。单击百分比数值框右侧的按钮 ☑，在弹出的下拉列表中可以选择缩放比例。

1.4.6 全屏显示图像

全屏显示图像，可以更好地观察图像的完整效果。全屏显示图像有以下几种方法。

单击工具箱下方的屏幕模式转换按钮，可以在 3 种模式之间相互转换，即正常屏幕模式、带有菜单栏的全屏模式和全屏模式。按 F 键也可切换屏幕显示模式。

正常屏幕模式：如图 1-56 所示，这种屏幕显示模式包括标题栏、菜单栏、工具箱、工具属性栏、控制面板、状态栏和打开文件的标题栏。

带有菜单栏的全屏模式：如图 1-57 所示，这种屏幕显示模式包括菜单栏、工具箱、工具属性栏和控制面板。

全屏模式：如图 1-58 所示，这种屏幕显示模式只显示页面。按 Tab 键，可以调出菜单栏、工具箱、工具属性栏和控制面板，如图 1-57 所示。

演示文稿模式：图稿作为演示文稿显示。按 Shift+F 组合键，可以切换至演示文稿模式，如图 1-59 所示。

图 1-56

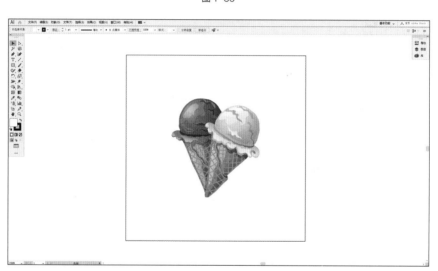

图 1-57

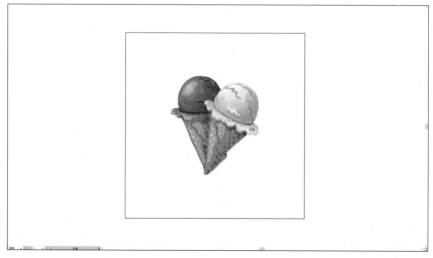

图 1-58

图 1-59

1.4.7 图像窗口显示

当用户打开多个文件时，屏幕会出现多个图像文件窗口，这就需要对窗口进行布置和摆放。

同时打开多幅图像，效果如图 1-60 所示。选择"窗口 > 排列 > 全部在窗口中浮动"命令，图像都浮动排列在界面中，如图 1-61 所示。此时，可对图像进行层叠、平铺的操作。选择"合并所有窗口"命令，可将所有图像再次合并到选项卡中。

图 1-60

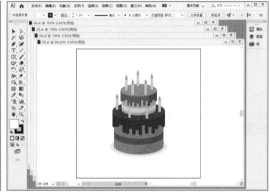

图 1-61

选择"窗口 > 排列 > 平铺"命令，图像的排列效果如图 1-62 所示。选择"窗口 > 排列 > 层叠"命令，图像的排列效果如图 1-63 所示。

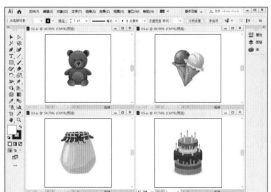

图 1-62

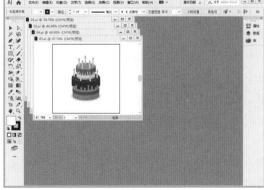

图 1-63

1.4.8 观察放大图像

选择"缩放"工具 🔍 ，当页面中鼠标指针变为放大图标 ⊕ 后，放大图像，图像周围会出现滚动条。选择"抓手"工具 ✋ ，当图像中鼠标指针变为手形图标 🖐 时，按住鼠标左键在放大的图像中拖曳鼠标指针，可以观察图像的每个部分，如图 1-64 所示。还可直接用鼠标拖曳图像周围的水平或垂直滚动条，以观察图像的每个部分，效果如图 1-65 所示。

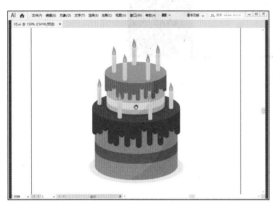 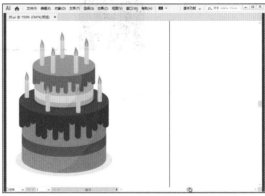

图 1-64   图 1-65

提示

如果正在使用其他工具进行操作，按 Space 键，可以转换为手形图标 🖐 。

1.5 标尺、参考线和网格的使用

Illustrator CC 2019 提供了标尺、参考线和网格等工具，这些工具可以帮助用户对所绘制和编辑的图形图像进行精确定位，还可测量图形图像的准确尺寸。

1.5.1 标尺

选择"视图 > 标尺 > 显示标尺"命令（组合键为 Ctrl+R ），显示出标尺，如图 1-66 所示。如果要将标尺隐藏，可以选择"视图 > 标尺 > 隐藏标尺"命令（组合键为 Ctrl+R ）。

如果需要设置标尺的显示单位，则选择"编辑 > 首选项 > 单位"命令，弹出"首选项"对话框，如图 1-67 所示，可以在"常规"选项的下拉列表中设置标尺的显示单位。

如果仅需要对当前文件设置标尺的显示单位，则选择"文件 > 文档设置"命令，弹出"文

图 1-66

档设置"对话框，如图 1-68 所示，可以在"单位"选项的下拉列表中设置标尺的显示单位。用这种方法设置的标尺单位对以后新建立的文件标尺单位不起作用。

图1-67   图1-68

在系统默认的状态下，标尺的坐标原点在工作页面的左下角，如果想要更改坐标原点的位置，单击水平标尺与垂直标尺的交点并将其拖曳到页面目标位置，释放鼠标，即可将坐标原点设置在此处。如果想要恢复标尺原点的默认位置，双击水平标尺与垂直标尺的交点即可。

1.5.2 参考线

如果想要添加参考线，可以用鼠标在水平或垂直标尺上向页面中拖曳参考线，还可根据需要将图形或路径转换为参考线。

选中要转换的路径，如图 1-69 所示，选择"视图 > 参考线 > 建立参考线"命令（组合键为 Ctrl+5），将选中的路径转换为参考线，如图 1-70 所示。选择"视图 > 参考线 > 释放参考线"命令（组合键为 Alt+Ctrl+5），可以将选中的参考线转换为路径。

图1-69   图1-70

选择"视图 > 参考线 > 隐藏参考线"命令（组合键为 Ctrl+;），可以将参考线隐藏。

选择"视图 > 参考线 > 锁定参考线"命令（组合键为 Alt+Ctrl+;），可以将参考线锁定。

选择"视图 > 参考线 > 清除参考线"命令，可以清除参考线。

选择"视图 > 智能参考线"命令（组合键为 Ctrl+U），可以显示智能参考线。当图形移动或旋转到一定角度时，智能参考线就会高亮显示并给出提示信息。

1.5.3 网格

选择"视图 > 显示网格"命令（组合键为 Ctrl+"），即可显示出网格，如图 1-71 所示。选择"视图 > 隐藏网格"命令（组合键为 Ctrl+"），将网格隐藏。

如果需要设置网格的颜色、样式、间隔等属性，选择"编辑 > 首选项 > 参考线和网格"命令，弹出"首选项"对话框，如图 1-72 所示。其中，各选项的含义如下。

图 1-71

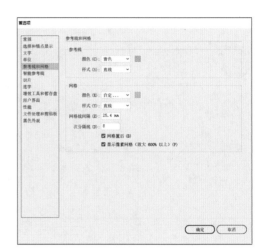

图 1-72

"颜色"选项：用于设置网格的颜色。

"样式"选项：用于设置网格的样式，包括线和点。

"网格线间隔"文本框：用于设置网格线的间距。

"次分隔线"文本框：用于细分网格线的多少。

"网格置后"复选项：用于设置网格线显示在图形的上方或下方。

"显示像素网格（放大 600% 以上）"复选项：在"像素预览"模式下，当图形放大到 600% 以上时，可查看像素网格。

1.6　软件的安装与卸载

1.6.1　安装

（1）打开软件包，双击运行"Set-up"程序，弹出"Adobe Illustrator CC 2019 安装程序"对话框，开始安装文件。

（2）在"安装选项"中，选择"简体中文"语言，安装位置为"默认位置"。

（3）单击"继续"按钮，进入"正在安装"界面，安装完成后，弹出"安装完成"界面，单击"关闭"按钮，关闭界面；单击"启动"按钮，启动软件。

1.6.2　卸载

在"控制面板"中双击"程序和功能"选项，打开"卸载和更改程序"文件夹，选择"Adobe Illustrator CC 2019"软件，单击上方的"卸载"按钮，弹出"卸载选项"对话框，勾选"删除首选项"复选框，单击"卸载"按钮，进入卸载界面，即可完成卸载。

02 第 2 章
图形的绘制与编辑

学习引导

本章将介绍 Illustrator CC 2019 中基本图形工具的使用方法，还将介绍 Illustrator CC 2019 的手绘图形工具及其修饰方法，并详细讲解对象的编辑方法。读者认真学习本章的内容，可以掌握 Illustrator CC 2019 的绘图功能和其特点，以及编辑对象的方法，为进一步学习 Illustrator CC 2019 打好基础。

知识目标

1. 掌握绘制线段和网格的方法
2. 熟练掌握绘制基本图形的技巧
3. 掌握手绘图形的方法
4. 熟练掌握对象的编辑技巧

能力目标

1. 掌握人物图标的绘制方法
2. 掌握卡通形象的绘制方法
3. 掌握猫头鹰的绘制方法
4. 掌握钱包插图的绘制方法
5. 掌握家居装修 App 图标的绘制方法

素质目标

1. 培养对信息加工处理，并能够合理使用的能力
2. 培养具有独到见解的创造性思维能力
3. 培养善于思考勤于练习的业务能力

2.1 绘制线段和网格

在平面设计中，直线和弧线是经常使用的线型。使用"直线段"工具 ╱ 和"弧形"工具 ╱ 可以创建任意的直线和弧线。对这些基本图形进行编辑和变形，就可以得到更多复杂的图形对象。在设计制作时，用户还会应用到各种网格，如矩形网格和极坐标网格。下面详细介绍这些工具的使用方法。

2.1.1 绘制直线

1. 拖曳鼠标指针绘制直线

选择"直线段"工具 ╱，在页面中需要的位置单击并按住鼠标左键不放，拖曳鼠标指针到需要的位置，释放鼠标左键，绘制出一条任意角度的斜线，效果如图 2-1 所示。

选择"直线段"工具 ╱，按住 Shift 键，在页面中需要的位置单击并按住鼠标左键不放，拖曳鼠标指针到需要的位置，释放鼠标左键，绘制出水平、垂直或 45° 角及其倍数的直线，效果如图 2-2 所示。

选择"直线段"工具 ╱，按住 Alt 键，在页面中需要的位置单击鼠标并按住鼠标左键不放，拖曳鼠标指针到需要的位置，释放鼠标左键，绘制出以鼠标单击点为中心的直线（由单击点向两边扩展）。

选择"直线段"工具 ╱，按住 ~ 键，在页面中需要的位置单击并按住鼠标左键不放，拖曳鼠标指针到需要的位置，释放鼠标左键，绘制出多条直线（系统自动设置），效果如图 2-3 所示。

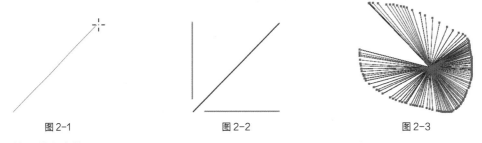

图 2-1   图 2-2   图 2-3

2. 精确绘制直线

选择"直线段"工具 ╱，在页面中需要的位置单击鼠标，或双击"直线段"工具 ╱，都将弹出"直线段工具选项"对话框，如图 2-4 所示。在对话框中，"长度"文本框可以设置线段的长度，"角度"文本框可以设置线段的倾斜度，勾选"线段填色"复选项可以填充直线组成的图形。设置完成后，单击"确定"按钮，得到图 2-5 所示的直线。

图 2-4   图 2-5

2.1.2　绘制弧线

1．拖曳鼠标指针绘制弧线

选择"弧形"工具 $\curvearrowright$ ，在页面中需要的位置单击并按住鼠标左键不放，拖曳鼠标指针到需要的位置，释放鼠标左键，绘制出一段弧线，效果如图 2-6 所示。

选择"弧形"工具 $\curvearrowright$ ，按住 Shift 键，在页面中需要的位置单击并按住鼠标左键不放，拖曳鼠标指针到需要的位置，释放鼠标左键，绘制出在水平和垂直方向上长度相等的弧线，效果如图 2-7 所示。

选择"弧形"工具 $\curvearrowright$ ，按住～键，在页面中需要的位置单击并按住鼠标左键不放，拖曳鼠标指针到需要的位置，释放鼠标左键，绘制出多条弧线，效果如图 2-8 所示。

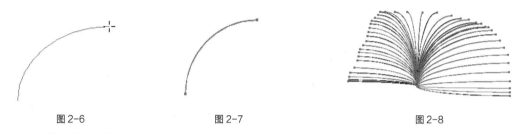

图 2-6　　　　　　　　　　图 2-7　　　　　　　　　　　　图 2-8

2．精确绘制弧线

选择"弧形"工具 $\curvearrowright$ ，在页面中需要的位置单击鼠标，或双击"弧形"工具 $\curvearrowright$ ，都将弹出"弧线段工具选项"对话框，如图 2-9 所示。在对话框中，"X 轴长度"文本框可以设置弧线水平方向的长度，"Y 轴长度"文本框可以设置弧线垂直方向的长度，"类型"选项可以设置弧线类型，"基线轴"选项可以选择坐标轴，勾选"弧线填色"复选项可以填充弧线。设置完成后，单击"确定"按钮，得到图 2-10 所示的弧形。输入不同的数值，将会得到不同的弧形，效果如图 2-11 所示。

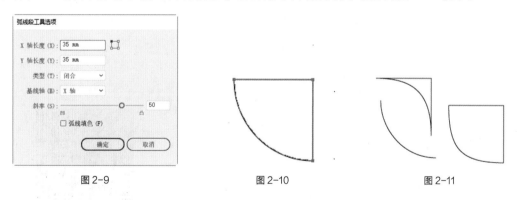

图 2-9　　　　　　　　　　图 2-10　　　　　　　　　　图 2-11

2.1.3　绘制螺旋线

1．拖曳鼠标指针绘制螺旋线

选择"螺旋线"工具 $\textcircled{\scriptsize ⊚}$ ，在页面中需要的位置单击并按住鼠标左键不放，拖曳鼠标指针到需要的位置，释放鼠标左键，绘制出螺旋线，如图 2-12 所示。

选择"螺旋线"工具 $\textcircled{\scriptsize ⊚}$ ，按住 Shift 键，在页面中需要的位置单击并按住鼠标左键不放，拖曳鼠标指针到需要的位置，释放鼠标左键，绘制出螺旋线，绘制的螺旋线转动的角度将是强制角度（默认设置是 45°）的整倍数。

选择"螺旋线"工具 ⊚，按住～键，在页面中需要的位置单击并按住鼠标左键不放，拖曳鼠标指针到需要的位置，释放鼠标左键，绘制出多条螺旋线，效果如图 2-13 所示。

2. 精确绘制螺旋线

选择"螺旋线"工具 ⊚，在页面中需要的位置单击，弹出"螺旋线"对话框，如图 2-14 所示。在对话框中，"半径"文本框可以设置螺旋线的半径，螺旋线的半径指的是从螺旋线的中心点到螺旋线终点之间的距离；"衰减"文本框可以设置前一段螺旋线与后一段螺旋半径的百分比；"段数"选项可以设置螺旋线的螺旋段数；"样式"单选项按钮用来设置螺旋线的旋转方向。设置完成后，单击"确定"按钮，得到图 2-15 所示的螺旋线。

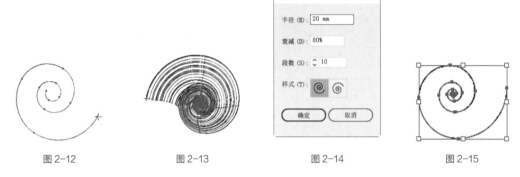

图 2-12   图 2-13   图 2-14   图 2-15

2.1.4 绘制矩形网格

1. 拖曳鼠标指针绘制矩形网格

选择"矩形网格"工具 ▦，在页面中需要的位置单击并按住鼠标左键不放，拖曳鼠标指针到需要的位置，释放鼠标左键，绘制出一个矩形网格，效果如图 2-16 所示。

选择"矩形网格"工具 ▦，按住 Shift 键，在页面中需要的位置单击并按住鼠标左键不放，拖曳鼠标指针到需要的位置，释放鼠标左键，绘制出一个正方形网格，效果如图 2-17 所示。

选择"矩形网格"工具 ▦，按住～键，在页面中需要的位置单击并按住鼠标左键不放，拖曳鼠标指针到需要的位置，释放鼠标左键，绘制出多个矩形网格，效果如图 2-18 所示。

图 2-16   图 2-17   图 2-18

提示

　　选择"矩形网格"工具 ▦，在页面中需要的位置单击并按住鼠标左键不放，拖曳鼠标指针到需要的位置，再按住键盘上方向键中的 ↑ 键，可以增加矩形网格的行数。如果按住键盘上方向键中的 ↓ 键，则可以减少矩形网格的行数。此方法在"极坐标网格"工具 ⊛、"多边形"工具 ⬠、"星形"工具 ☆ 中同样适用。

2. 精确绘制矩形网格

选择"矩形网格"工具 ⊞，在页面中需要的位置单击，或双击"矩形网格"工具 ⊞，都将弹出"矩形网格工具选项"对话框，如图 2-19 所示。在对话框的"默认大小"选项组中，"宽度"文本框可以设置矩形网格的宽度，"高度"文本框可以设置矩形网格的高度；在"水平分隔线"选项组中，"数量"文本框可以设置矩形网格内部水平网格线的数量。"下方 / 上方倾斜"选项可以设置水平网格的倾向；在"垂直分隔线"选项组中，"数量"文本框可以设置矩形网格内部垂直网格线的数量。"左方 / 右方倾斜"选项可以设置垂直网格的倾向。设置完成后，单击"确定"按钮，得到图 2-20 所示的矩形网格。

图 2-19

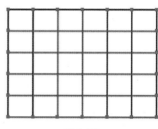

图 2-20

2.1.5 绘制极坐标网格

1. 拖曳鼠标指针绘制极坐标网格

选择"极坐标网格"工具 ⊛，在页面中需要的位置单击并按住鼠标左键不放，拖曳鼠标指针到需要的位置，释放鼠标左键，绘制出一个极坐标网格，效果如图 2-21 所示。

选择"极坐标网格"工具 ⊛，按住 Shift 键，在页面中需要的位置单击并按住鼠标左键不放，拖曳鼠标指针到需要的位置，释放鼠标左键，绘制出一个圆形极坐标网格，效果如图 2-22 所示。

选择"极坐标网格"工具 ⊛，按住 ~ 键，在页面中需要的位置单击并按住鼠标左键不放，拖曳鼠标指针到需要的位置，释放鼠标左键，绘制出多个极坐标网格，效果如图 2-23 所示。

图 2-21

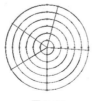

图 2-22

图 2-23

2. 精确绘制极坐标网格

选择"极坐标网格"工具 ⊛，在页面中需要的位置单击，或双击"极坐标网格"工具 ⊛，都将弹出"极坐标网格工具选项"对话框，如图 2-24 所示。在对话框中的"默认大小"选项组中，"宽度"文本框可以设置极坐标网格图形的宽度。"高度"文本框可以设置极坐标网格图形的高度；在"同心圆分隔线"选项组中，"数量"文本框可以设置极坐标网格图形内部同心圆的数量。"内／外倾斜"选项可以设置极坐标网格图形的排列倾向；在"径向分隔线"选项组中，"数量"文本框可以设置极坐标网格图形中射线的数量；"下方／上方倾斜"选项可以设置极坐标网格图形排列倾向。设置完成后，单击"确定"按钮，得到图 2-25 所示的极坐标网格。

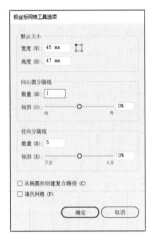

图 2-24

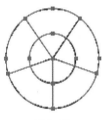

图 2-25

2.2　绘制基本图形

矩形和圆形是最简单、最基本，也是最重要的图形。在 Illustrator CC 2019 中，"矩形"工具、"圆角矩形"工具、"椭圆"工具的使用方法比较类似。通过使用这些工具，可以很方便地在绘图页面上拖曳鼠标指针绘制出各种形状。多边形和星形也是常用的基本图形，它们的绘制方法与绘制矩形和椭圆形的方法类似。除了使用拖曳鼠标指针的绘制方法外，还能通过在相应的对话框进行设置来精确绘制图形。

2.2.1　课堂案例——绘制人物图标

案例学习目标

学习使用基本图形工具绘制人物图标。

案例知识要点

使用"矩形"工具、"变换"控制面板、"多边形"工具、"椭圆"工具和"钢笔"工具绘制人物头发及五官，使用"直接选择"工具调整矩形的锚点，使用"钢笔"工具绘制衣领。人物图标效果如图 2-26 所示。

图 2-26

扫码查看
扩展案例

效果所在位置

云盘 /Ch02/ 效果 / 绘制人物图标 .ai。

1. 绘制头发及五官

（1）按 Ctrl+N 组合键，弹出"新建文档"对话框，设置文档的宽度为 800 px（像素），高度为 600 px，取向为横向，颜色模式为 RGB，单击"创建"按钮，新建一个文档。

扫码观看
本案例视频

（2）选择"文件 > 置入"命令，弹出"置入"对话框，选择云盘中的"Ch02 > 素材 > 绘制人物图标 >01"文件，单击"置入"按钮，在页面中单击置入图片，单击属性栏中的"嵌入"按钮，嵌入图片。选择"选择"工具 ▶，拖曳线稿图片到适当的位置，效果如图 2-27 所示。按 Ctrl+2 组合键，锁定所选对象。

（3）选择"椭圆"工具 ⬭，按住 Shift 键的同时，沿线稿图外轮廓绘制一个圆形，效果如图 2-28 所示。

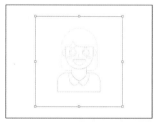
图 2-27

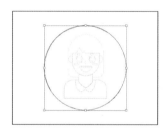
图 2-28

（4）选择"矩形"工具 ▭，在适当的位置绘制一个矩形，如图 2-29 所示。选择"窗口 > 变换"命令，弹出"变换"控制面板，在"矩形属性"选项组中，将"圆角半径"选项设为 98 px、98 px、28 px、28 px，如图 2-30 所示，按 Enter 键确定操作，效果如图 2-31 所示。

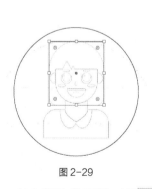
图 2-29

图 2-30

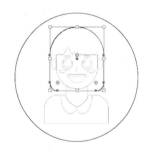
图 2-31

（5）使用"矩形"工具 ▭，再绘制一个矩形，如图 2-32 所示。在"变换"控制面板中，将"圆角半径"选项设为 0 px、0 px、75 px、75 px，如图 2-33 所示，按 Enter 键确定操作，效果如图 2-34 所示。

（6）选择"选择"工具 ▶，选取下方圆角图形，按 Ctrl+C 组合键，复制图形，按 Shift+Ctrl+V 组合键，就地粘贴图形，如图 2-35 所示。选择"删除锚点"工具 ✎，分别在不需要的锚点上单击鼠标左键，删除锚点，效果如图 2-36 所示。

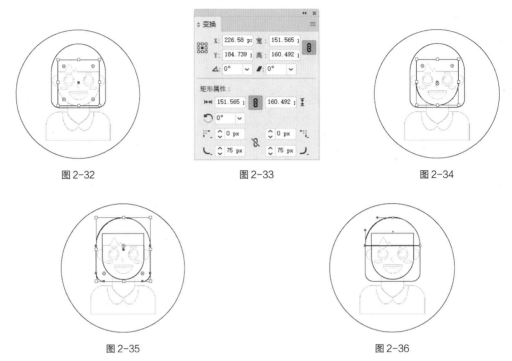

图 2-32 图 2-33 图 2-34

图 2-35 图 2-36

（7）选择"多边形"工具，在页面中单击鼠标左键，弹出"多边形"对话框，选项的设置如图 2-37 所示，单击"确定"按钮，出现一个三角形。选择"选择"工具，拖曳三角形到适当的位置，效果如图 2-38 所示。

（8）选择"选择"工具，按住 Alt+Shift 组合键的同时，水平向右拖曳三角形到适当的位置，复制三角形，效果如图 2-39 所示。按住 Shift 键的同时，拖曳右上角的控制手柄，等比例缩小图形，效果如图 2-40 所示。

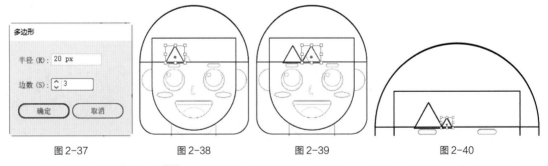

图 2-37 图 2-38 图 2-39 图 2-40

（9）选择"矩形"工具，在适当的位置绘制一个矩形，如图 2-41 所示。在"变换"控制面板中，将"圆角半径"选项均设为 3 px，如图 2-42 所示，按 Enter 键确定操作，效果如图 2-43 所示。

（10）选择"椭圆"工具，按住 Shift 键的同时，在适当的位置绘制一个圆形，效果如图 2-44 所示。按 Ctrl+C 组合键，复制图形，按 Ctrl+F 组合键，将复制的图形粘贴在前面。选择"选择"工具，按住 Shift 键的同时，向上拖曳圆形下边中间的控制手柄到适当的位置，调整其大小，效果如图 2-45 所示。

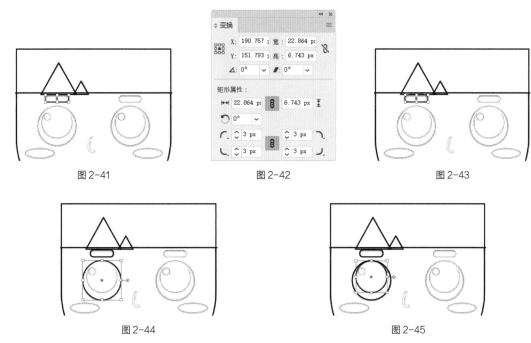

图 2-41   图 2-42   图 2-43

图 2-44   图 2-45

（11）用相同的方法再复制一个圆形，调整其大小和位置，效果如图 2-46 所示。选择"选择"工具▶，按住 Shift 键的同时，依次单击将所绘制图形同时选取，如图 2-47 所示。按住 Alt+Shift 组合键的同时，水平向右拖曳图形到适当的位置，复制图形，效果如图 2-48 所示。

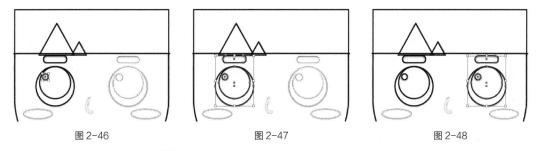

图 2-46   图 2-47   图 2-48

（12）选择"选择"工具▶，选取左侧的圆形，如图 2-49 所示。按住 Alt+Shift 组合键的同时，水平向左拖曳圆形到适当的位置，复制圆形，效果如图 2-50 所示。用相同的方法水平向右再复制一个圆形，效果如图 2-51 所示。

图 2-49   图 2-50   图 2-51

（13）选择"椭圆"工具⬭，在适当的位置绘制一个椭圆形，效果如图 2-52 所示。按住 Alt+Shift 组合键的同时，水平向右拖曳图形到适当的位置，复制图形，效果如图 2-53 所示。

图 2-52

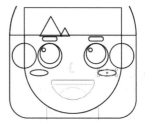

图 2-53

（14）选择"钢笔"工具 ✐，在适当的位置绘制一条曲线，如图 2-54 所示。选择"窗口 > 描边"命令，弹出"描边"控制面板，单击"端点"选项中的"圆头端点"按钮 ⓒ，其他选项的设置如图 2-55 所示，按 Enter 键确定操作，效果如图 2-56 所示。

图 2-54

图 2-55

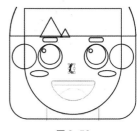

图 2-56

（15）选择"椭圆"工具 ◉，在适当的位置绘制一个椭圆形，效果如图 2-57 所示。选择"直接选择"工具 ▷，单击选取椭圆形上方的锚点，如图 2-58 所示。按 Delete 键将其删除，效果如图 2-59 所示。

图 2-57

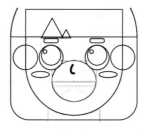

图 2-58

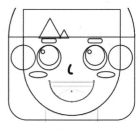

图 2-59

（16）保持路径选取状态，按 Ctrl+J 组合键，连接所选路径，如图 2-60 所示。选择"直接选择"工具 ▷，向内拖曳左下角的边角构件，如图 2-61 所示，释放鼠标后，效果如图 2-62 所示。

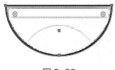

图 2-60

图 2-61

图 2-62

（17）选择"椭圆"工具 ◉ 和"矩形"工具 ▢，在适当的位置分别绘制椭圆形和矩形，如图 2-63 所示。选择"选择"工具 ▶，选取下方半圆形，按 Shift+Ctrl+] 组合键，将其置于顶层。按住 Shift 键的同时，依次单击将所绘制图形同时选取，如图 2-64 所示。按 Ctrl+7 组合键，建立剪切蒙版，效果如图 2-65 所示。填充图形描边为黑色，效果如图 2-66 所示。

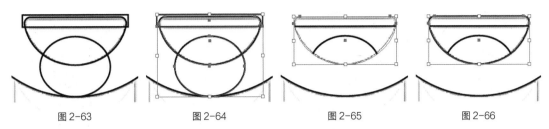

| 图 2-63 | 图 2-64 | 图 2-65 | 图 2-66 |

2. 绘制颈项和衣服

（1）选择"矩形"工具▢，在适当的位置绘制一个矩形，如图 2-67 所示。在"变换"控制面板中，将"圆角半径"选项设为 0 px、0 px、40 px、40 px，如图 2-68 所示，按 Enter 键确定操作，效果如图 2-69 所示。

| 图 2-67 | 图 2-68 | 图 2-69 |

（2）选择"直接选择"工具▷，单击选择圆角矩形下方的左侧的锚点，如图 2-70 所示。在属性栏中单击"将所选锚点转换为尖角"按钮⌐，将平滑锚点转换为尖角锚点，效果如图 2-71 所示。选取右侧的锚点，如图 2-72 所示，在属性栏中单击"删除所选锚点"按钮✎，删除不需要的锚点，效果如图 2-73 所示。

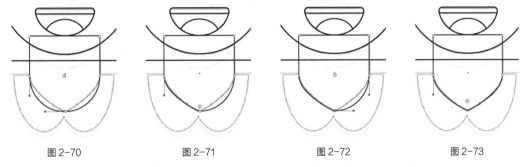

| 图 2-70 | 图 2-71 | 图 2-72 | 图 2-73 |

（3）选择"椭圆"工具◯，按住 Shift 键的同时，在适当的位置绘制一个圆形，效果如图 2-74 所示。选择"矩形"工具▢，在适当的位置绘制一个矩形，效果如图 2-75 所示。在"变换"控制面板中，将"圆角半径"选项设为 46 px、46 px、0 px、0 px，如图 2-76 所示，按 Enter 键确定操作，效果如图 2-77 所示。

（4）选择"钢笔"工具✎，在适当的位置沿衣领轮廓勾勒出一个不规则图形，如图 2-78 所示。选择"选择"工具▷，选取图形，按 Ctrl+C 组合键，复制图形，按 Ctrl+B 组合键，将复制的图形粘贴在后面。按 ↓ 键，微调复制的图形到适当的位置，效果如图 2-79 所示。

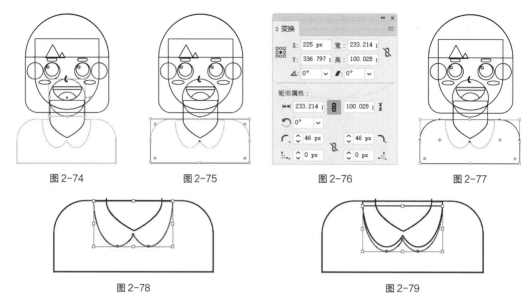

图 2-74   图 2-75   图 2-76   图 2-77

图 2-78   图 2-79

（5）选择"选择"工具▶，选取大圆形，设置填充色为浅黄色（255、244、190），填充图形，并设置描边色为无，效果如图 2-80 所示。

（6）选择"选择"工具▶，选取圆角矩形，设置填充色为浅棕色（107、77、71），填充图形，并设置描边色为无，效果如图 2-81 所示。用相同的方法分别选取需要的图形，并填充相应的颜色，效果如图 2-82 所示。

图 2-80   图 2-81   图 2-82

（7）选择"选择"工具▶，按住 Shift 键的同时，选取人物耳朵图形，连续按 Ctrl+[组合键，将图形向后移至适当的位置，效果如图 2-83 所示。用相同分别调整其他图形顺序，效果如图 2-84 所示。人物图标绘制完成。

图 2-83   图 2-84

2.2.2　绘制矩形和圆角矩形

1. 拖曳鼠标指针绘制矩形

选择"矩形"工具，在页面中需要的位置单击并按住鼠标左键不放，拖曳鼠标指针到需要的位置，释放鼠标左键，绘制出一个矩形，效果如图 2-85 所示。

选择"矩形"工具，按住 Shift 键，在页面中需要的位置单击并按住鼠标左键不放，拖曳鼠标指针到需要的位置，释放鼠标左键，绘制出一个正方形，效果如图 2-86 所示。

选择"矩形"工具，按住 ~ 键，在页面中需要的位置单击并按住鼠标左键不放，拖曳鼠标指针到需要的位置，释放鼠标左键，绘制出多个矩形，效果如图 2-87 所示。

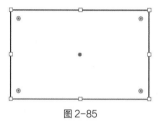
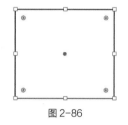
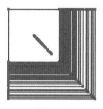

图 2-85　　　　　　　　　　　图 2-86　　　　　　　　　　　图 2-87

> **提示**
>
> 　　选择"矩形"工具，按住 Alt 键，在页面中需要的位置单击并按住鼠标左键不放，拖曳鼠标指针到需要的位置，释放鼠标左键，可以绘制一个以鼠标单击点为中心的矩形。
>
> 　　选择"矩形"工具，按住 Alt+Shift 组合键，在页面中需要的位置单击并按住鼠标左键不放，拖曳鼠标指针到需要的位置，释放鼠标左键，可以绘制一个以鼠标单击点为中心的正方形。
>
> 　　选择"矩形"工具，在页面中需要的位置单击并按住鼠标左键不放，拖曳鼠标指针到需要的位置，再按住 Space 键，可以暂停绘制工作而在页面上任意移动未绘制完成的矩形，释放 Space 键后可继续绘制矩形。
>
> 　　上述方法在"圆角矩形"工具、"椭圆"工具、"多边形"工具、"星形"工具中同样适用。

2. 精确绘制矩形

选择"矩形"工具，在页面中需要的位置单击，弹出"矩形"对话框，如图 2-88 所示。在对话框中，"宽度"文本框可以设置矩形的宽度，"高度"文本框可以设置矩形的高度。设置完成后，单击"确定"按钮，得到图 2-89 所示的矩形。

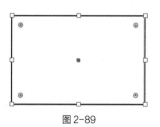

图 2-88　　　　　　　　　　　　　　　　　　　　图 2-89

3. 拖曳鼠标指针绘制圆角矩形

选择"圆角矩形"工具，在页面中需要的位置单击并按住鼠标左键不放，拖曳鼠标指针到需要的位置，释放鼠标左键，绘制出一个圆角矩形，效果如图 2-90 所示。

选择"圆角矩形"工具 ▢，按住 Shift 键，在页面中需要的位置单击并按住鼠标左键不放，拖曳鼠标指针到需要的位置，释放鼠标左键，可以绘制一个宽度和高度相等的圆角矩形，效果如图 2-91 所示。

选择"圆角矩形"工具 ▢，按住 ～ 键，在页面中需要的位置单击并按住鼠标左键不放，拖曳鼠标指针到需要的位置，释放鼠标左键，绘制出多个圆角矩形，效果如图 2-92 所示。

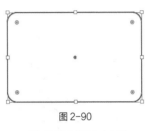 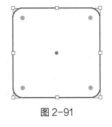 

图 2-90 图 2-91 图 2-92

4. 精确绘制圆角矩形

选择"圆角矩形"工具 ▢，在页面中需要的位置单击，弹出"圆角矩形"对话框，如图 2-93 所示。在对话框中，"宽度"文本框可以设置圆角矩形的宽度，"高度"文本框可以设置圆角矩形的高度，"圆角半径"文本框可以设置圆角矩形的圆角半径值。设置完成后，单击"确定"按钮，得到图 2-94 所示的圆角矩形。

 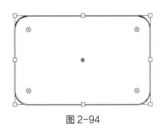

图 2-93 图 2-94

5. 使用"变换"控制面板制作实时转角

选择"选择"工具 ▶，选取绘制好的矩形。选择"窗口 > 变换"命令（组合键为 Shift+F8），弹出"变换"控制面板，如图 2-95 所示。

在"矩形属性"选项组中，"边角类型"按钮 ▢ 可以设置边角的转角类型，包括"圆角""反向圆角"和"倒角"；"圆角半径"选项 ⬦ 0 mm 可以设置圆角半径值；单击 ⬦ 按钮可以链接圆角半径，同时设置圆角半径值；单击 ⬦ 按钮可以取消圆角半径的链接，分别设置圆角半径值。

单击 ⬦ 按钮，其他选项的设置如图 2-96 所示，按 Enter 键，得到图 2-97 所示的效果。单击 ⬦ 按钮，其他选项的设置如图 2-98 所示，按 Enter 键，得到图 2-99 所示的效果。

6. 直接拖曳制作实时转角

选择"选择"工具 ▶，选取绘制好的矩形。上、下、左、右 4 个边角构件处于可编辑状态，如图 2-100 所示，向内拖曳其中任意一个边角构件，如图 2-101 所示，可对矩形角进行变形，释放鼠标，效果如图 2-102 所示。

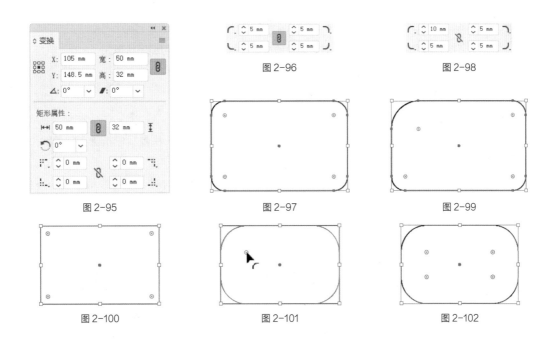

图 2-95　　　　　图 2-96　　　　　图 2-97　　　　　图 2-98　　　　　图 2-99

图 2-100　　　　　图 2-101　　　　　图 2-102

> **提示**
>
> 选择"视图 > 隐藏边角构件"命令，可以将边角构件隐藏。选择"视图 > 显示边角构件"命令，显示出边角构件。

当鼠标指针移动到任意一个实心边角构件上时，指针变为"⬆⌒"，如图 2-103 所示；单击鼠标左键将实心边角构件变为空心边角构件，指针变为"⬆○"，如图 2-104 所示；拖曳使选取的边角单独进行变形，如图 2-105 所示。

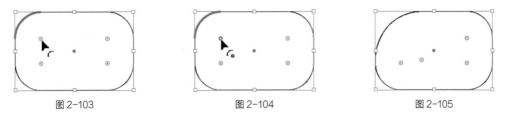

图 2-103　　　　　　　　　图 2-104　　　　　　　　　图 2-105

按住 Alt 键的同时，单击任意一个边角构件，或在拖曳边角构件的同时，按↑键或↓键，可在 3 种边角中交替转换，如图 2-106 所示。

按住 Ctrl 键的同时，双击其中一个边角构件，弹出"边角"对话框，如图 2-107 所示，可以设置边角样式、边角半径和圆角类型。

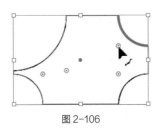

图 2-106

图 2-107

2.2.3 绘制椭圆形和圆形

1. 拖曳鼠标指针绘制椭圆形

选择"椭圆"工具 ⬭，在页面中需要的位置单击并按住鼠标左键不放，拖曳鼠标指针到需要的位置，释放鼠标左键，绘制出一个椭圆形，如图 2-108 所示。

选择"椭圆"工具 ⬭，按住 Shift 键，在页面中需要的位置单击并按住鼠标左键不放，拖曳鼠标指针到需要的位置，释放鼠标左键，绘制出一个圆形，效果如图 2-109 所示。

选择"椭圆"工具 ⬭，按住 ~ 键，在页面中需要的位置单击并按住鼠标左键不放，拖曳鼠标指针到需要的位置，释放鼠标左键，可以绘制多个椭圆形，效果如图 2-110 所示。

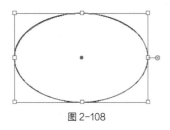

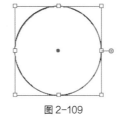

图 2-108   图 2-109   图 2-110

2. 精确绘制椭圆形

选择"椭圆"工具 ⬭，在页面中需要的位置单击，弹出"椭圆"对话框，如图 2-111 所示。在对话框中，"宽度"文本框可以设置椭圆形的宽度，"高度"文本框可以设置椭圆形的高度。设置完成后，单击"确定"按钮，得到图 2-112 所示的椭圆形。

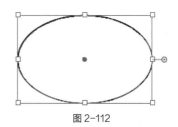

图 2-111   图 2-112

3. 使用"变换"控制面板制作饼图

选择"选择"工具 ▶，选取绘制好的椭圆形。选择"窗口 > 变换"命令（组合键为 Shift+ F8），弹出"变换"控制面板，如图 2-113 所示。在"椭圆属性"选项组中，"饼图起点角度"选项 ⟳ 0° ▾ 可以设置饼图的起点角度；"饼图终点角度"选项 0° ▾ ⟳ 可以设置饼图的终点角度；单击 ⅋ 按钮可以链接饼图的起点角度和终点角度，进行同时设置；单击 ⅋ 按钮，可以取消链接饼图的起点角度和终点角度，进行分别设置；单击"反转饼图"按钮 ⇄，可以互换饼图起点角度和饼图终点角度。

将"饼图起点角度"选项 ⟳ 0° ▾ 设置为 45°，效果如图 2-114 所示；将此选项设置为 180°，效果如图 2-115 所示。

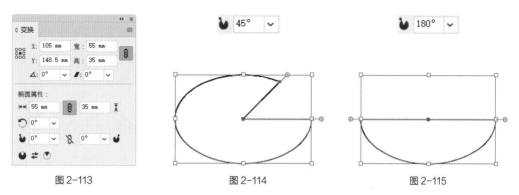

图 2-113   图 2-114   图 2-115

将"饼图终点角度"选项 0° ∨ 设置为 45°，效果如图 2-116 所示；将此选项设置为 180°，效果如图 2-117 所示。

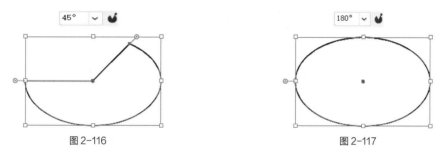

图 2-116   图 2-117

将"饼图起点角度"选项 0° ∨ 设置为 60°，"饼图终点角度"选项 0° ∨ 设置为 30°，效果如图 2-118 所示。单击"反转饼图"按钮 ⇄，将饼图的起点角度和终点角度互换，效果如图 2-119 所示。

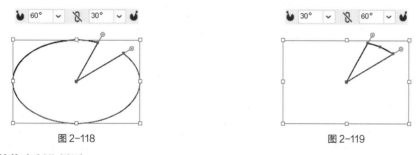

图 2-118   图 2-119

4. 直接拖曳制作饼图

选择"选择"工具 ▶，选取绘制好的椭圆形。将鼠标指针放置在饼图构件上，指针变为 图标，如图 2-120 所示，向上拖曳饼图构件，可以改变饼图起点角度，如图 2-121 所示。向下拖曳饼图构件，可以改变饼图终点角度，如图 2-122 所示。

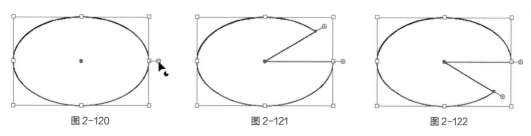

图 2-120   图 2-121   图 2-122

5. 使用直接选择工具调整饼图转角

选择"直接选择"工具▷，选取绘制好的饼图，边角构件处于可编辑状态，如图 2-123 所示，向内拖曳其中任意一个边角构件，如图 2-124 所示，对饼图角进行变形，释放鼠标，效果如图 2-125 所示。

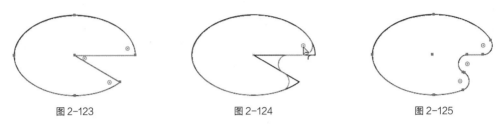

图 2-123　　　　　　　　图 2-124　　　　　　　　图 2-125

当鼠标指针移动到任意一个实心边角构件上时，指针变为"▷⌒"图标，如图 2-126 所示；单击鼠标左键将实心边角构件变为空心边角构件，指针变为"▷⌒"图标，如图 2-127 所示；拖曳使选取的饼图角单独进行变形，释放鼠标后，效果如图 2-128 所示。

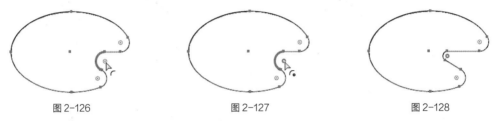

图 2-126　　　　　　　　图 2-127　　　　　　　　图 2-128

按住 Alt 键的同时，单击任意一个边角构件，或在拖曳边角构件的同时，按↑键或↓键，可在 3 种边角中交替转换，如图 2-129 所示。

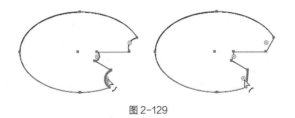

图 2-129

> **提示**　双击任意一个边角构件，弹出"边角"对话框，可以设置边角样式、边角半径和圆角类型。

2.2.4　绘制多边形

1. 拖曳鼠标指针绘制多边形

选择"多边形"工具◎，在页面中需要的位置单击并按住鼠标左键不放，拖曳鼠标指针到需要的位置，释放鼠标左键，绘制出一个多边形，如图 2-130 所示。

选择"多边形"工具◎，按住 Shift 键，在页面中需要的位置单击并按住鼠标左键不放，拖曳鼠标指针到需要的位置，释放鼠标左键，绘制出一个正多边形，效果如图 2-131 所示。

选择"多边形"工具◎，按住~键，在页面中需要的位置单击并按住鼠标左键不放，拖曳鼠标指针到需要的位置，释放鼠标左键，绘制出多个多边形，效果如图 2-132 所示。

图 2-130

图 2-131

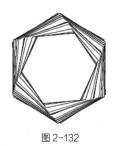
图 2-132

2. 精确绘制多边形

选择"多边形"工具 ⬤，在页面中需要的位置单击，弹出"多边形"对话框，如图 2-133 所示。在对话框中，"半径"文本框可以设置多边形的半径，半径指的是从多边形中心点到多边形顶点的距离，而中心点一般为多边形的重心；"边数"选项可以设置多边形的边数。设置完成后，单击"确定"按钮，得到图 2-134 所示的多边形。

图 2-133

图 2-134

3. 直接拖曳增加或减少多边形边数

选择"选择"工具 ▶，选取绘制好的多边形，将鼠标指针放置在多边形构件 ⬡ 上，指针变为 ↳ 图标，如图 2-135 所示。向上拖曳多边形构件，可以减少多边形的边数，如图 2-136 所示；向下拖曳多边形构件，可以增加多边形的边数，如图 2-137 所示。

图 2-135

图 2-136

图 2-137

提示

多边形的"边数"取值范围为 3 ~ 11，最少边数为 3，最多边数为 11。

4. 使用"变换"控制面板制作实时转角

选择"选择"工具 ▶，选取绘制好的正六边形，选择"窗口 > 变换"命令（组合键为 Shift+F8），弹出"变换"控制面板，如图 2-138 所示。在"多边形属性"选项组中，"多边形边数计算"选项 ⊕ ——— ○ 6 可以设置多边形的边数；"边角类型"选项 可以选取任意角的转角类型；"圆角半径"选项 ○ 0 mm 可以设置多边形各个圆角的半径；"多边形半径"选项 ⊖ 可以设置多边形的半径；"多边形边长度"选项 ⬡ 可以设置多边形每一边的长度。

"多边形边数计算"选项的取值范围为 3 ～ 20，当数值为最小值 3 时，效果如图 2-139 所示；当数值为最大值 20 时，效果如图 2-140 所示。

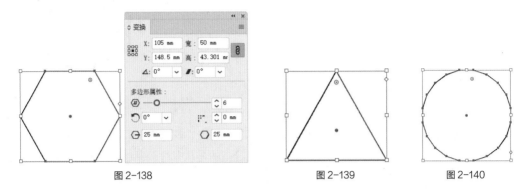

图 2-138   图 2-139   图 2-140

"边角类型"选项，包括"圆角""反向圆角""倒角"，效果如图 2-141 所示。

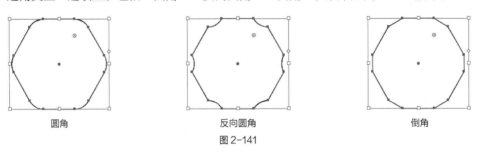

圆角   反向圆角   倒角

图 2-141

2.2.5 绘制星形

1. 拖曳鼠标指针绘制星形

选择"星形"工具，在页面中需要的位置单击并按住鼠标左键不放，拖曳鼠标指针到需要的位置，释放鼠标左键，绘制出一个星形，效果如图 2-142 所示。

选择"星形"工具，按住 Shift 键，在页面中需要的位置单击并按住鼠标左键不放，拖曳鼠标指针到需要的位置，释放鼠标左键，绘制出一个正星形，效果如图 2-143 所示。

选择"星形"工具，按住 ～ 键，在页面中需要的位置单击并按住鼠标左键不放，拖曳鼠标指针到需要的位置，释放鼠标左键，绘制出多个星形，效果如图 2-144 所示。

图 2-142   图 2-143   图 2-144

2. 精确绘制星形

选择"星形"工具，在页面中需要的位置单击，弹出"星形"对话框，如图 2-145 所示。在对话框中，"半径 1"文本框可以设置从星形中心点到各外部角的顶点的距离，"半径 2"文本框可以设置从星形中心点到各内部角的端点的距离，"角点数"选项可以设置星形中的边角数量。设置完成后，单击"确定"按钮，得到图 2-146 所示的星形。

图 2-145

图 2-146

> 使用"直接选择"工具 ▷，调整多边形和星形的实时转角的方法与调整饼图转角的方法相同，这里不再赘述。

2.2.6　绘制光晕形

应用"光晕"工具可以绘制出镜头光晕的效果，在绘制出的图形中包括一个明亮的发光点，以及光晕、光线和光环等对象，通过调节中心控制点和末端控制柄的位置，可以改变光线的方向。光晕形的组成部分如图 2-147 所示。

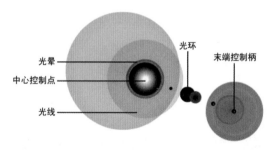

图 2-147

1. 拖曳鼠标指针绘制光晕形

选择"光晕"工具 ⊙，在页面中需要的位置单击并按住鼠标左键不放，拖曳鼠标指针到需要的位置，如图 2-148 所示，释放鼠标左键，然后在其他需要的位置再次单击并拖曳鼠标指针，如图 2-149 所示，释放鼠标左键，绘制出一个光晕形，如图 2-150 所示。取消选取后的光晕形效果如图 2-151 所示。

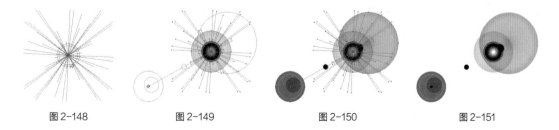

图 2-148　　　　图 2-149　　　　图 2-150　　　　图 2-151

在光晕保持不变时，不释放鼠标左键，按住 Shift 键后再次拖动鼠标指针，中心控制点、光线和光晕随鼠标指针拖曳按比例缩放；按住 Ctrl 键后再次拖曳鼠标指针，中心控制点的大小保持不变，而光线和光晕随鼠标指针拖曳按比例缩放；同时按住键盘上方向键中的 ↑ 键，可以逐渐增加光线的数量；按住键盘上方向键中的 ↓ 键，则可以逐渐减少光线的数量。

下面介绍调节中心控制点和末端控制柄之间的距离，以及光环数量的方法。

在绘制出的光晕形保持不变时，如图 2-151 所示，把鼠标指针移动到末端控制柄上，当鼠标指针变成"✛"时，拖曳鼠标指针调整中心控制点和末端控制柄之间的距离，如图 2-152 和图 2-153 所示。

在绘制出的光晕形保持不变时，如图 2-151 所示，把鼠标指针移动到末端控制柄上，当鼠标指针变成"✛"时拖曳鼠标指针，按住 Ctrl 键后再次拖曳，可以单独更改终止位置光环的大小，如图 2-154 和图 2-155 所示。

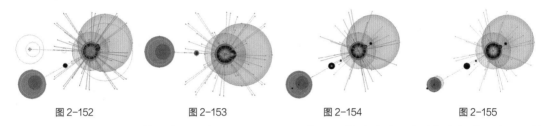

图 2-152　　　　　　　图 2-153　　　　　　　图 2-154　　　　　　　图 2-155

在绘制出的光晕形保持不变时，如图 2-151 所示，把鼠标指针移动到末端控制柄上，当鼠标指针变成"✛"时拖曳鼠标指针，按住 ~ 键，可以重新随机地排列光环的位置，如图 2-156 和图 2-157 所示。

图 2-156　　　　　　　　　　　　　　图 2-157

2. 精确绘制光晕形

选择"光晕"工具 ，在页面中需要的位置单击鼠标，或双击"光晕"工具 ，将弹出"光晕工具选项"对话框，如图 2-158 所示。

在对话框的"居中"选项组中，"直径"选项可以设置中心控制点直径的大小，"不透明度"选项可以设置中心控制点的不透明度比例，"亮度"选项可以设置中心控制点的亮度比例。在"光晕"选项组中，"增大"选项可以设置光晕围绕中心控制点的辐射程度，"模糊度"选项可以设置光晕在图形中的模糊程度。在"射线"选项组中，"数量"选项可以设置光线的数量，"最长"选项可以设置光线的长度，"模糊度"选项可以设置光线在图形中的模糊程度。在"环形"选项组中，"路径"选项可以设置光环所在路径的长度值，"数量"选项可以设置光环在图形中的数量，"最大"

选项可以设置光环的大小比例，"方向"文本框可以设置光环在图形中的旋转角度，还可以通过左边的角度控制按钮调节光环的角度。设置完成后，单击"确定"按钮，得到图 2-159 所示的光晕形。

图 2-158

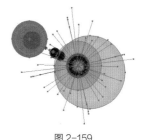

图 2-159

2.3　手绘图形

Illustrator CC 2019 提供了"铅笔"工具、"平滑"工具和"路径橡皮擦"工具，用户可以手动使用这些工具分别绘制图像、平滑路径，还可以擦除路径。Illustrator CC 2019 还提供了"画笔"工具，使用"画笔"工具可以绘制出种类繁多的图形效果。

2.3.1　课堂案例——绘制卡通形象

案例学习目标

学习使用"铅笔"工具、"画笔库"命令绘制卡通形象。

案例知识要点

使用"钢笔"工具、"矩形"工具和剪切蒙版绘制身体部分，使用"铅笔"工具、"6d 艺术钢笔画笔"命令和"椭圆"工具绘制手臂。卡通形象效果如图 2-160 所示。

扫码观看
本案例视频

扫码查看
扩展案例

图 2-160

效果所在位置

云盘 /Ch02/ 效果 / 绘制卡通形象 .ai。

（1）按 Ctrl+N 组合键，弹出"新建文档"对话框，设置文档的宽度为 100mm，高度为 100mm，取向为横向，颜色模式为 CMYK，单击"创建"按钮，新建一个文档。

（2）选择"钢笔"工具 ，在页面中绘制一个不规则图形，如图 2-161 所示。设置填充色为浅蓝色（60、3、31、0），填充图形，并设置描边色为无，效果如图 2-162 所示。

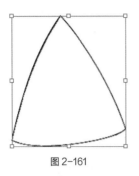

图 2-161

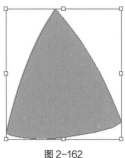

图 2-162

（3）选择"矩形"工具 ▣，在适当的位置分别绘制矩形，如图 2-163 所示。选择"选择"工具 ▶，按住 Shift 键的同时，依次单击将所绘制的矩形同时选取，设置图形填充色为土黄色（7、4、82、0），填充图形，并设置描边色为无，效果如图 2-164 所示。

（4）选取第 3 个矩形，拖曳右上角的控制手柄将其旋转到适当的角度，效果如图 2-165 所示。按住 Shift 键的同时，单击其余矩形将其同时选取，按 Ctrl+G 组合键，将其编组，如图 2-166 所示。

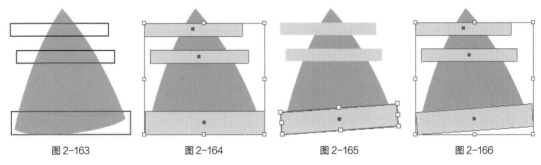

| 图 2-163 | 图 2-164 | 图 2-165 | 图 2-166 |

（5）选择"效果 > 变形 > 弧形"命令，在弹出的对话框中进行设置，如图 2-167 所示；单击"确定"按钮，效果如图 2-168 所示。

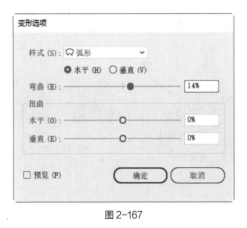

图 2-167

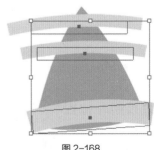

图 2-168

（6）选择"选择"工具 ▶，选取下方浅蓝色图形，按 Ctrl+C 组合键，复制图形，按 Shift+Ctrl+V 组合键，就地粘贴图形，如图 2-169 所示。按住 Shift 键的同时，单击土黄色图形将其同时选取，如图 2-170 所示，按 Ctrl+7 组合键，建立剪切蒙版，效果如图 2-171 所示。

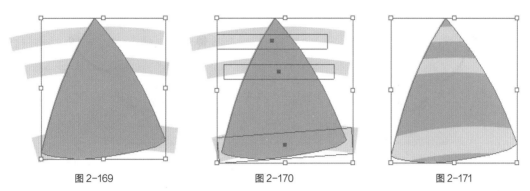

图 2-169   图 2-170   图 2-171

（7）按 Ctrl+O 组合键，打开云盘中的"Ch02 > 素材 > 绘制卡通形象 > 01"文件，选择"选择"工具▶，选取需要的图形，按 Ctrl+C 组合键，复制图形。选择正在编辑的页面，按 Ctrl+V 组合键，将其粘贴到页面中，并拖曳复制的图形到适当的位置，效果如图 2-172 所示。

（8）选择"铅笔"工具✎，在适当的位置绘制一条曲线，设置描边色为深黑色（100、96、61、38），填充描边，效果如图 2-173 所示。

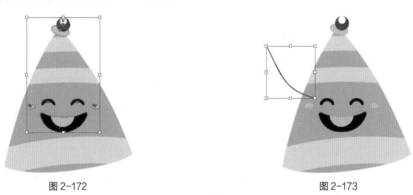

图 2-172   图 2-173

（9）选择"窗口 > 画笔库 >Wacom 6D 画笔 > 6d 艺术钢笔画笔"命令，在弹出的"6d 艺术钢笔画笔"控制面板中选择需要的画笔，如图 2-174 所示，用画笔为曲线描边，效果如图 2-175 所示。按 Ctrl+Shift+[组合键，将其置于底层，效果如图 2-176 所示。

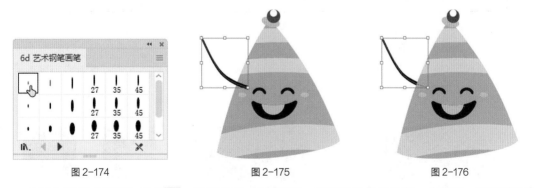

图 2-174   图 2-175   图 2-176

（10）选择"椭圆"工具●，按住 Shift 键的同时，在适当的位置绘制一个圆形，设置填充色为深黑色（100、96、61、38），填充图形，并设置描边色为无，效果如图 2-177 所示。用相同方法制作右侧手臂，效果如图 2-178 所示。卡通形象绘制完成。

图 2-177

图 2-178

2.3.2 使用"Shaper"工具

使用"Shaper"工具 可以将我们手绘的几何形状自动转换为矢量形状，并且可以直接进行组合、删除或移动等编辑操作。

1. 使用"Shaper"工具绘制形状

选择"Shaper"工具 ，在页面中单击并按住鼠标左键，绘制一个粗略形态的矩形，如图 2-179 所示。松开鼠标左键，矩形自动转换为一个明晰且具有灰色填充的矩形，如图 2-180 所示。

图 2-179

图 2-180

选择"Shaper"工具 ，在矩形的填色上拖曳鼠标指针进行涂抹，如图 2-181 所示，可以删除填色，如图 2-182 所示；同时在填色与描边上拖曳鼠标指针进行涂抹，如图 2-183 所示，可以删除整个图形。

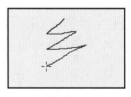

图 2-181

图 2-182

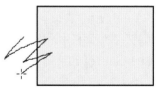

图 2-183

2. 使用"Shaper"工具编辑形状

（1）绘制重叠的形状，如图 2-184 所示。选择"Shaper"工具 ，在形状区域内拖曳鼠标指针进行涂抹时，如图 2-185 所示，该区域被删除，如图 2-186 所示。

图 2-184

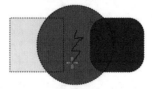

图 2-185

图 2-186

（2）在形状相交区域拖曳鼠标指针进行涂抹时，如图 2-187 所示，相交区域被删除，如图 2-188 所示。

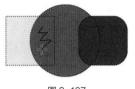
图 2-187

图 2-188

（3）从非重叠区域到重叠区域拖曳鼠标指针进行涂抹时，如图 2-189 所示，形状被合并，合并区域的颜色为涂抹起点的颜色，如图 2-190 所示。反之，从重叠区域到非重叠区域拖曳鼠标指针进行涂抹时，形状被合并，合并区域颜色如图 2-191 所示。

图 2-189

图 2-190

图 2-191

3. "Shaper" 工具构建模式

（1）选择 "Shaper" 工具 ，单击绘制的形状，将显示定界框和箭头 构件，如图 2-192 所示。再次单击形状，使当前形状处于表面选择模式，如图 2-193 所示，可以更改形状的填充色，如图 2-194 所示。

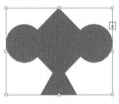
图 2-192

图 2-193

图 2-194

（2）单击 箭头构件，使其指示方向朝上 ，如图 2-195 所示，可以单击选择任意一个形状，并更改形状的填充色，如图 2-196 所示。

（3）单击并按住鼠标向外拖曳选中的形状，如图 2-197 所示，可以移除该形状，如图 2-198 所示。

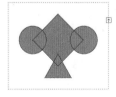
图 2-195

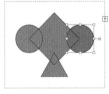
图 2-196

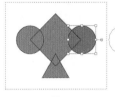
图 2-197

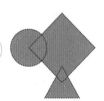
图 2-198

2.3.3 使用 "铅笔" 工具

使用 "铅笔" 工具 可以随意绘制出自由的曲线路径，在绘制过程中 Illustrator CC 2019 会自动依据鼠标指针的轨迹来设定节点并生成路径。铅笔工具既可以绘制闭合路径，又可以绘制开放路径，还可以将已经存在的曲线的节点作为起点，延伸绘制出新的曲线，从而达到修改曲线的目的。

选择"铅笔"工具 ✏️，在页面中需要的位置单击并按住鼠标左键不放，拖曳鼠标指针到需要的位置，可以绘制一条路径，如图 2-199 所示。释放鼠标左键，绘制出的效果如图 2-200 所示。

选择"铅笔"工具 ✏️，在页面中需要的位置单击并按住鼠标左键不放，拖曳鼠标指针到需要的位置，按住 Alt 键，如图 2-201 所示，释放鼠标左键，可以绘制一条闭合的曲线，如图 2-202 所示。

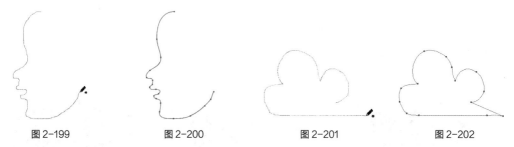

| 图 2-199 | 图 2-200 | 图 2-201 | 图 2-202 |

绘制一个闭合的图形并选中这个图形，再选择"铅笔"工具 ✏️，在闭合图形上的两个节点之间拖曳，如图 2-203 所示，可以修改图形的形状，释放鼠标左键，得到的图形效果如图 2-204 所示。

双击"铅笔"工具 ✏️，弹出"铅笔工具选项"对话框，如图 2-205 所示。在对话框的"保真度"选项组中，"精确"选项可以调节绘制曲线上的点的精确度，"平滑"选项可以调节绘制曲线的平滑度。在"选项"选项组中，勾选"填充新铅笔描边"复选项，如果当前设置了填充色，绘制出的路径将使用该颜色；勾选"保持选定"复选项，绘制的曲线处于被选取状态；勾选"Alt 键切换到平滑工具"复选项，可以在按住 Alt 键的同时，将铅笔工具切换为平滑工具；勾选"当终端在此范围内时闭合路径"复选项，可以在设置的预定义像素数内自动闭合绘制的路径；勾选"编辑所选路径"复选项，铅笔工具可以对选中的路径进行编辑。

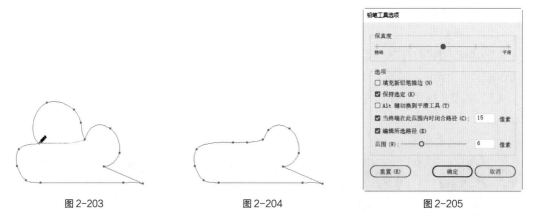

| 图 2-203 | 图 2-204 | 图 2-205 |

2.3.4 使用"平滑"工具

使用"平滑"工具 ✏️ 可以将尖锐的曲线变得较为光滑。

绘制曲线并选中绘制的曲线，选择"平滑"工具 ✏️，将鼠标指针移到需要平滑的路径旁，按住鼠标左键不放并在路径上拖曳，如图 2-206 所示，路径平滑后的效果如图 2-207 所示。

双击"平滑"工具 ✏️，弹出"平滑工具选项"对话框，如图 2-208 所示。在"保真度"选项组中，"精确"选项可以调节绘制曲线上点的精确度，"平滑"选项可以调节绘制曲线的平滑度。

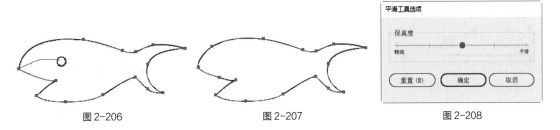

图 2-206　　　　　　　图 2-207　　　　　　　图 2-208

2.3.5　使用"路径橡皮擦"工具

使用"路径橡皮擦"工具 ✐ 可以擦除已有路径的全部或者一部分，但是"路径橡皮擦"工具 ✐ 不能应用于文本对象和包含有渐变网格的对象。

选中想要擦除的路径，选择"路径橡皮擦"工具 ✐，将鼠标指针移到需要清除的路径旁，按住鼠标左键不放并在路径上拖曳，如图 2-209 所示，擦除路径后的效果如图 2-210 所示。

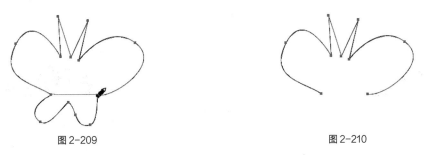

图 2-209　　　　　　　　　　　　　图 2-210

2.3.6　使用"连接"工具

使用"连接"工具 ✎ 可以将交叉、重叠或两端开放的路径连接为闭合路径。

选中要连接的开放路径，选择"连接"工具 ✎，将鼠标指针移到左侧端点处，按住鼠标左键不放并向右侧端点处拖曳，如图 2-211 所示，松开鼠标后，连接路径后的效果如图 2-212 所示。

选中要连接的交叉路径，选择"连接"工具 ✎，将鼠标指针移到左侧端点处，按住鼠标左键不放并向右侧端点处拖曳，如图 2-213 所示，松开鼠标后，连接路径后的效果如图 2-214 所示。

图 2-211　　　　　图 2-212　　　　　图 2-213　　　　　图 2-214

2.3.7　使用"画笔"工具

使用"画笔"工具 ✐ 可以绘制出样式繁多的精美线条和图形，还可以调节不同的刷头以达到不同的绘制效果。利用不同的画笔样式可以绘制出风格迥异的图像。

选择"画笔"工具 ✐，选择"窗口 > 画笔"命令，弹出"画笔"控制面板，如图 2-215 所示。在控制面板中选择任意一种画笔样式，在页面中需要的位置单击并按住鼠标左键不放，向右拖曳鼠标指针进行线条的绘制，释放鼠标左键，线条绘制完成，如图 2-216 所示。

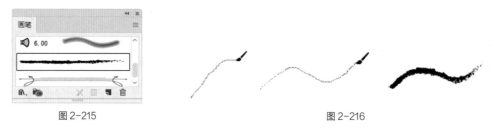

图 2-215　　　　　　　　　　　　　　　图 2-216

选取绘制的线条，如图 2-217 所示，选择"窗口 > 描边"命令，弹出"描边"控制面板，在控制面板中的"粗细"选项中选择或输入需要的描边大小，如图 2-218 所示，线条的效果如图 2-219 所示。

图 2-217　　　　　　　　　　图 2-218　　　　　　　　　　图 2-219

双击"画笔"工具 ，弹出"画笔工具选项"对话框，如图 2-220 所示。在对话框的"保真度"选项组中，"精确"选项可以调节绘制曲线上点的精确度，"平滑度"选项可以调节绘制曲线的平滑度。在"选项"选项组中，勾选"填充新画笔描边"复选项，则每次使用画笔工具绘制图形时，系统都会自动以默认颜色来填充对象的笔画；勾选"保持选定"复选项，绘制的曲线处于被选取状态；勾选"编辑所选路径"复选项，画笔工具可以对选中的路径进行编辑。

图 2-220

2.3.8　使用"画笔"控制面板

选择"窗口 > 画笔"命令，弹出"画笔"控制面板。在"画笔"控制面板中，包含了许多内容。下面进行详细讲解。

1. 画笔类型

Illustrator CC 2019 包括了 5 种类型的画笔，即散点画笔、书法画笔、毛刷画笔、图案画笔、艺术画笔。

（1）散点画笔。

单击"画笔"控制面板右上角的按钮 ≡ ，将弹出其下拉菜单，在系统默认状态下"显示 散点画笔"命令为灰色，选择"打开画笔库"命令，弹出子菜单，如图 2-221 所示。在弹出的子菜单中选择任意一种散点画笔，弹出相应的画笔库控制面板，如图 2-222 所示。在控制面板中单击画笔，画笔就被加载到"画笔"控制面板中，如图 2-223 所示。选择任意一种散点画笔，再选择"画笔"工具 ✐ ，用鼠标在页面上连续单击或拖曳鼠标指针，就可以绘制出需要的图像，效果如图 2-224 所示。

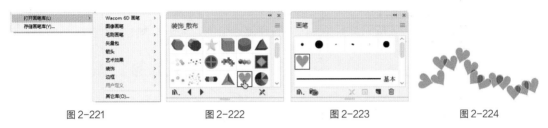

图 2-221　　　　　　图 2-222　　　　　　图 2-223　　　　　　图 2-224

（2）书法画笔。

在系统默认状态下，书法画笔为显示状态，"画笔"控制面板的第 1 排为书法画笔，如图 2-225 所示。选择任意一种书法画笔，选择"画笔"工具 ✐ ，在页面中需要的位置单击并按住鼠标左键不放，拖曳鼠标指针进行线条的绘制，释放鼠标左键，线条绘制完成，效果如图 2-226 所示。

（3）毛刷画笔。

在系统默认状态下，毛刷画笔为显示状态，"画笔"控制面板的第 3 排为毛刷画笔，如图 2-227 所示。选择任意一种毛刷画笔，选择"画笔"工具 ✐ ，在页面中需要的位置单击并按住鼠标左键不放，拖曳鼠标指针进行线条的绘制，释放鼠标左键，线条绘制完成，效果如图 2-228 所示。

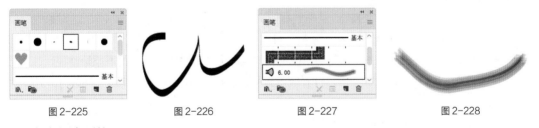

图 2-225　　　　　　图 2-226　　　　　　图 2-227　　　　　　图 2-228

（4）图案画笔。

单击"画笔"控制面板右上角的按钮 ≡ ，将弹出其下拉菜单，在系统默认状态下"显示 图案画笔"命令为灰色，选择"打开画笔库"命令，在弹出的子菜单中选择任意一种图案画笔，弹出相应的画笔库控制面板，如图 2-229 所示。在控制面板中单击画笔，画笔即被加载到"画笔"控制面板中，如图 2-230 所示。选择任意一种图案画笔，再选择"画笔"工具 ✐ ，用鼠标在页面上连续单击或拖曳鼠标指针，就可以绘制出需要的图像，效果如图 2-231 所示。

（5）艺术画笔。

在系统默认状态下，艺术画笔为显示状态，"画笔"控制面板的最后一排为艺术画笔，如图 2-232 所示。选择任意一种艺术画笔，选择"画笔"工具 ✐ ，在页面中需要的位置单击并按住鼠标左键不放，拖曳鼠标指针进行线条的绘制，释放鼠标左键，线条绘制完成，效果如图 2-233 所示。

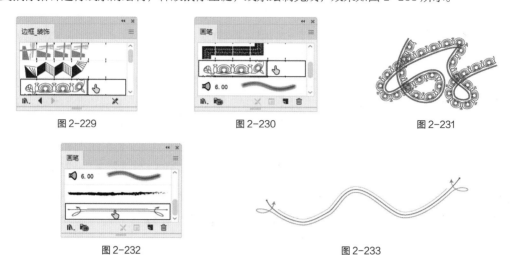

图 2-229　　　　　　　图 2-230　　　　　　　图 2-231

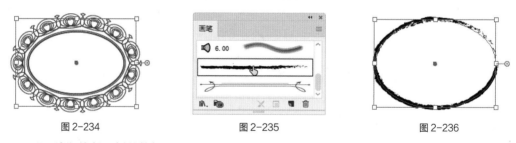

图 2-232　　　　　　　　　　　图 2-233

2. 更改画笔类型

选中想要更改画笔类型的图像，如图 2-234 所示，在"画笔"控制面板中单击需要的画笔样式，如图 2-235 所示，更改画笔后的图像效果如图 2-236 所示。

图 2-234　　　　　　　图 2-235　　　　　　　图 2-236

3. "画笔"控制面板的按钮

"画笔"控制面板下面有 4 个按钮。从左到右依次是"移去画笔描边"按钮 ✕、"所选对象的选项"按钮 ▣、"新建画笔"按钮 ▀ 和"删除画笔"按钮 ▥。

"移去画笔描边"按钮 ✕：可以将当前被选中的图形上的描边删除，而留下原始路径。

"所选对象的选项"按钮 ▣：可以打开应用到被选中图形上的画笔的选项对话框，在对话框中可以编辑画笔。

"新建画笔"按钮 ▀：可以创建新的画笔。

"删除画笔"按钮 ▥：可以删除选定的画笔样式。

4. "画笔"控制面板的下拉菜单

单击"画笔"控制面板右上角的按钮 ≡，弹出其下拉菜单，如图 2-237 所示。

"新建画笔"命令、"删除画笔"命令、"移去画笔描边"命令和"所选对象的选项"命令与相应的按钮功能是一样的。"复制画笔"命令可以复制选定的画笔。"选择所有未使用的画笔"命令将选中在当前文档中还没有使用过的所有画笔。"列表视图"命令可以将所有的画笔类型以列表的方式按照名称顺序排列，在显示小图标的同时还可以显示画笔的种类，如图 2-238 所示。"画笔选项"命令可以打开相关的选项对话框对画笔进行编辑。

图 2-237   图 2-238

5. 编辑画笔

Illustrator CC 2019 提供了对画笔编辑的功能，如改变画笔的外观、大小、颜色、角度，以及箭头方向等。对于不同的画笔类型，编辑的参数也有所不同。

选中"画笔"控制面板中需要编辑的画笔，如图 2-239 所示。单击控制面板右上角的按钮 ≡，在弹出式菜单中选择"画笔选项"命令，弹出"散点画笔选项"对话框，如图 2-240 所示。在"选项"选项组中，"名称"文本框可以设定画笔的名称；"大小"选项可以设定画笔图案与原图案之间比例大小的范围；"间距"选项可以设定"画笔"工具 ✐ 绘图时沿路径分布的图案之间的距离；"分布"选项可以设定路径两侧分布的图案之间的距离；"旋转"选项可以设定各个画笔图案的旋转角度；"旋转相对于"选项可以设定画笔图案是相对于"页面"还是相对于"路径"来旋转。"着色"选项组中的"方法"选项可以设置着色的方法；"主色"选项后的吸管工具可以选择颜色，其后的色块就是所选择的颜色；单击"提示"按钮 ♥，弹出"着色提示"对话框，如图 2-241 所示。设置完成后，单击"确定"按钮，即可完成画笔的编辑。

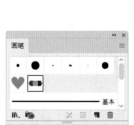

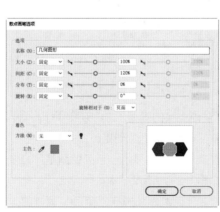

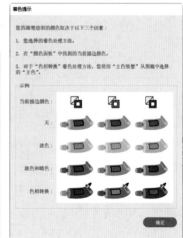

图 2-239   图 2-240   图 2-241

6. 自定义画笔

除了利用 Illustrator CC 2019 系统预设的画笔类型和编辑已有的画笔外，用户还可以使用自定义的画笔。不同类型的画笔，定义的方法类似。如果新建散点画笔，那么作为散点画笔的图形对象中就不能包含有图案、渐变填充等属性。如果新建书法画笔和艺术画笔，就不需要事先制作好图案，只要在其相应的画笔选项对话框中进行设定就可以了。

选中想要制作成为画笔的对象，如图 2-242 所示。单击"画笔"控制面板下面的"新建画笔"按钮 ，或选择控制面板右上角的按钮 ，在其下拉菜单中选择"新建画笔"命令，弹出"新建画笔"对话框，点选"散点画笔"单选项，如图 2-243 所示。

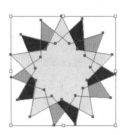
图 2-242

图 2-243

单击"确定"按钮，弹出"散点画笔选项"对话框，如图 2-244 所示，单击"确定"按钮，制作的画笔将自动添加到"画笔"控制面板中，如图 2-245 所示。使用新定义的画笔可以在绘图页面上绘制图形，如图 2-246 所示。

图 2-244

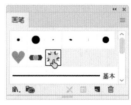
图 2-245

图 2-246

2.3.9 使用画笔库

Illustrator CC 2019 不仅提供了功能强大的画笔工具，还提供了多种画笔库，其中包含矢量包、箭头、艺术效果、装饰、边框等，这些画笔可以任意调用。

选择"窗口 > 画笔库"命令，在其子菜单中显示一系列的画笔库命令。分别选择各个命令，可以弹出一系列的画笔库控制面板，如图 2-247 所示。

Illustrator CC 2019 还允许调用其他画笔库。选择"窗口 > 画笔库 > 其他库"命令，弹出"选择要打开的库"对话框，如图 2-248 所示，可以选择其他合适的库。

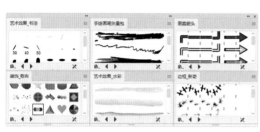
图 2-247

图 2-248

2.4 对象的编辑

Illustrator CC 2019 提供了强大的对象编辑功能，这一节中将介绍编辑对象的方法，其中包括对象的多种选取方式，对象的比例缩放、移动、镜像、旋转、倾斜变形、扭曲变形、复制、删除，以及使用"路径查找器"控制面板编辑对象等。

2.4.1 课堂案例——绘制猫头鹰

 案例学习目标

学习使用绘图工具、"路径查找器"控制面板绘制猫头鹰。

案例知识要点

使用"椭圆"工具、"多边形"工具、"镜像"工具和"路径查找器"控制面板制作头部、耳朵和身体部分，使用"多边形"工具、"添加锚点"工具和"直接选择"工具绘制鼻子，使用"椭圆"工具、"旋转"工具和"路径查找器"控制面板制作翅膀，使用"矩形"工具、"直接选择"工具绘制脚。猫头鹰效果如图 2-249 所示。

图 2-249

扫码查看
扩展案例

效果所在位置

云盘 /Ch02/ 效果 / 绘制猫头鹰 .ai。

1. 绘制身体及头部

（1）按 Ctrl+N 组合键，弹出"新建文档"对话框，设置文档的宽度为 800 px，高度为 600 px，取向为横向，颜色模式为 RGB，单击"创建"按钮，新建一个文档。

扫码观看
本案例视频

（2）选择"文件 > 置入"命令，弹出"置入"对话框，选择云盘中的"Ch02 > 素材 > 绘制猫头鹰 > 01"文件，单击"置入"按钮，在页面中单击置入图片，单击属性栏中的"嵌入"按钮，嵌入图片。选择"选择"工具 ▶，拖曳线稿图片到适当的位置，效果如图2-250所示。按Ctrl+2组合键，锁定所选对象。

（3）选择"椭圆"工具 ◯，沿线稿图中的猫头鹰头部外轮廓绘制一个椭圆形，效果如图2-251所示。

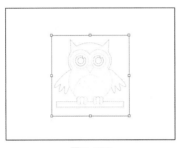

图 2-250

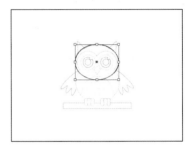

图 2-251

（4）选择"多边形"工具 ◯，在页面中单击鼠标左键，弹出"多边形"对话框，选项的设置如图2-252所示，单击"确定"按钮，出现一个三角形。选择"选择"工具 ▶，拖曳三角形到适当的位置，效果如图2-253所示。向左拖曳三角形右侧中间的控制手柄到适当的位置，调整其大小，效果如图2-254所示。

图 2-252

图 2-253

图 2-254

（5）拖曳右上角的控制手柄将其旋转到适当的角度，效果如图2-255所示。双击"镜像"工具 ◁▷，弹出"镜像"对话框，选项的设置如图2-256所示；单击"复制"按钮，镜像并复制图形，效果如图2-257所示。

图 2-255

图 2-256

图 2-257

（6）选择"选择"工具 ▶，按住 Shift 键的同时，水平向右拖曳复制的图形到适当的位置，效果如图 2-258 所示。用圈选的方法将所绘制的图形同时选取，如图 2-259 所示。选择"窗口 > 路径查找器"命令，弹出"路径查找器"控制面板，单击"联集"按钮 ▣，如图 2-260 所示，生成新的对象，效果如图 2-261 所示。

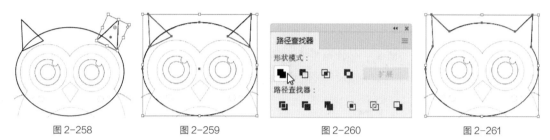

图 2-258   图 2-259   图 2-260   图 2-261

（7）选择"椭圆"工具 ◉，按住 Shift 键的同时，在适当的位置绘制一个圆形，效果如图 2-262 所示。选择"选择"工具 ▶，按住 Alt+Shift 组合键的同时，水平向右拖曳圆形到适当的位置，复制圆形，效果如图 2-263 所示。

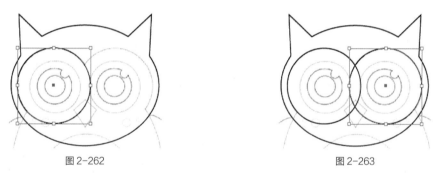

图 2-262   图 2-263

（8）选择"椭圆"工具 ◉，在适当的位置绘制一个椭圆形，效果如图 2-264 所示。选择"选择"工具 ▶，依次单击上方两个圆形将其同时选取，如图 2-265 所示。在"路径查找器"控制面板中，单击"联集"按钮 ▣，生成新的对象，效果如图 2-266 所示。

图 2-264   图 2-265   图 2-266

（9）选择"椭圆"工具 ◉，按住 Shift 键的同时，在适当的位置绘制一个圆形，效果如图 2-267 所示。按 Ctrl+C 组合键，复制图形，按 Ctrl+F 组合键，将复制的圆形粘贴在前面。选择"选择"工具 ▶，按住 Shift 键的同时，向内拖曳圆形右上角控制手柄到适当的位置，调整其大小，效果如图 2-268 所示。用相同的方法再复制两个圆形，并调整其大小，效果如图 2-269 所示。（这里先复制小圆形，再复制大圆形。）

图 2-267

图 2-268

图 2-269

（10）选择"选择"工具 ▶，依次单击下方两个圆形将其同时选取，如图 2-270 所示。在"路径查找器"控制面板中，单击"减去顶层"按钮 ，如图 2-271 所示，生成新的对象，效果如图 2-272 所示。

图 2-270

图 2-271

图 2-272

（11）选择"选择"工具 ▶，用圈选的方法将所绘制的图形同时选取，按住 Alt+Shift 组合键的同时，水平向右拖曳图形到适当的位置，复制图形，效果如图 2-273 所示。选择"多边形"工具 ，在适当的位置拖曳鼠标指针绘制一个三角形，效果如图 2-274 所示。

图 2-273

图 2-274

（12）选择"选择"工具 ▶，向右拖曳三角形右侧中间的控制手柄到适当的位置，调整其大小，效果如图 2-275 所示。选择"添加锚点"工具 ，在三角形下边中间位置单击鼠标左键，添加一个锚点，如图 2-276 所示。选择"直接选择"工具 ，向下拖曳添加的锚点到适当的位置，如图 2-277 所示。

图 2-275

图 2-276

图 2-277

（13）选择"椭圆"工具 ，按住 Shift 键的同时，在适当的位置分别绘制三个圆形，效果如图 2-278 所示。选择"选择"工具 ▶，用圈选的方法将所绘制的圆形同时选取，如图 2-279 所示。

图 2-278

图 2-279

（14）双击"镜像"工具，弹出"镜像"对话框，选项的设置如图 2-280 所示；单击"复制"按钮，镜像并复制图形，效果如图 2-281 所示。选择"选择"工具，按住 Shift 键的同时，水平向右拖曳复制的图形到适当的位置，效果如图 2-282 所示。

图 2-280

图 2-281

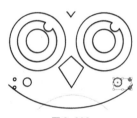

图 2-282

2. 绘制翅膀和腿

（1）选择"椭圆"工具，在页面外单击鼠标左键，弹出"椭圆"对话框，选项的设置如图 2-283 所示，单击"确定"按钮，出现一个椭圆形，效果如图 2-284 所示。

图 2-283

图 2-284

扫码观看
本案例视频

（2）选择"旋转"工具，按住 Alt 键的同时，在椭圆顶部单击，如图 2-285 所示，同时弹出"旋转"对话框，选项的设置如图 2-286 所示，单击"复制"按钮，效果如图 2-287 所示。

图 2-285

图 2-286

图 2-287

（3）连续按 Ctrl+D 组合键，复制出多个椭圆形，效果如图 2-288 所示。选择"选择"工具▶，按住 Shift 键的同时，依次单击不需要的椭圆形将其同时选取，如图 2-289 所示，按 Delete 键将其删除，效果如图 2-290 所示。

图 2-288

图 2-289

图 2-290

（4）选择"选择"工具▶，用圈选的方法将余下的图形同时选取，如图 2-291 所示。在"路径查找器"控制面板中，单击"联集"按钮■，生成新的对象，效果如图 2-292 所示。拖曳图形到页面中适当的位置，调整其大小和角度，效果如图 2-293 所示。

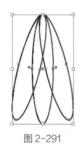
图 2-291

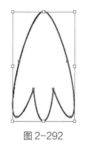
图 2-292

图 2-293

（5）双击"镜像"工具◁，弹出"镜像"对话框，选项的设置如图 2-294 所示；单击"复制"按钮，镜像并复制图形，效果如图 2-295 所示。选择"选择"工具▶，按住 Shift 键的同时，水平向右拖曳复制的图形到适当的位置，效果如图 2-296 所示。

图 2-294

图 2-295

图 2-296

（6）选择"椭圆"工具●，在适当的位置绘制一个椭圆形，效果如图 2-297 所示。选择"选择"工具▶，选取下方需要的图形，按 Ctrl+C 组合键，复制图形，按 Ctrl+F 组合键，将复制的图形粘贴在前面，如图 2-298 所示。按住 Shift 键的同时，单击下方椭圆形将其同时选取，如图 2-299 所示。

图 2-297

图 2-298

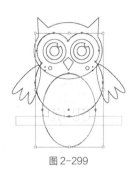

图 2-299

（7）在"路径查找器"控制面板中，单击"交集"按钮，如图 2-300 所示，生成新的对象，效果如图 2-301 所示。

图 2-300

图 2-301

（8）选择"椭圆"工具，按住 Shift 键的同时，在适当的位置绘制一个圆形，效果如图 2-302 所示。按住 Alt+Shift 组合键的同时，垂直向上拖曳圆形到适当的位置，复制圆形，效果如图 2-303 所示。

（9）选择"选择"工具，按住 Shift 键的同时，单击下方圆形将其同时选取，如图 2-304 所示。在"路径查找器"控制面板中，单击"减去顶层"按钮，生成新的对象，效果如图 2-305 所示。

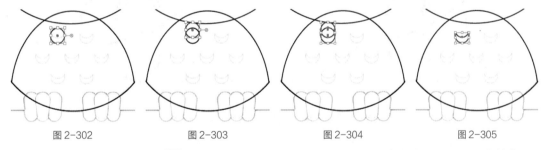

图 2-302　　　　　　　图 2-303　　　　　　　图 2-304　　　　　　　图 2-305

（10）选择"选择"工具，按住 Alt+Shift 组合键的同时，水平向右拖曳图形到适当的位置，复制图形，效果如图 2-306 所示。用相同的方法分别复制其他图形，效果如图 2-307 所示。选择"矩形"工具，在适当的位置绘制一个矩形，如图 2-308 所示。

图 2-306

图 2-307

图 2-308

（11）选择"直接选择"工具 ▷，选取左上角的锚点，并向左拖曳锚点到适当的位置，效果如图 2-309 所示。用相同的方法调整右上角的锚点，效果如图 2-310 所示。

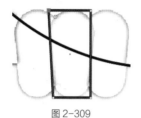

图 2-309

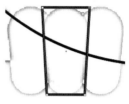

图 2-310

（12）选择"直接选择"工具 ▷，按住 Shift 键的同时，依次单击其他锚点将其同时选取，如图 2-311 所示。向内拖曳左上角的边角构件至最大角，如图 2-312 所示，释放鼠标后，效果如图 2-313 所示。

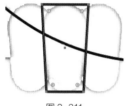

图 2-311

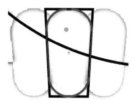

图 2-312

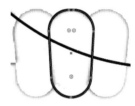

图 2-313

（13）选择"选择"工具 ▶，选取图形，按住 Alt+Shift 组合键的同时，水平向左拖曳图形到适当的位置，复制图形，效果如图 2-314 所示。用相同的方法向右再复制一个图形，效果如图 2-315 所示。

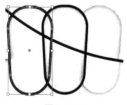

图 2-314

图 2-315

（14）选择"选择"工具 ▶，按住 Shift 键的同时，依次单击需要的图形将其同时选取，如图 2-316 所示，按住 Alt+Shift 组合键的同时，水平向右拖曳图形到适当的位置，复制图形，效果如图 2-317 所示。

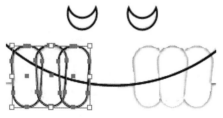

图 2-316

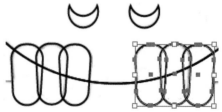

图 2-317

（15）选择"矩形"工具 ▢，在适当的位置绘制一个矩形，如图 2-318 所示。设置填充色为浅棕色（142、114、85），填充图形，并设置描边色为无，效果如图 2-319 所示。

图 2-318

图 2-319

（16）连续按 Ctrl+[组合键，将图形向后移至适当的位置，效果如图 2-320 所示。用相同的方法分别填充其他图形相应的颜色，并调整其顺序，效果如图 2-321 所示。

图 2-320

图 2-321

（17）按 Alt+Ctrl+2 组合键，全部解锁对象，此时，线稿图处于被选中状态，如图 2-322 所示。按 Delete 键将其删除，效果如图 2-323 所示。猫头鹰绘制完成。

图 2-322

图 2-323

2.4.2 对象的选取

Illustrator CC 2019 提供了 5 种选择工具，包括"选择"工具 ▶、"直接选择"工具 ▷、"编组选择"工具 ▷、"魔棒"工具 ✐ 和"套索"工具 ⊛。它们都位于工具箱的上方，如图 2-324 所示。

图 2-324

"选择"工具 ▶：通过单击路径上的一点或一部分来选择整个路径。

"直接选择"工具 ▷：可以选择路径上独立的节点或线段，并显示出路径上的所有方向线以便于调整。

"编组选择"工具 ▷：可以单独选择组合对象中的个别对象。

"魔棒"工具 ✐：可以选择具有相同笔画或填充属性的对象。

"套索"工具 ⊛：可以选择路径上独立的节点或线段，在选取套索工具后，拖曳鼠标指针，经过轨迹上的所有路径将被同时选中。

编辑一个对象之前，首先要选中这个对象。对象刚建立时一般呈选取状态，对象的周围出现矩形圈选框，矩形圈选框是由 8 个控制手柄组成的，对象的中心有一个"■"形的中心标记，对象矩形圈选框的示意图如图 2-325 所示。

当选取多个对象时，可以多个对象共有 1 个矩形圈选框，多个对象的选取状态如图 2-326 所示。要取消对象的选取状态，只要在绘图页面上的其他位置单击即可。

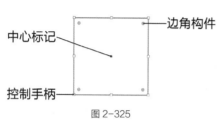

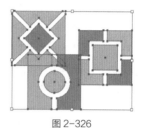

图 2-325

图 2-326

1. 使用选择工具选取对象

选择"选择"工具，当鼠标指针移动到对象或路径上时，指针变为"▶"图标，如图 2-327 所示；当鼠标指针移动到节点上时，指针变为"▶"图标，如图 2-328 所示；单击鼠标左键即可选取对象，指针变为"▶"图标，如图 2-329 所示。

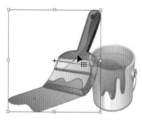

图 2-327

图 2-328

图 2-329

> **提示**
>
> 按住 Shift 键，分别在要选取的对象上单击鼠标左键，即可连续选取多个对象。

选择"选择"工具▶，用鼠标在绘图页面中要选取的对象外围单击并拖曳鼠标指针，拖曳后会出现一个灰色的矩形圈选框，如图 2-330 所示。在矩形圈选框圈选住整个对象后释放鼠标，这时，被圈选的对象处于选取状态，如图 2-331 所示。用圈选的方法可以同时选取一个或多个对象。

图 2-330

图 2-331

2. 使用直接选择工具选取对象

选择"直接选择"工具▷，用鼠标单击对象可以选取整个对象，如图 2-332 所示。在对象的某个节点上单击，该节点将被选中，如图 2-333 所示。选中该节点不放，向下拖曳，如图 2-334 所示，将改变对象的形状。

图 2-332

图 2-333

图 2-334

也可使用"直接选择"工具 ▷ 圈选对象。使用"直接选择"工具 ▷ 拖曳出一个矩形圈选框，在框中的所有对象将被同时选取。

 提示

在移动节点的时候，按住 Shift 键，节点可以沿着 45° 角的整数倍方向移动；在移动节点的时候，按住 Alt 键，此时可以复制节点，这样就可以得到一段新路径。

3. 使用魔棒工具选取对象

双击"魔棒"工具 ⚲，弹出"魔棒"控制面板，如图 2-335 所示。

勾选"填充颜色"复选项，可以使相同填充颜色的对象同时被选中；勾选"描边颜色"复选项，可以使相同描边色的对象同时被选中；勾选"描边粗细"复选项，可以使相同描边宽度的对象同时被选中；勾选"不透明度"复选项，可以使相同透明度的对象同时被选中；勾选"混合模式"复选项，可以使相同混合模式的对象同时被选中。

图 2-335

绘制 3 个图形，如图 2-336 所示，"魔棒"控制面板的设定如图 2-337 所示，使用"魔棒"工具 ⚲，单击左边的对象，那么相同填充色的对象都会被选取，效果如图 2-338 所示。

图 2-336

图 2-337

图 2-338

绘制 3 个图形，如图 2-339 所示，"魔棒"控制面板的设定如图 2-340 所示，使用"魔棒"工具 ⚲，单击左边的对象，那么相同描边色的对象都会被选取，如图 2-341 所示。

图 2-339

图 2-340

图 2-341

4. 使用套索工具选取对象

选择"套索"工具，在对象的外围单击并按住鼠标左键，拖曳鼠标指针绘制一个套索圈，如图 2-342 所示，释放鼠标左键，对象被选取，效果如图 2-343 所示。

选择"套索"工具，在绘图页面中的对象外围单击并按住鼠标左键，拖曳鼠标指针在对象上绘制出一条套索线，绘制的套索线必须经过对象，效果如图 2-344 所示。套索线经过的对象将同时被选中，得到的效果如图 2-345 所示。

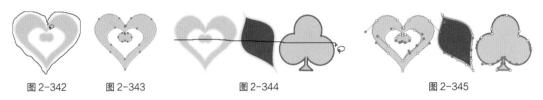

图 2-342　　　图 2-343　　　　　图 2-344　　　　　　　图 2-345

5. 使用选择

Illustrator CC 2019 除了提供 5 种选择工具，还提供了一个"选择"菜单，如图 2-346 所示。

图 2-346

"全部"命令：可以将 Illustrator CC 2019 绘图页面上的所有对象同时选取，不包含隐藏和锁定的对象（组合键为 Ctrl+A）。

"现用画板上的全部对象"命令：可以将 Illustrator CC 2019 画板上的所有对象同时选取，不包含隐藏和锁定的对象（组合键为 Alt+Ctrl+A）。

"取消选择"命令：可以取消所有对象的选取状态（组合键为 Shift+Ctrl+A）。

"重新选择"命令：可以重复上一次的选取操作（组合键为 Ctrl+6）。

"反向"命令：可以选取文档中除当前被选中的对象之外的所有对象。

"上方的下一个对象"命令：可以选取当前被选中对象之上的对象。

"下方的下一个对象"命令：可以选取当前被选中对象之下的对象。

"相同"子菜单下包含 12 个命令，即"外观"命令、"外观属性"命令、"混合模式"命令、"填色和描边"命令、"填充颜色"命令、"不透明度"命令、"描边颜色"命令、"描边粗细"命令、"图形样式"命令、"形状"命令、"符号实例"命令和"链接块系列"命令。

"对象"子菜单下包含 9 个命令，即"同一图层上的所有对象"命令、"方向手柄"命令、"毛刷画笔描边"命令、"画笔描边"命令、"剪切蒙版"命令、"游离点"命令、"所有文本对象"命令、"点状文字对象"命令、"区域文字对象"命令。

"启动全局编辑"命令：可以在一次操作中全局编辑所有类似对象。

"存储所选对象"命令：可以将当前进行的选取操作进行保存。

"编辑所选对象"命令：可以对已经保存的选取操作进行编辑。

2.4.3　对象的比例缩放、移动和镜像

1. 对象的缩放

在 Illustrator CC 2019 中可以快速而精确地按比例缩放对象，使设计工作变得更轻松。下面就介绍对象的按比例缩放方法。

（1）使用工具箱中的工具比例缩放对象。

选取要缩放的对象，对象的周围出现控制手柄，如图 2-347 所示。用鼠标拖曳需要的控制手柄，如图 2-348 所示，可以缩放对象，效果如图 2-349 所示。

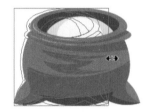

图 2-347　　　　　　　　　图 2-348　　　　　　　　　图 2-349

提示

拖曳对角线上的控制手柄时，按住 Shift 键，对象会成比例缩放。按住 Shift+Alt 组合键，对象会从中心成比例缩放。

选取要成比例缩放的对象，再选择"比例缩放"工具 🔲，对象的中心出现缩放对象的中心控制点，用鼠标在中心控制点上单击并拖曳可以移动中心控制点的位置，如图 2-350 所示。用鼠标在对象上拖曳可以缩放对象，如图 2-351 所示。成比例缩放对象的效果如图 2-352 所示。

图 2-350　　　　　　　　　图 2-351　　　　　　　　　图 2-352

（2）使用"变换"控制面板成比例缩放对象。

选择"窗口 > 变换"命令（组合键为 Shift+F8），弹出"变换"控制面板，如图 2-353 所示。在控制面板中，"宽"文本框可以设置对象的宽度，"高"文本框可以设置对象的高度。改变宽度和高度值，就可以缩放对象。缩放圆角：勾选此复选项，可以在缩放时等比例缩放圆角半径值。缩放描边和效果：勾选此复选项，可以在缩放时等比例缩放添加的描边和效果。

（3）使用菜单命令缩放对象。

选择"对象 > 变换 > 缩放"命令，弹出"比例缩放"对话框，如图 2-354 所示。在对话框中，选择"等比"选项可以调节对象成比例缩放，选择"不等比"选项可以调节对象不成比例缩放，"水

平"文本框可以设置对象在水平方向上的缩放百分比，"垂直"文本框可以设置对象在垂直方向上的缩放百分比。

图 2-353   图 2-354

（4）使用鼠标右键的弹出式命令缩放对象。

在选取的要缩放的对象上单击鼠标右键，弹出快捷菜单，选择"对象 > 变换 > 缩放"命令，也可以对对象进行缩放。

2. 对象的移动

在 Illustrator CC 2019 中，可以快速而精确地移动对象。要移动对象，就要使被移动的对象处于选取状态。

（1）使用工具箱中的工具和键盘移动对象。

选取要移动的对象，效果如图 2-355 所示。在对象上单击并按住鼠标左键不放，拖曳到需要放置对象的位置，如图 2-356 所示。释放鼠标左键，对象的移动操作完成，效果如图 2-357 所示。

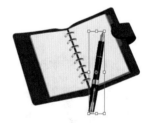

图 2-355   图 2-356   图 2-357

选取要移动的对象，用键盘上的方向键可以微调对象的位置。

（2）使用"变换"控制面板移动对象。

选择"窗口 > 变换"命令（组合键为 Shift+F8），弹出"变换"控制面板，如图 2-358 所示。在控制面板中，"X"文本框可以设置对象在 x 轴的位置，"Y"文本框可以设置对象在 y 轴的位置。改变 x 轴和 y 轴的数值，就可以移动对象。

（3）使用菜单命令移动对象。

选择"对象 > 变换 > 移动"命令（组合键为 Shift+Ctrl+M），弹出"移动"对话框，如图 2-359 所示。在对话框中，"水平"文本框可以设置对象在水平方向上移动的数值，"垂直"文本框可以设置对象在垂直方向上移动的数值，"距离"文本框可以设置对象移动的距离，"角度"文本框可以设置对象移动的角度，"复制"按钮用于复制出一个移动对象。

图 2-358

图 2-359

3．对象的镜像

在 Illustrator CC 2019 中可以快速而精确地进行镜像操作，以使设计和制作工作更加轻松有效。

（1）使用工具箱中的工具镜像对象。

选取要生成镜像的对象，效果如图 2-360 所示，选择"镜像"工具 ，用鼠标拖曳对象，出现蓝色线，效果如图 2-361 所示，这样可以实现图形的镜像变换，也就是对象绕镜像轴的对称变换，镜像后的效果如图 2-362 所示。

图 2-360

图 2-361

图 2-362

用鼠标在绘图页面上任一位置单击，可以确定新的镜像轴标志" "的位置，效果如图 2-363 所示。用鼠标在绘图页面上任一位置再次单击，则单击产生的点与镜像轴标志的连线就作为镜像变换的镜像轴，对象在与镜像轴对称的位置生成镜像，效果如图 2-364 所示。

图 2-363

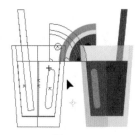

图 2-364

提示

使用"镜像"工具 生成镜像对象的过程中，只能使对象本身产生镜像。要在镜像的位置生成一个对象的复制品，方法很简单，在拖曳鼠标指针时按住 Alt 键即可。

（2）使用“选择”工具▶镜像对象。

使用“选择”工具▶，选取要生成镜像的对象，效果如图 2-365 所示。按住鼠标左键直接拖曳控制手柄到相对的边，直到出现对象的蓝色线，效果如图 2-366 所示，释放鼠标左键就可以得到不规则的镜像对象，效果如图 2-367 所示。

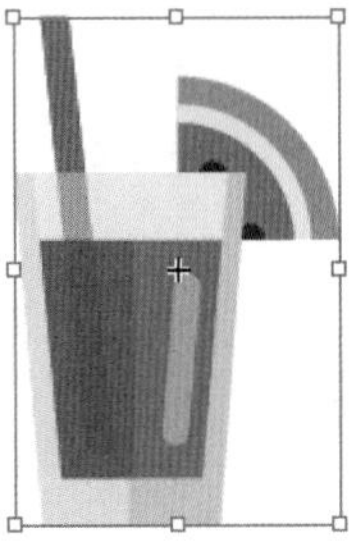

图 2-365

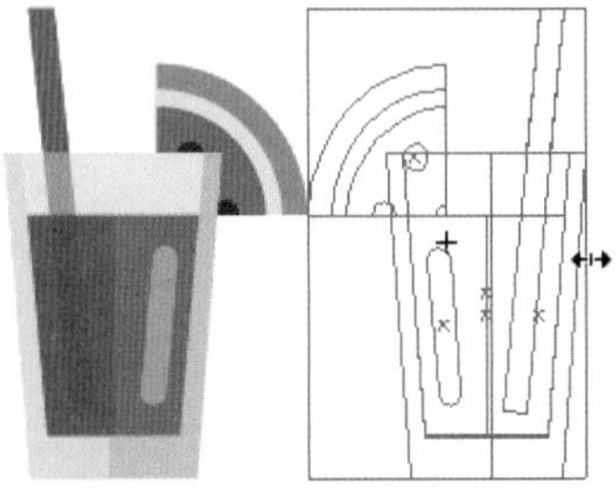

图 2-366

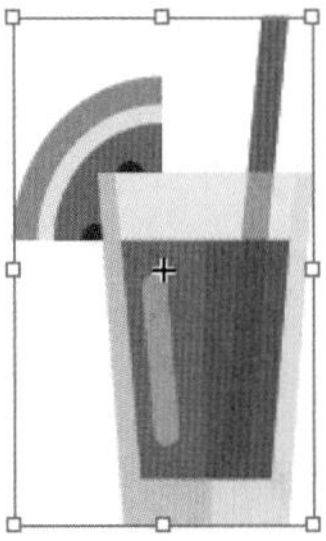

图 2-367

直接拖曳左边或右边中间的控制手柄到相对的边，直到出现对象的蓝色线，释放鼠标左键就可以得到原对象的水平镜像。直接拖曳上边或下边中间的控制手柄到相对的边，直到出现对象的蓝色虚线，释放鼠标左键就可以得到原对象的垂直镜像。

提示

按住 Shift 键，拖曳边角上的控制手柄到相对的边，对象会成比例地沿对角线方向生成镜像图形。按住 Shift+Alt 组合键，拖曳边角上的控制手柄到相对的边，对象会成比例地从中心生成镜像图形。

（3）使用菜单命令镜像对象。

选择“对象 > 变换 > 对称”命令，弹出“镜像”对话框，如图 2-368 所示。在“轴”选项组中，点选“水平”单选项可以垂直镜像对象，点选“垂直”单选项可以水平镜像对象，点选“角度”单选项可以输入镜像轴角度的数值。在“选项”选项组中，勾选“变换对象”复选项，图案不会被镜像；勾选“变换图案”复选项，图案会被镜像。“复制”按钮用于在原对象上复制一个镜像的对象。

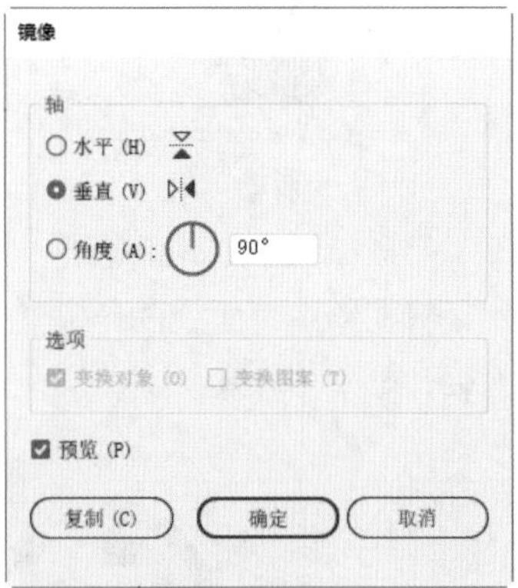

图 2-368

2.4.4 对象的旋转和倾斜变形

1. 对象的旋转

（1）使用工具箱中的工具旋转对象。

使用“选择”工具▶选取要旋转的对象，将鼠标指针移动到旋转控制手柄上，这时的指针变为旋转符号“↰”，如图 2-369 所示，按下鼠标左键，拖曳鼠标旋转对象，旋转时对象会出现蓝色的虚线，指示旋转方向和角度，效果如图 2-370 所示。旋转到需要的角度后释放鼠标左键，旋转后对象的效果如图 2-371 所示。

选取要旋转的对象，选择“自由变换”工具，对象的四周出现控制柄。用鼠标拖曳控制柄，就可以旋转对象。此工具与“选择”工具▶的使用方法类似。

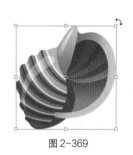
图 2-369

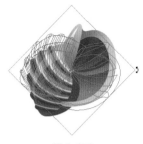
图 2-370

图 2-371

选取要旋转的对象，选择"旋转"工具 🔄，对象的四周出现控制柄，用鼠标拖曳控制柄就可以旋转对象。对象是围绕旋转中心"✛"来旋转的，Illustrator CC 2019 默认的旋转中心是对象的中心点。可以通过改变旋转中心来使对象旋转到新的位置，将鼠标指针移动到旋转中心上，按住鼠标左键拖曳旋转中心到需要的位置，如图 2-372 所示，再用鼠标拖曳图形进行旋转，如图 2-373 所示，改变旋转中心后对象的旋转效果如图 2-374 所示。

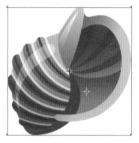
图 2-372

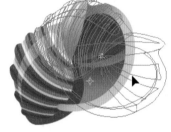
图 2-373

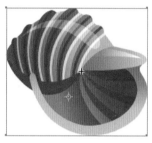
图 2-374

（2）使用"变换"控制面板旋转对象。

选择"窗口 > 变换"命令，弹出"变换"控制面板。"变换"控制面板的使用方法在介绍对象的移动时已说明，这里不再赘述。

（3）使用菜单命令旋转对象。

选择"对象 > 变换 > 旋转"命令或双击"旋转"工具 🔄，弹出"旋转"对话框，如图 2-375 所示。在对话框中，通过"角度"文本框可以设置对象旋转的角度；勾选"变换对象"复选项，旋转的对象不是图案；勾选"变换图案"复选项，旋转的对象是图案；"复制"按钮用于在原对象上复制一个旋转对象。

图 2-375

2．对象的倾斜

（1）使用工具箱中的工具倾斜对象。

选取要倾斜的对象，效果如图 2-376 所示，选择"倾斜"工具 ↗，对象的四周将出现控制柄。用鼠标拖曳控制柄或对象，倾斜时对象会出现蓝色的线来指示倾斜变形的方向和角度，效果如图 2-377 所示。倾斜到需要的角度后释放鼠标即可，对象的倾斜效果如图 2-378 所示。

（2）使用"变换"控制面板倾斜对象。

选择"窗口 > 变换"命令，弹出"变换"控制面板。"变换"控制面板的使用方法在介绍对象的移动时已说明，这里不再赘述。

图 2-376

图 2-377

图 2-378

（3）使用菜单命令倾斜对象。

选择"对象 > 变换 > 倾斜"命令，弹出"倾斜"对话框，如图 2-379 所示。在对话框中，通过"倾斜角度"文本框可以设置对象倾斜的角度。在"轴"选项组中，点选"水平"单选项，对象可以水平倾斜；点选"垂直"单选项，对象可以垂直倾斜；点选"角度"单选项，可以沿设置的角度倾斜。"复制"按钮，用于在原对象上复制一个倾斜的对象。

图 2-379

提示 对象的移动、旋转、镜像和倾斜操作也可以使用鼠标右键快捷菜单命令来完成。

2.4.5 对象的扭曲变形

在 Illustrator CC 2019 中，可以使用宽度工具组中的多个工具，如图 2-380 所示，对需要变形的对象进行扭曲变形。

1. 使用"宽度"工具

选择"宽度"工具，将鼠标指针放到对象中适当的位置，如图 2-381 所示，在对象上拖曳鼠标指针，如图 2-382 所示，就可以进行调整宽度的操作了，效果如图 2-383 所示。

图 2-380

图 2-381

图 2-382

图 2-383

2. 使用"变形"工具

选择"变形"工具 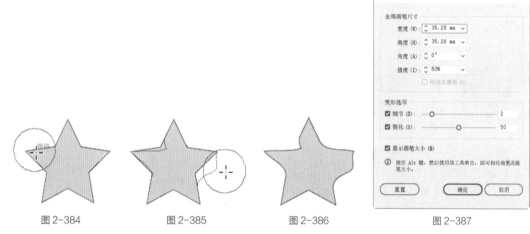，将鼠标指针放到对象中适当的位置，如图 2-384 所示，在对象上拖曳鼠标指针，如图 2-385 所示，即可进行扭曲变形操作，效果如图 2-386 所示。

双击"变形"工具 ，弹出"变形工具选项"对话框，如图 2-387 所示。在对话框中的"全局画笔尺寸"选项组中，"宽度"选项可以设置画笔的宽度，"高度"选项可以设置画笔的高度，"角度"选项可以设置画笔的角度，"强度"选项可以设置画笔的强度。在"变形选项"选项组中，勾选"细节"复选项可以控制变形的细节程度，勾选"简化"复选项可以控制变形的简化程度。勾选"显示画笔大小"复选项，在对对象进行变形操作时会显示画笔的大小。

图 2-384　　　　　图 2-385　　　　　图 2-386　　　　　　　　图 2-387

3. 使用"旋转扭曲"工具

选择"旋转扭曲"工具 ，将鼠标指针放到对象中适当的位置，如图 2-388 所示，在对象上拖曳鼠标指针，如图 2-389 所示，就可以进行扭转变形操作，效果如图 2-390 所示。

双击"旋转扭曲"工具 ，弹出"旋转扭曲工具选项"对话框，如图 2-391 所示。在"旋转扭曲选项"选项组中，"旋转扭曲速率"选项可以控制扭转变形的比例。对话框中其他选项的功能与"变形工具选项"对话框中的选项功能相同。

图 2-388　　　　　图 2-389　　　　　图 2-390　　　　　　　　图 2-391

4. 使用"缩拢"工具

选择"缩拢"工具，将鼠标指针放到对象中适当的位置，如图 2-392 所示，在对象上拖曳鼠标指针，如图 2-393 所示，即可进行缩拢变形操作，效果如图 2-394 所示。

双击"缩拢"工具，弹出"收缩工具选项"对话框，如图 2-395 所示。对话框中选项的功能与"变形工具选项"对话框中的选项功能相同。

图 2-392　　　　　　图 2-393　　　　　　图 2-394　　　　　　　　　图 2-395

5. 使用"膨胀"工具

选择"膨胀"工具，将鼠标指针放到对象中适当的位置，如图 2-396 所示，在对象上拖曳鼠标指针，如图 2-397 所示，就可以进行膨胀变形操作了，效果如图 2-398 所示。

双击"膨胀"工具，弹出"膨胀工具选项"对话框，如图 2-399 所示。对话框中选项的功能与"变形工具选项"对话框中的选项功能相同。

图 2-396　　　　　　图 2-397　　　　　　图 2-398　　　　　　　　　图 2-399

6. 使用"扇贝"工具

选择"扇贝"工具，将鼠标指针放到对象中适当的位置，如图 2-400 所示，在对象上拖曳鼠标指针，如图 2-401 所示，就可以使对象变形了，效果如图 2-402 所示。

双击"扇贝"工具，弹出"扇贝工具选项"对话框，如图 2-403 所示。在"扇贝选项"选项组中，

"复杂性"选项可以控制变形的复杂性；勾选"画笔影响锚点"复选项，画笔的大小会影响锚点；勾选"画笔影响内切线手柄"复选项，画笔会影响对象的内切线；勾选"画笔影响外切线手柄"复选项，画笔会影响对象的外切线。对话框中其他选项的功能与"变形工具选项"对话框中的选项功能相同。

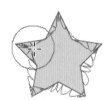

图 2-400   图 2-401   图 2-402   图 2-403

7. 使用"晶格化"工具

选择"晶格化"工具 ，将鼠标指针放到对象中适当的位置，如图 2-404 所示，在对象上拖曳鼠标指针，如图 2-405 所示，就可以使对象变形了，效果如图 2-406 所示。

双击"晶格化"工具 ，弹出"晶格化工具选项"对话框，如图 2-407 所示。对话框中选项的功能与"扇贝工具选项"对话框中的选项功能相同。

图 2-404   图 2-405   图 2-406   图 2-407

8. 使用"皱褶"工具

选择"皱褶"工具 ，将鼠标指针放到对象中适当的位置，如图 2-408 所示，在对象上拖曳鼠标指针，如图 2-409 所示，就可以进行折皱变形操作，效果如图 2-410 所示。

双击"皱褶"工具 ，弹出"皱褶工具选项"对话框，如图 2-411 所示。在"皱褶选项"选项组中，"水平"选项可以控制变形的水平比例，"垂直"选项可以控制变形的垂直比例。对话框中其他选项的功能与"扇贝工具选项"对话框中的选项功能相同。

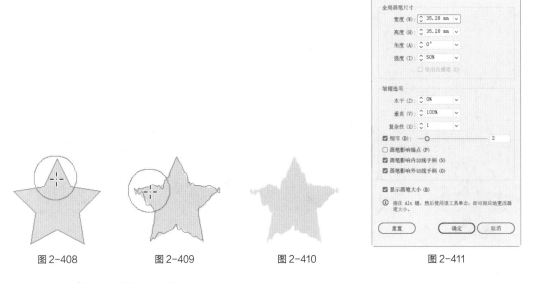

图 2-408　　　　图 2-409　　　　图 2-410　　　　　　　图 2-411

2.4.6　复制和删除对象

1.　复制对象

在 Illustrator CC 2019 中可以采取多种方法复制对象。下面介绍复制对象的多种方法。

（1）使用"编辑"菜单命令复制对象。

选取要复制的对象，效果如图 2-412 所示，选择"编辑 > 复制"命令（组合键为 Ctrl+C），对象的副本将被放置在剪贴板中。

选择"编辑 > 粘贴"命令（组合键为 Ctrl+V），对象的副本将被粘贴到要复制对象的旁边，复制的效果如图 2-413 所示。

图 2-412　　　　　　　　　　　　　图 2-413

（2）使用鼠标右键快捷菜单命令复制对象。

选取要复制的对象，在对象上单击鼠标右键，弹出快捷菜单，选择"变换 > 移动"命令，弹出"移动"对话框，如图 2-414 所示，单击"复制"按钮，可以在选中的对象上面复制出一个对象，效果如图 2-415 所示。

接着在对象上再次单击鼠标右键，弹出快捷菜单，选择"变换 > 再次变换"命令（组合键为 Ctrl+D），按"移动"对话框中的设置再次进行复制，效果如图 2-416 所示。

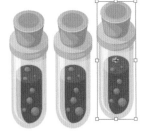

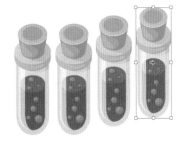

图 2-414　　　　　　　　　　　图 2-415　　　　　　　　　　图 2-416

（3）使用鼠标拖曳方式复制对象。

选取要复制的对象，按住 Alt 键，在对象上拖曳鼠标指针，出现对象的蓝色虚线效果，移动到需要的位置，释放鼠标，复制出一个选取对象。

也可以在两个不同的绘图页面中复制对象，使用鼠标拖曳其中一个绘图页面中的对象到另一个绘图页面中，释放鼠标完成复制。

2．删除对象

在 Illustrator CC 2019 中，删除对象的方法很简单，选中要删除的对象，选择"编辑 > 清除"命令（快捷键为 Delete），就可以将选中的对象删除。如果想删除多个或全部的对象，则首先要选取这些对象，再执行"清除"命令。

2.4.7　撤销和恢复对对象的操作

在进行设计的过程中，可能会出现错误的操作，下面介绍如何撤销和恢复对对象的操作。

1．撤销对对象的操作

选择"编辑 > 还原"命令（组合键为 Ctrl+Z），可以撤销上一次的操作。连续按组合键，可以连续撤销之前的操作。

2．恢复对对象的操作

选择"编辑 > 重做"命令（组合键为 Shift+Ctrl+Z），可以恢复已撤销的上一次的操作。如果连续按两次组合键，即恢复两步操作。

2.4.8　对象的剪切

选中要剪切的对象，选择"编辑 > 剪切"命令（组合键为 Ctrl+X），对象将从页面中被删除并放置在剪贴板中。

2.4.9　使用"路径查找器"控制面板编辑对象

在 Illustrator CC 2019 中编辑图形时，"路径查找器"控制面板是最常用的工具之一。它包含了一组功能强大的路径编辑按钮。使用"路径查找器"控制面板可以使许多简单的路径经过特定的运算之后形成各种复杂的路径。

选择"窗口 > 路径查找器"命令（组合键为 Shift+Ctrl+F9），弹出"路径查找器"控制面板，如图 2-417 所示。

图 2-417

1. 认识"路径查找器"控制面板的按钮

在"路径查找器"控制面板的"形状模式"选项组中有 5 个按钮，从左至右分别是"联集"按钮■、"减去顶层"按钮■、"交集"按钮■、"差集"按钮■和"扩展"按钮。前 4 个按钮可以通过不同的组合方式在多个图形间制作出对应的复合图形，而"扩展"按钮则可以把复合图形转变为复合路径。

在"路径查找器"选项组中有 6 个按钮，从左至右分别是"分割"按钮■、"修边"按钮■、"合并"按钮■、"裁剪"按钮■、"轮廓"按钮■和"减去后方对象"按钮■。这组按钮主要是把对象分解成各个独立的部分，或者删除对象中不需要的部分。

2. 使用"路径查找器"控制面板

（1）"联集"按钮■。

在绘图页面中选择两个绘制的图形对象，如图 2-418 所示，单击"联集"按钮■，从而生成新的对象。新对象的填充和描边属性与位于顶层的对象的填充和描边属性相同，效果如图 2-419 所示。

（2）"减去顶层"按钮■。

在绘图页面中选择两个绘制的图形对象。如图 2-420 所示，单击"减去顶层"按钮■，从而生成新的对象。减去顶层命令可以在底层对象的基础上，将被上层对象挡住的部分和上层的所有对象同时删除，只剩下底层对象的剩余部分，效果如图 2-421 所示。

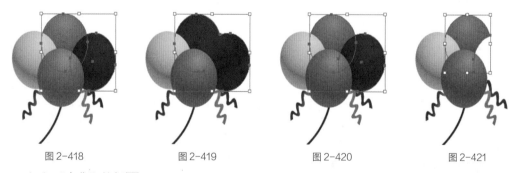

图 2-418   图 2-419   图 2-420   图 2-421

（3）"交集"按钮■。

在绘图页面中选择两个绘制的图形对象，如图 2-422 所示，单击"交集"按钮■，从而生成新的对象。交集命令可以将图形没有重叠的部分删除，而仅仅保留重叠部分。所生成的新对象的填充和描边属性与位于顶层的对象的填充和描边属性相同，效果如图 2-423 所示。

（4）"差集"按钮■。

在绘图页面中选择两个绘制的图形对象，如图 2-424 所示，单击"差集"按钮■，从而生成新的对象。差集命令可以删除对象间重叠的部分。所生成的新对象的填充和描边属性与位于顶层的对象的填充和描边属性相同，效果如图 2-425 所示。

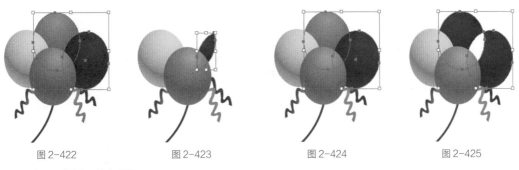

图 2-422　　　　　图 2-423　　　　　图 2-424　　　　　图 2-425

（5）"分割"按钮 ▣。

在绘图页面中选择两个绘制的图形对象，如图 2-426 所示，单击"分割"按钮 ▣，从而生成新的对象，效果如图 2-427 所示。分割命令可以将相互重叠的图形沿重叠边缘分离，从而得到多个独立的对象。所生成的新对象中，图形没有重叠的部分保持原有填充和描边属性，重叠部分的填充和描边属性与位于顶层的对象的填充和描边属性相同。取消选取状态后的效果如图 2-428 所示。

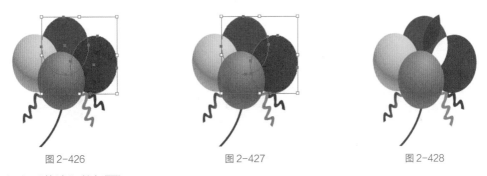

图 2-426　　　　　　　　图 2-427　　　　　　　　图 2-428

（6）"修边"按钮 ▣。

在绘图页面中选择两个绘制的图形对象，如图 2-429 所示，单击"修边"按钮 ▣，从而生成新的对象，效果如图 2-430 所示。修边命令可以将每个对象中与上层对象重叠的部分删除，新生成的对象保持原来的填充属性，但对象将变为无描边。取消选取状态后的效果如图 2-431 所示。

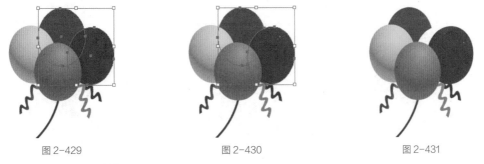

图 2-429　　　　　　　　图 2-430　　　　　　　　图 2-431

（7）"合并"按钮 ▣。

在绘图页面中选择两个绘制的图形对象，如图 2-432 所示，单击"合并"按钮 ▣，从而生成新的对象，效果如图 2-433 所示。如果对象的填充属性相同，合并命令将把所有的对象组成一个整体后合为一个对象，但对象将变为无描边；如果对象的填充属性不相同，则合并命令就相当于"修边"按钮 ▣ 的功能。取消选取状态后的效果如图 2-434 所示。

图 2-432

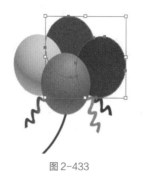
图 2-433

图 2-434

（8）"裁剪"按钮 。

在绘图页面中选择两个绘制的图形对象，如图 2-435 所示，单击"裁剪"按钮，从而生成新的对象，效果如图 2-436 所示。裁剪命令的工作原理和蒙版相似，对重叠的图形来说，裁剪命令可以把所有位于最前面对象之外的图形部分修剪掉，同时最前面的对象本身将消失。取消选取状态后的效果如图 2-437 所示。

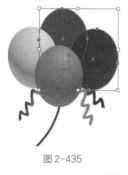
图 2-435

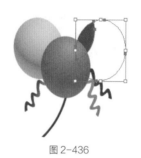
图 2-436

图 2-437

（9）"轮廓"按钮 。

在绘图页面中绘制两个图形对象，如图 2-438 所示，单击"轮廓"按钮，从而生成新的对象，效果如图 2-439 所示。轮廓命令勾勒出所有对象的轮廓。取消选取状态后的效果如图 2-440所示。

图 2-438

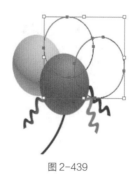
图 2-439

图 2-440

（10）"减去后方对象"按钮 。

在绘图页面中绘制两个图形对象，如图 2-441 所示，单击"减去后方对象"按钮，从而生成新的对象，效果如图 2-442 所示。减去后方对象命令可以使位于底层的对象裁减掉位于该对象之上的所有对象。取消选取状态后的效果如图 2-443 所示。

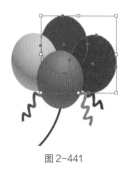

图 2-441   图 2-442   图 2-443

课堂练习——绘制钱包插图

🔗 练习知识要点

使用"圆角矩形"工具、"矩形"工具、"变换"控制面板、"描边"控制面板和"椭圆"工具绘制钱包，使用"圆角矩形"工具、"矩形"工具和"多边形"工具绘制卡片。钱包插图效果如图 2-444 所示。

图 2-444

扫码观看
本案例视频

📁 效果所在位置

云盘 /Ch02/ 效果 / 绘制钱包插图 .ai。

课后习题——绘制家居装修 App 图标

🔗 习题知识要点

使用"椭圆"工具、"缩放"命令、"路径查找器"控制面板和"偏移路径"命令绘制外轮廓，使用"圆角矩形"工具、"钢笔"工具、"旋转"工具和"镜像"工具绘制座椅图标，使用"直线段"工具、"整形"工具绘制弧线。家居装修 App 图标效果如图 2-445 所示。

图 2-445

扫码观看
本案例视频

📁 效果所在位置

云盘 /Ch02/ 效果 / 绘制家居装修 App 图标 .ai。

03 第 3 章
路径的绘制与编辑

学习引导

本章将介绍 Illustrator CC 2019 中路径的相关知识和"钢笔"工具的使用方法，以及绘制和编辑路径的各种方法。通过对本章的学习，读者可以运用强大的路径工具绘制出需要的自由曲线及图形。

知识目标

1. 认识路径和锚点
2. 熟练掌握钢笔工具的使用方法
3. 掌握路径的编辑技巧
4. 掌握常用的路径命令的使用方法

能力目标

1. 掌握可口冰淇淋的绘制方法
2. 掌握播放图标的绘制方法
3. 掌握可爱小鳄鱼的绘制方法
4. 掌握婴儿贴的绘制方法

素质目标

1. 培养团队合作和协调能力
2. 培养精心细致的工作态度
3. 培养主动学习善于沟通的思辨能力

3.1 认识路径和锚点

路径是指使用绘图工具创建的直线、曲线或几何形状对象，是组成所有线条和图形的基本元素。Illustrator CC 2019 提供了多种绘制路径的工具，如"钢笔"工具、"画笔"工具、"铅笔"工具、"矩形"工具、"多边形"工具等。路径可以由一个或多个路径组成，即由锚点连接起来的一条或多条线段组成。路径本身没有宽度和颜色，对路径加了描边后，路径才跟随描边的宽度和颜色具有了相应的属性。可以选择"图形样式"控制面板，为路径更改不同的样式。

3.1.1 路径

1. 路径的类型

为了满足绘图的需要，Illustrator CC 2019 中的路径又分为开放路径、闭合路径和复合路径 3 种类型。

开放路径的两个端点没有连接在一起，如图 3-1 所示。在对开放路径进行填充时，Illustrator CC 2019 会假定路径两端已经连接起来形成了闭合路径而对其进行填充。

闭合路径没有起点和终点，是一条连续的路径。可对其进行内部填充或描边填充，如图 3-2 所示。

复合路径是将几个开放或闭合路径进行组合而形成的路径，如图 3-3 所示。

图 3-1

图 3-2

图 3-3

2. 路径的组成

路径由锚点和线段组成，可以通过调整路径上的锚点或线段来改变它的形状。在曲线路径上，除起始锚点外，其他锚点均有一条或两条控制线。控制线总是与曲线上锚点所在的圆相切，控制线呈现的角度和长度决定了曲线的形状。控制线的端点称为控制点，可以通过调整控制点来对整个曲线进行调整，如图 3-4 所示。

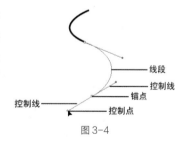

线段
控制线
锚点
控制线
控制点

图 3-4

3.1.2 锚点

1. 锚点的基本概念

锚点是构成直线或曲线的基本元素。在路径上可任意添加或删除锚点。通过调整锚点可以调整路径的形状，也可以通过锚点的转换来进行直线与曲线之间的转换。

2. 锚点的类型

Illustrator CC 2019 中的锚点分为平滑点和角点两种类型。

平滑点是两条平滑曲线连接处的锚点。平滑点可以使两条线段连接成一条平滑的曲线，平滑点使路径不会突然改变方向。每一个平滑点有两条相对应的控制线，如图 3-5 所示。

在角点所处的位置，路径形状会急剧地改变。角点可分为以下 3 种类型。

直线角点：两条直线以一个很明显的角度形成的交点，这种锚点没有控制线，如图 3-6 所示。

曲线角点：两条方向各异的曲线相交的点，这种锚点有两条控制线，如图 3-7 所示。

复合角点：一条直线和一条曲线的交点，这种锚点有一条控制线，如图 3-8 所示。

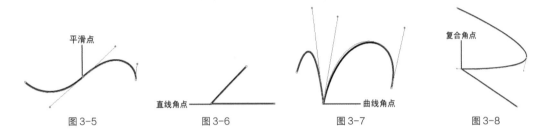

图 3-5　　　　　　图 3-6　　　　　　图 3-7　　　　　　图 3-8

3.2　使用"钢笔"工具

Illustrator CC 2019 中的"钢笔"工具是一个非常重要的工具。使用"钢笔"工具可以绘制直线、曲线和任意形状的路径，可以对线段进行精确的调整，使其更加完美。

3.2.1　课堂案例——绘制可口冰淇淋

 案例学习目标

学习使用"钢笔"工具、编辑路径命令绘制可口冰淇淋。

 案例知识要点

使用"椭圆"工具、"路径查找器"命令和"钢笔"工具绘制冰淇淋球，使用"矩形"工具、"变换"控制面板、"镜像"工具、"直接选择"工具和"直线段"工具绘制冰淇淋筒。可口冰淇淋效果如图 3-9 所示。

效果所在位置

云盘 /Ch03/ 效果 / 绘制可口冰淇淋 .ai。

图 3-9

扫码查看
扩展案例

1. 绘制冰淇淋球

（1）按 Ctrl+N 组合键，弹出"新建文档"对话框，设置文档的宽度为 800 px，高度为 600 px，取向为横向，颜色模式为 RGB，单击"创建"按钮，新建一个文档。

（2）选择"椭圆"工具 ，按住 Shift 键的同时，在适当的位置绘制一个圆形，如图 3-10 所示，并在属性栏中将"描边粗细"选项设置为 13 pt，按 Enter 键确定操作，效果如图 3-11 所示。

扫码观看
本案例视频

（3）保持图形选取状态。设置描边色为紫色（83、35、85），填充描边，效果如图 3-12 所示。

并设置填充色为淡粉色（235、147、187），填充图形，效果如图 3-13 所示。

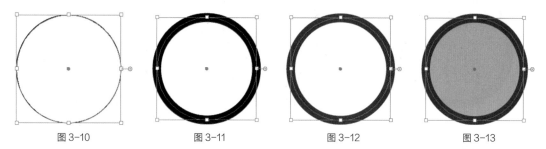

| 图 3-10 | 图 3-11 | 图 3-12 | 图 3-13 |

（4）选择"椭圆"工具 ⬭，按住 Shift 键的同时，在适当的位置绘制一个圆形，效果如图 3-14 所示。选择"选择"工具 ▶，按住 Alt 键的同时，向右拖曳圆形到适当的位置，复制圆形，效果如图 3-15 所示。

图 3-14   图 3-15

（5）选择"选择"工具 ▶，按住 Shift 键的同时，单击左侧圆形将其同时选取，如图 3-16 所示。选择"窗口 > 路径查找器"命令，弹出"路径查找器"控制面板，单击"减去顶层"按钮 ⬚，如图 3-17 所示；生成新的对象，效果如图 3-18 所示。设置填充色为粉红色（220、120、170），填充图形，并设置描边色为无，效果如图 3-19 所示。

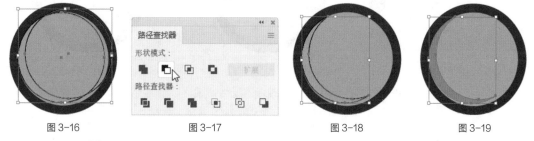

图 3-16   图 3-17   图 3-18   图 3-19

（6）选择"椭圆"工具 ⬭，按住 Shift 键的同时，在适当的位置绘制一个圆形，设置填充色为粉红色（220、120、170），填充图形，并设置描边色为无，效果如图 3-20 所示。

（7）选择"选择"工具 ▶，按住 Alt 键的同时，向右拖曳圆形到适当的位置，复制圆形，效果如图 3-21 所示。用相同的方法再复制两个圆形，效果如图 3-22 所示。

（8）选择"椭圆"工具 ⬭，按住 Shift 键的同时，在适当的位置绘制一个圆形，填充图形为白色，并设置描边色为无，效果如图 3-23 所示。

（9）选择"窗口 > 透明度"命令，弹出"透明度"控制面板，选项的设置如图 3-24 所示，效果如图 3-25 所示。

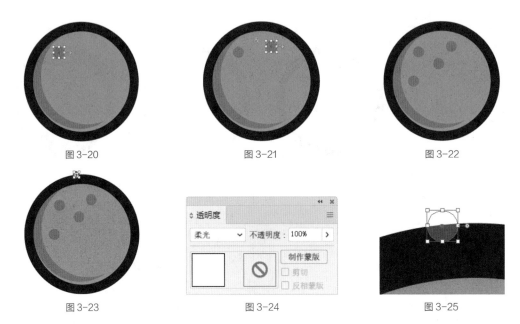

图 3-20　　　　　　　　　　图 3-21　　　　　　　　　　图 3-22

图 3-23　　　　　　　　　　图 3-24　　　　　　　　　　图 3-25

（10）选择"选择"工具▶，按住 Alt 键的同时，向右下方拖曳圆形到适当的位置，复制圆形，效果如图 3-26 所示。

（11）选择"钢笔"工具✐，在适当的位置分别绘制不规则图形，如图 3-27 所示。选择"选择"工具▶，按住 Shift 键的同时，将所绘制的图形同时选取，填充图形为白色，并设置描边色为无，效果如图 3-28 所示。

图 3-26　　　　　　　　　　图 3-27　　　　　　　　　　图 3-28

（12）在"透明度"控制面板中，将混合模式选项设为"柔光"，其他选项的设置如图 3-29 所示，效果如图 3-30 所示。用相同的方法再制作一个红色冰淇淋球，效果如图 3-31 所示。

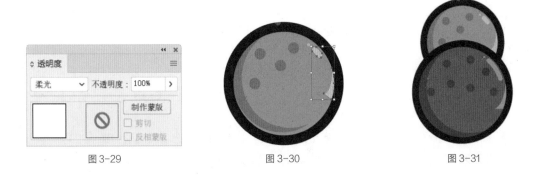

图 3-29　　　　　　　　　　图 3-30　　　　　　　　　　图 3-31

扫码观看
本案例视频

2. 绘制冰淇淋筒

（1）选择"矩形"工具 ，在适当的位置绘制一个矩形，如图 3-32 所示。选择"直接选择"工具 ，选取左下角的锚点，并向右拖曳锚点到适当的位置，效果如图 3-33 所示。向内拖曳左下角的边角构件，如图 3-34 所示，释放鼠标后，效果如图 3-35 所示。

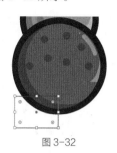

图 3-32

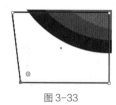

图 3-33

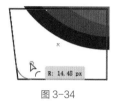

图 3-34

图 3-35

（2）用相同的方法再绘制一个图形，效果如图 3-36 所示。选择"选择"工具 ，按住 Shift 键的同时，将所绘制的图形同时选取，如图 3-37 所示。在"路径查找器"控制面板中，单击"联集"按钮 ，如图 3-38 所示；生成新的对象，效果如图 3-39 所示。

图 3-36

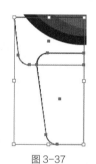

图 3-37

图 3-38

图 3-39

（3）双击"镜像"工具 ，弹出"镜像"对话框，选项的设置如图 3-40 所示；单击"复制"按钮，镜像并复制图形，效果如图 3-41 所示。选择"选择"工具 ，按住 Shift 键的同时，水平向右拖曳复制的图形到适当的位置，效果如图 3-42 所示。

图 3-40

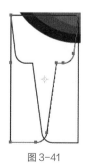

图 3-41

图 3-42

（4）选择"选择"工具 ，按住 Shift 键的同时，单击原图形将其同时选取，如图 3-43

所示。在"路径查找器"控制面板中，单击"联集"按钮 ▣，生成新的对象，效果如图 3-44 所示。

（5）保持图形选取状态。在属性栏中将"描边粗细"选项设置为 13 pt，按 Enter 键确定操作，效果如图 3-45 所示。设置描边色为紫色（83、35、85），填充描边；并设置填充色为橘黄色（236、175、70），填充图形，效果如图 3-46 所示。

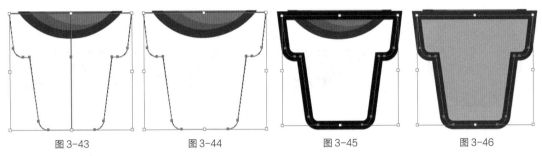

图 3-43   图 3-44   图 3-45   图 3-46

（6）选择"直线段"工具 ⁄，按住 Shift 键的同时，在适当的位置绘制一条直线，设置描边色为紫色（83、35、85），填充描边，效果如图 3-47 所示。

（7）选择"窗口 > 描边"命令，弹出"描边"控制面板，单击"端点"选项中的"圆头端点"按钮 ▣，其他选项的设置如图 3-48 所示，效果如图 3-49 所示。

图 3-47   图 3-48   图 3-49

（8）选择"矩形"工具 ▢，在适当的位置绘制一个矩形，如图 3-50 所示。选择"直接选择"工具 ▷，选取右下角的锚点，并向左拖曳锚点到适当的位置，效果如图 3-51 所示。

图 3-50   图 3-51

（9）选取左下角的锚点，并向右拖曳锚点到适当的位置，效果如图 3-52 所示。向内拖曳左下角的边角构件，释放鼠标后，效果如图 3-53 所示。用相同的方法调整左上角锚点的边角构件，效果如图 3-54 所示。

图 3-52　　　　　　　　　　　图 3-53　　　　　　　　　　　图 3-54

（10）选择"选择"工具 ▶，选取图形，设置填充色为浅黄色（245、197、92），填充图形，并设置描边色为无，效果如图 3-55 所示。用相同的方法绘制另一个图形，并填充相应的颜色，效果如图 3-56 所示。

（11）选择"矩形"工具 □，在适当的位置绘制一个矩形，如图 3-57 所示。并在属性栏中将"描边粗细"选项设置为 13 pt，按 Enter 键确定操作，效果如图 3-58 所示。

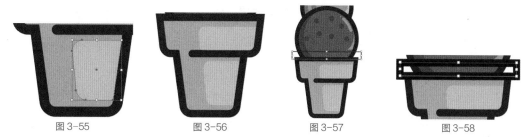

图 3-55　　　　　　　图 3-56　　　　　　　图 3-57　　　　　　　图 3-58

（12）选择"窗口＞变换"命令，弹出"变换"控制面板，在"矩形属性"选项组中，将"圆角半径"选项均设为 11 px，如图 3-59 所示，按 Enter 键确定操作，效果如图 3-60 所示。设置描边色为紫色（83、35、85），填充描边，效果如图 3-61 所示。

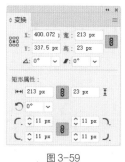
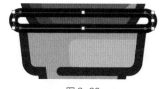

图 3-59　　　　　　　　　图 3-60　　　　　　　　　图 3-61

（13）选择"直线段"工具 ／，按住 Shift 键的同时，在适当的位置绘制一条直线，设置描边色为浅黄色（245、197、92），填充描边，效果如图 3-62 所示。

（14）在"描边"控制面板中，单击"端点"选项中的"圆头端点"按钮 ▢，其他选项的设置如图 3-63 所示，效果如图 3-64 所示。

图 3-62　　　　　　　　　图 3-63　　　　　　　　　图 3-64

（15）按 Ctrl+O 组合键，打开云盘中的"Ch03 > 素材 > 绘制可口冰淇淋 > 01"文件，按 Ctrl+A 组合键，全选图形，按 Ctrl+C 组合键，复制图形。选择正在编辑的页面，按 Ctrl+V 组合键，将其粘贴到页面中，选择"选择"工具 ▶，拖曳复制的图形到适当的位置，效果如图 3-65 所示。

（16）选取右上角的蓝莓，连续按 Ctrl+[组合键，将图形向后移至适当的位置，效果如图 3-66 所示。用相同的方法调整其他图形顺序，效果如图 3-67 所示。可口冰淇淋绘制完成。

图 3-65　　　　　　　　　　图 3-66　　　　　　　　　　图 3-67

3.2.2　绘制直线

选择"钢笔"工具 ✎，在页面中单击鼠标确定直线的起点，如图 3-68 所示。移动鼠标指针到需要的位置，再次单击鼠标确定直线的终点，如图 3-69 所示。

在需要的位置再连续单击确定其他的锚点，就可以绘制出折线的效果，如图 3-70 所示。如果双击折线上的锚点，该锚点会被删除，折线的另外两个锚点将自动连接，如图 3-71 所示。

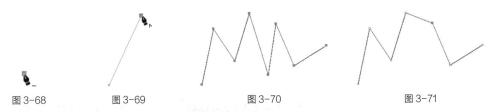

图 3-68　　　　　图 3-69　　　　　　　　图 3-70　　　　　　　　图 3-71

3.2.3　绘制曲线

选择"钢笔"工具 ✎，在页面中单击并按住鼠标左键拖曳鼠标来确定曲线的起点。起点的两端分别出现了一条控制线，释放鼠标，如图 3-72 所示。

拖曳鼠标指针到需要的位置，再次单击并按住鼠标左键拖曳鼠标指针，绘制第 2 个锚点，两个锚点之间出现了一条曲线段。拖曳鼠标指针的同时，第 2 个锚点两端也出现了控制线。按住鼠标不放，随着鼠标指针的移动，曲线段的形状也随之发生变化，如图 3-73 所示。释放鼠标，拖曳鼠标指针继续绘制。

如果连续地单击鼠标左键并拖曳鼠标指针，则可以绘制出一些连续、平滑的曲线，如图 3-74 所示。

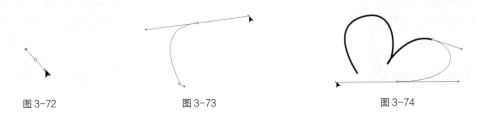

图 3-72　　　　　　　　　　图 3-73　　　　　　　　　　图 3-74

3.2.4 绘制复合路径

"钢笔"工具不但可以绘制单纯的直线或曲线，还可以绘制既包含直线又包含曲线的复合路径。

复合路径是指由两个或两个以上的开放或封闭路径所组成的路径。在复合路径中，路径间重叠在一起的公共区域被镂空，呈透明状态，如图 3-75 和图 3-76 所示。

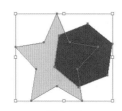

图 3-75

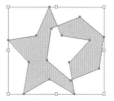

图 3-76

1. 制作复合路径

（1）使用菜单栏命令制作复合路径。

绘制两个图形，并选中这两个图形对象，效果如图 3-77 所示。选择"对象 > 复合路径 > 建立"命令（组合键为 Ctrl+8），可以看到两个对象成为复合路径后的效果，如图 3-78 所示。

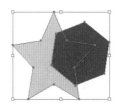

图 3-77

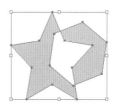

图 3-78

（2）使用鼠标右键快捷菜单命令制作复合路径。

绘制两个图形，并选中这两个图形对象，用鼠标右键单击选中的对象，在弹出的快捷菜单中选择"建立复合路径"命令，两个对象成为复合路径。

2. 复合路径与编组的区别

虽然使用"编组选择"工具也能将组成复合路径的各个路径单独选中，但复合路径和编组是有区别的。编组是一组组合在一起的对象，其中的每个对象都是独立的，各个对象可以有不同的外观属性；而所有包含在复合路径中的路径都被认为是一条路径，整个复合路径中只能有一种填充和描边属性。复合路径与编组的差别如图 3-79 和图 3-80 所示。

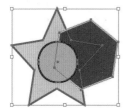

图 3-79

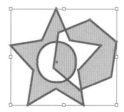

图 3-80

3. 释放复合路径

（1）使用菜单栏命令释放复合路径。

选中复合路径，选择"对象 > 复合路径 > 释放"命令（组合键为 Alt+Shift+Ctrl+8），可以释放复合路径。

（2）使用鼠标右键快捷菜单命令制作复合路径。

选中复合路径，在绘图页面上单击鼠标右键，在弹出的快捷菜单中选择"释放复合路径"命令，可以释放复合路径。

3.3 编辑路径

在 Illustrator CC 2019 的工具箱中包括了很多路径编辑工具，可以应用这些工具对路径进行变形、转换、剪切等编辑操作。

3.3.1 增加、删除、转换锚点

用鼠标按住"钢笔"工具 不放，将展开钢笔工具组，如图 3-81 所示。

1. 添加锚点

绘制一段路径，如图 3-82 所示。选择"添加锚点"工具 ，在路径上面的任意位置单击，路径上对应位置就会增加一个新的锚点，如图 3-83 所示。

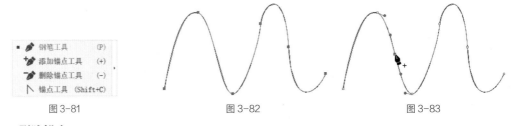

图 3-81　　　　　　　　　图 3-82　　　　　　　　　图 3-83

2. 删除锚点

绘制一段路径，如图 3-84 所示。选择"删除锚点"工具 ，在路径上面的任意一个锚点上单击，该锚点就会被删除，如图 3-85 所示。

图 3-84　　　　　　　　　　　　　　图 3-85

3. 转换锚点

绘制一段闭合的路径，如图 3-86 所示。选择"锚点"工具 ，单击路径上的锚点，锚点就会被转换，如图 3-87 所示。拖曳锚点可以编辑路径的形状，效果如图 3-88 所示。

图 3-86　　　　　　　　　图 3-87　　　　　　　　　图 3-88

3.3.2 使用剪刀、美工刀工具

1. 剪刀工具

绘制一段路径，如图 3-89 所示。选择"剪刀"工具 ✂，单击路径上任意一点，路径就会从单击的地方被剪切为两条路径，如图 3-90 所示。按键盘上方向键中的 ↓ 键，移动剪切的锚点，即可看到剪切后的效果，如图 3-91 所示。

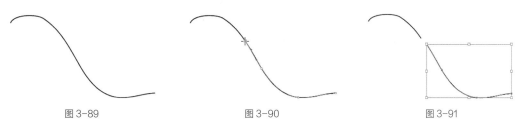

图 3-89   图 3-90   图 3-91

2. 美工刀工具

绘制一段闭合路径，如图 3-92 所示。选择"美工刀"工具 ✐，在需要的位置单击并按住鼠标左键从路径的上方至下方拖曳出一条线，如图 3-93 所示，释放鼠标左键，闭合路径被裁切为两个闭合路径，效果如图 3-94 所示。选中路径的右半部，按键盘上方向键中的 → 键，移动路径，如图 3-95 所示。可以看见路径被裁切为两部分，效果如图 3-96 所示。

图 3-92   图 3-93   图 3-94   图 3-95   图 3-96

3.4 使用"路径"命令

在 Illustrator CC 2019 中，除了能够使用工具箱中的各种编辑工具对路径进行编辑外，还可以应用菜单栏中的命令对路径进行编辑。选择"对象 > 路径"子菜单，其中包括 11 个编辑命令："连接"命令、"平均"命令、"轮廓化描边"命令、"偏移路径"命令、"反转路径方向"命令、"简化"命令、"添加锚点"命令、"移去锚点"命令、"分割下方对象"命令、"分割为网格"命令、"清理"命令，如图 3-97 所示。

图 3-97

3.4.1 课堂案例——绘制播放图标

 案例学习目标

学习使用绘图工具、"路径"命令绘制播放图标。

案例知识要点

使用"椭圆"工具、"缩放"命令、"偏移路径"命令、"多边形"工具和"变换"控制面板绘制播放图标。播放图标效果如图 3-98 所示。

图 3-98

扫码观看
本案例视频

扫码查看
扩展案例

效果所在位置

云盘 /Ch03/ 效果 / 绘制播放图标 .ai。

（1）按 Ctrl+N 组合键，弹出"新建文档"对话框，设置文档的宽度为 1 024 px，高度为 1 024 px，取向为横向，颜色模式为 RGB，单击"创建"按钮，新建一个文档。

（2）选择"椭圆"工具 ◎，按住 Shift 键的同时，在适当的位置绘制一个圆形，设置图形填充色为蓝色（102、117、253），填充图形，并设置描边色为无，效果如图 3-99 所示。

（3）选择"对象 > 变换 > 缩放"命令，在弹出的"比例缩放"对话框中进行设置，如图 3-100 所示；单击"复制"按钮，缩小并复制圆形，效果如图 3-101 所示。

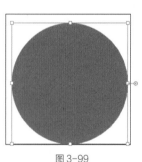

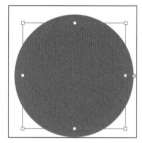

图 3-99 　　　　　　　　　　 图 3-100 　　　　　　　　　　 图 3-101

（4）保持图形选取状态。设置图形填充色为草绿色（107、255、54），填充图形，效果如图 3-102 所示。选择"选择"工具 ▶，向左上角拖曳圆形到适当的位置，效果如图 3-103 所示。

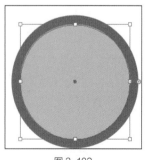

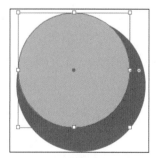

图 3-102 　　　　　　　　　　　　　　　　　 图 3-103

（5）选择"圆角矩形"工具 ▣，在页面中单击鼠标左键，弹出"圆角矩形"对话框，选项的设置如图 3-104 所示，单击"确定"按钮，出现一个圆角矩形。选择"选择"工具 ▶，拖曳圆角矩形到适当的位置，效果如图 3-105 所示。

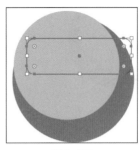

图 3-104　　　　　　　　　　　　　　　　　　图 3-105

（6）保持图形选取状态。设置图形填充色为浅绿色（73、234、56），填充图形，并设置描边色为无，效果如图 3-106 所示。选择"窗口 > 变换"命令，弹出"变换"控制面板，将"旋转"选项设为 48°，如图 3-107 所示；按 Enter 键确定操作，效果如图 3-108 所示。

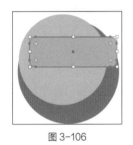

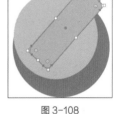

图 3-106　　　　　　　　　　图 3-107　　　　　　　　　　图 3-108

（7）选择"镜像"工具，按住 Alt 键的同时，在适当的位置单击，如图 3-109 所示；弹出"镜像"对话框，选项的设置如图 3-110 所示；单击"复制"按钮，镜像并复制图形，效果如图 3-111 所示。

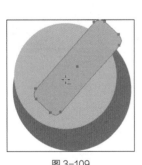

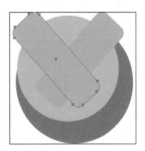

图 3-109　　　　　　　　　　图 3-110　　　　　　　　　　图 3-111

（8）选择"椭圆"工具，按住 Shift 键的同时，在适当的位置绘制一个圆形，设置图形填充色为浅绿色（73、234、56），填充图形，并设置描边色为无，效果如图 3-112 所示。

（9）选择"选择"工具，按住 Alt+Shift 组合键的同时，水平向右拖曳圆形到适当的位置，复制圆形，效果如图 3-113 所示。

（10）选择"选择"工具，按住 Shift 键的同时，依次单击将绘制的图形同时选取，按 Ctrl+[组合键，将图形后移一层，效果如图 3-114 所示。

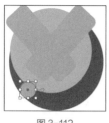

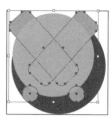

图 3-112　　　　　　　　　　　　图 3-113　　　　　　　　　　　　图 3-114

（11）选取草绿色圆形，选择"对象 > 路径 > 偏移路径"命令，在弹出的对话框中进行设置，如图 3-115 所示；单击"确定"按钮，效果如图 3-116 所示。

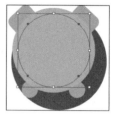

图 3-115　　　　　　　　　　　　　　　　　　　　图 3-116

（12）保持图形选取状态。设置图形填充色为深绿色（43、204、36），填充图形，并设置描边色为无，效果如图 3-117 所示。用相同的方法制作其他圆形，并填充相应的颜色，效果如图 3-118 所示。

（13）选择"多边形"工具 ⬠，在页面中单击鼠标，在弹出的"多边形"对话框中进行设置，如图 3-119 所示；单击"确定"按钮，得到一个三角形；选择"选择"工具 ▶，拖曳三角形到适当的位置，填充图形为白色，并设置描边色为无，效果如图 3-120 所示。

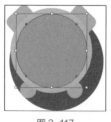

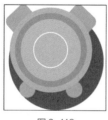

图 3-117　　　　　图 3-118　　　　　　　　图 3-119　　　　　　　　图 3-120

（14）在"变换"控制面板中，在"多边形属性"选项组中，将"圆角半径"选项设为 50px，其他选项的设置如图 3-121 所示；按 Enter 键确定操作，效果如图 3-122 所示。播放图标绘制完成，效果如图 3-123 所示。

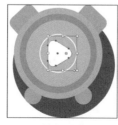

图 3-121　　　　　　　　　　　　图 3-122　　　　　　　　　　　　图 3-123

3.4.2　使用"连接"命令

"连接"命令可以将开放路径的两个端点用一条直线段连接起来，从而形成新的路径。如果连接的两个端点在同一条路径上，将形成一条新的闭合路径；如果连接的两个端点在不同的开放路径上，将形成一条新的开放路径。

选择"直接选择"工具，用圈选的方法选择要进行连接的两个端点，如图 3-124 所示。选择"对象 > 路径 > 连接"命令（组合键为 Ctrl+J），两个端点之间将出现一条直线段，把开放路径连接起来，效果如图 3-125 所示。

图 3-124　　　　　　　　　　　　　　　　图 3-125

> 提示
>
> 如果在两条路径间进行连接，这两条路径必须属于同一个组。文本路径中的终止点不能连接。

3.4.3　使用"平均"命令

"平均"命令可以将路径上的所有点按一定的方式平均分布，应用该命令可以制作对称的图案。

选择"直接选择"工具，选中要进行平均分布的锚点，如图 3-126 所示。选择"对象 > 路径 > 平均"命令（组合键为 Ctrl+Alt+J），弹出"平均"对话框，对话框中包括 3 个选项，如图 3-127 所示。"水平"单选项可以将选定的锚点按水平方向进行平均分布处理，在"平均"对话框中，选择"水平"单选项，单击"确定"按钮，选中的锚点将在水平方向进行对齐，效果如图 3-128 所示；"垂直"单选项可以将选定的锚点按垂直方向进行平均分布处理，图 3-129 所示为选择"垂直"单选项，单击"确定"按钮后选中的锚点的效果；"两者兼有"单选项可以将选定的锚点按水平和垂直两种方向进行平均分布处理，图 3-130 所示为选择"两者兼有"单选项，单击"确定"按钮后选中的锚点的效果。

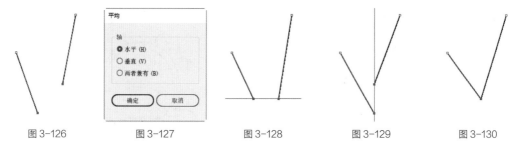

图 3-126　　　　　图 3-127　　　　　图 3-128　　　　　图 3-129　　　　　图 3-130

3.4.4　使用"轮廓化描边"命令

"轮廓化描边"命令可以在已有描边的两侧创建新的路径。可以理解为新路径由两条路径组成，这两条路径分别是原来对象描边两侧的边缘。不论对开放路径还是对闭合路径，使用"轮廓化描边"命令，得到的都将是闭合路径。

使用"铅笔"工具 绘制出一条路径，选中路径对象，如图 3-131 所示。选择"对象 > 路径 > 轮廓化描边"命令，创建对象的描边轮廓，效果如图 3-132 所示。应用渐变命令为描边轮廓填充渐变色，效果如图 3-133 所示。

图 3-131　　　　　　　　图 3-132　　　　　　　　图 3-133

3.4.5　使用"偏移路径"命令

"偏移路径"命令可以围绕着已有路径的外部或内部勾画一条新的路径，新路径与原路径之间偏移的距离可以按需要设置。

选中要偏移的对象，如图 3-134 所示。选择"对象 > 路径 > 偏移路径"命令，弹出"偏移路径"对话框，如图 3-135 所示。"位移"文本框用来设置偏移的距离，设置的数值为正，新路径在原始路径的外部；设置的数值为负，新路径在原始路径的内部。"连接"选项可以设置新路径拐角上不同的连接方式。"斜接限制"文本框输入的值会影响到连接区域的大小。

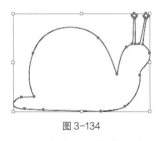 

图 3-134　　　　　　　　　　　　　　图 3-135

设置"位移"文本框中的数值为正时，偏移效果如图 3-136 所示。设置"位移"文本框中的数值为负时，偏移效果如图 3-137 所示。

 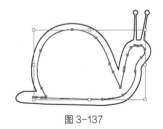

图 3-136　　　　　　　　　　　　　　图 3-137

3.4.6　使用"反转路径方向"命令

"反转路径方向"命令可以将复合路径的终点转换为起点。

选中要反转的路径，如图 3-138 所示。选择"对象 > 路径 > 反转路径方向"命令，反转路径，变终点为起点，如图 3-139 所示。

图 3-138　　　　　　　　　　　　　　　　图 3-139

3.4.7　使用"简化"命令

"简化"命令可以在尽量不改变图形原始形状的基础上通过删去多余的锚点来简化路径，为修改和编辑路径提供了方便。

导入一幅 AI 格式的图像。选中这幅图像，可以看见图像上存在着大量的锚点，效果如图 3-140 所示。

选择"对象 > 路径 > 简化"命令，弹出"简化"对话框，如图 3-141 所示。在对话框中，"曲线精度"选项可以设置路径简化的精度。"角度阈值"选项用来处理尖锐的角点。勾选"直线"复选项，将在每对锚点间绘制一条直线。勾选"显示原路径"复选项，在预览简化后的效果时，将显示出原始路径以作对比。单击"确定"按钮，效果如图 3-142 所示，进行简化后的路径与原始图像相比，外观更加平滑，路径上的锚点数目也减少了。

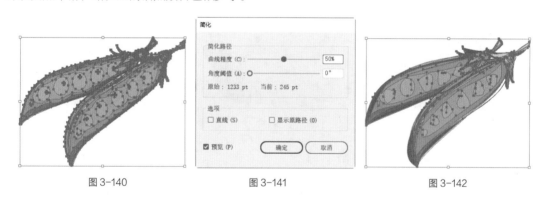

图 3-140　　　　　　　　　　图 3-141　　　　　　　　　　图 3-142

3.4.8　使用"添加锚点"命令

"添加锚点"命令可以给选定的路径增加锚点，执行一次该命令可以在两个相邻的锚点中间添加一个锚点。重复该命令，可以添加更多的锚点。

选中要添加锚点的对象，如图 3-143 所示。选择"对象 > 路径 > 添加锚点"命令，添加锚点后的效果如图 3-144 所示。重复多次"添加锚点"命令，得到的效果如图 3-145 所示。

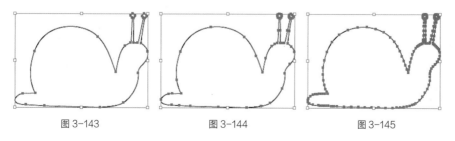

图 3-143　　　　　　　　　　图 3-144　　　　　　　　　　图 3-145

3.4.9 使用"分割下方对象"命令

"分割下方对象"命令可以使用已有的路径切割位于它下方的封闭路径。

（1）用开放路径分割对象。

选择一个对象作为被切割对象，如图 3-146 所示。制作一个开放路径作为切割对象，将其放在被切割对象之上，如图 3-147 所示。选择"对象 > 路径 > 分割下方对象"命令，切割后，移动对象得到新的切割后的对象，效果如图 3-148 所示。

图 3-146

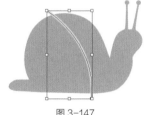
图 3-147

图 3-148

（2）用闭合路径分割对象。

选择一个对象作为被切割对象，如图 3-149 所示。制作一个闭合路径作为切割对象，将其放在被切割对象之上，如图 3-150 所示。选择"对象 > 路径 > 分割下方对象"命令。切割后，移动对象得到新的切割后的对象，效果如图 3-151 所示。

图 3-149

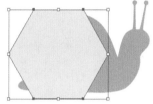
图 3-150

图 3-151

3.4.10 使用"分割为网格"命令

"分割为网格"命令可以将一个或多个对象分割为按行和列排列的网格对象。

选择一个对象，如图 3-152 所示。选择"对象 > 路径 > 分割为网格"命令，弹出"分割为网格"对话框，如图 3-153 所示。在对话框的"行"选项组中，"数量"选项可以设置对象的行数；"列"选项组中，"数量"选项可以设置对象的列数。单击"确定"按钮，效果如图 3-154 所示。

图 3-152

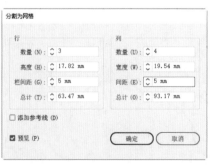
图 3-153

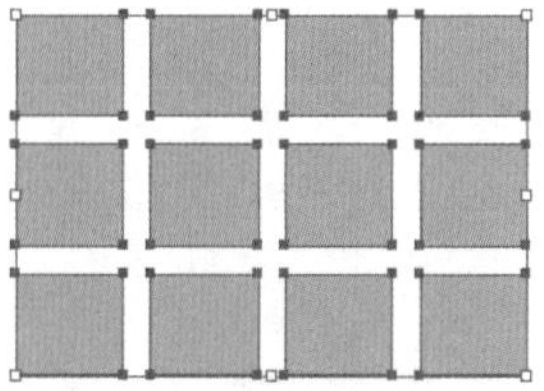

图 3-154

3.4.11　使用"清理"命令

"清理"命令可以为当前的文档删除 3 种多余的对象：游离点、未上色对象和空文本路径。

选择"对象 > 路径 > 清理"命令，弹出"清理"对话框，如图 3-155 所示。在对话框中，勾选"游离点"复选项，可以删除所有的游离点。游离点是一些可以有路径属性但不能打印的点，使用"钢笔"工具有时会导致游离点的产生。勾选"未上色对象"复选项，可以删除所有没有填充色和笔画色的对象，但不能删除蒙版对象。勾选"空文本路径"复选项，可以删除所有没有字符的文本路径。设置完成后，单击"确定"按钮。系统将会自动清理当前文档。如果文档中没有上述类型的对象，就会弹出一个提示对话框，提示当前文档无须清理，如图 3-156 所示。

图 3-155

图 3-156

课堂练习——绘制可爱小鳄鱼

🔗 练习知识要点

使用"矩形"工具、"直线段"工具、"旋转"工具绘制背景，使用"钢笔"工具、"椭圆"工具、"直线段"工具、"画笔"控制面板和填充工具绘制小鳄鱼。可爱小鳄鱼效果如图 3-157 所示。

图 3-157

扫码观看
本案例视频

📁 效果所在位置

云盘 /Ch03/ 效果 / 绘制可爱小鳄鱼 .ai。

课后习题——绘制婴儿贴

🔗 习题知识要点

使用"多边形"工具、"圆角"命令制作婴儿贴底部，使用"偏移路径"命令创建外部路径，使用"椭圆"工具、"简化"命令制作腮红，使用"文字"工具添加文字。婴儿贴效果如图 3-158 所示。

图 3-158

扫码观看
本案例视频

📁 效果所在位置

云盘 /Ch03/ 效果 / 绘制婴儿贴 .ai。

04 第 4 章
图像对象的组织

学习引导

Illustrator CC 2019 中可对对象进行编组、锁定、隐藏、调整前后顺序、对齐和分布等组织操作。这些操作对组织图形对象而言是非常有用的。本章将主要介绍对象的排列、编组以及控制对象等内容。通过学习本章的内容，读者可以高效、快速地对齐、分布、组合和控制多个对象，使对象在页面中的排列更加有序，使工作更加得心应手。

知识目标

1. 掌握对象的对齐和分布方法
2. 掌握调整对象和图层顺序的方法和技巧
3. 掌握对象的编组方法
4. 熟练掌握控制对象的技巧

能力目标

1. 掌握寿司店海报的制作方法
2. 掌握文化传媒运营海报的制作方法
3. 掌握家居画册内页的制作方法
4. 掌握钢琴演奏海报的制作方法

素质目标

1. 培养系统思考和项目分析能力
2. 培养能够有效执行计划的能力
3. 培养应对问题能够有效解决的科学思维能力

4.1 对象的对齐和分布

应用"对齐"控制面板可以快速、有效地对齐或分布多个图形。选择"窗口 > 对齐"命令，弹出"对齐"控制面板，如图 4-1 所示。单击控制面板右上方的按钮 ☰，在弹出的下拉菜单中选择"显示选项"命令，弹出"分布间距"选项组，如图 4-2 所示。单击"对齐"控制面板右下方的"对齐"按钮 ⠿，弹出其下拉菜单，如图 4-3 所示，即可设置对象的对齐和分布。

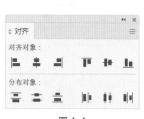

图 4-1

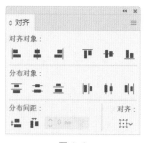

图 4-2

图 4-3

4.1.1 课堂案例——制作寿司店海报

案例学习目标

学习使用"对齐"控制面板制作寿司店海报。

案例知识要点

使用"置入"命令置入素材图片；使用"对齐"控制面板对齐图片，使用"矩形"工具、"剪切蒙版"命令制作图片蒙版效果，使用"文字"工具、"字符"控制面板添加宣传信息。寿司店海报效果如图 4-4 所示。

图 4-4

扫码观看
本案例视频

扫码查看
扩展案例

效果所在位置

云盘 /Ch04/ 效果 / 制作寿司店海报 .ai。

（1）按 Ctrl+N 组合键，弹出"新建文档"对话框，设置文档的宽度为 1 080 px，高度为 1 440 px，取向为竖向，颜色模式为 RGB，单击"创建"按钮，新建一个文档。

（2）选择"文件 > 置入"命令，弹出"置入"对话框，选择云盘中的"Ch04 > 素材 > 制作寿司店海报 > 01"文件，单击"置入"按钮，在页面中单击置入图片，单击属性栏中的"嵌入"按钮，嵌入图片。选择"选择"工具 ▶，拖曳图片到适当的位置，效果如图 4-5 所示。按 Ctrl+2 组合键，锁定所选对象。

（3）按 Ctrl+O 组合键，打开云盘中的"Ch04 > 素材 > 制作寿司店海报 > 02"文件，按 Ctrl+A 组合键，全选图片。按 Ctrl+C 组合键，复制图片。选择正在编辑的页面，按 Ctrl+V 组合键，将其粘贴到页面中，选择"选择"工具▶️，并拖曳复制的图片到适当的位置，效果如图 4-6 所示。

图 4-5

图 4-6

（4）用圈选的方法将第 1 排图片同时选取，如图 4-7 所示，选择"窗口 > 对齐"命令，弹出"对齐"控制面板，将对齐方式设为"对齐所选对象"，单击"垂直居中对齐"按钮🔳，如图 4-8 所示，垂直居中对齐效果如图 4-9 所示。

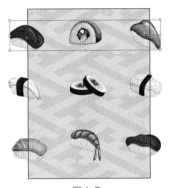

图 4-7

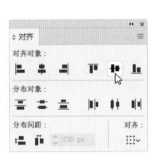

图 4-8

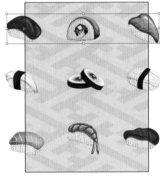

图 4-9

（5）用圈选的方法将第 2 排图片同时选取，如图 4-10 所示，在"对齐"控制面板中，单击"垂直底对齐"按钮▮，如图 4-11 所示，垂直底部对齐效果如图 4-12 所示。

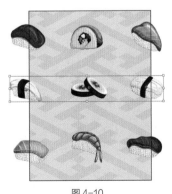

图 4-10

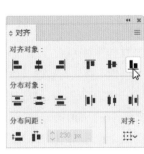

图 4-11

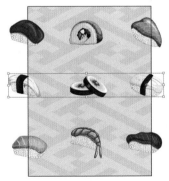

图 4-12

（6）用圈选的方法将第 3 排图片同时选取，如图 4-13 所示，在"对齐"控制面板中，单击"垂直顶对齐"按钮🔲，如图 4-14 所示，垂直顶部对齐效果如图 4-15 所示。

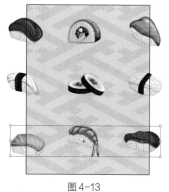

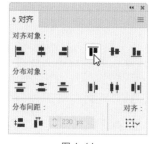

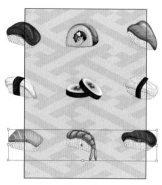

图 4-13 图 4-14 图 4-15

（7）用圈选的方法将第 1 列图片同时选取，如图 4-16 所示，在"对齐"控制面板中，单击"水平居中对齐"按钮 ，如图 4-17 所示，水平居中对齐效果如图 4-18 所示。按 Ctrl+G 组合键，将第 1 列图片编组。

图 4-16 图 4-17 图 4-18

（8）用圈选的方法将第 2 列图片同时选取，如图 4-19 所示，在"对齐"控制面板中，单击"水平右对齐"按钮 ，如图 4-20 所示，水平右侧对齐效果如图 4-21 所示。按 Ctrl+G 组合键，将第 2 列图片编组。

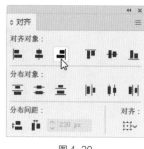

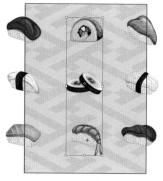

图 4-19 图 4-20 图 4-21

（9）用圈选的方法将第 3 列图片同时选取，如图 4-22 所示，在"对齐"控制面板中，单击"水平左对齐"按钮 ，如图 4-23 所示，水平左侧对齐效果如图 4-24 所示。按 Ctrl+G 组合键，将第 3 列图片编组。

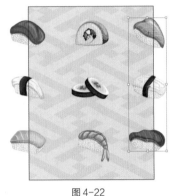
图 4-22

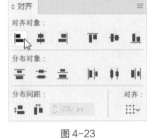
图 4-23

图 4-24

（10）用框选的方法将所有图片同时选取，如图 4-25 所示，再次单击第 1 列编组图片将其作为参照对象，如图 4-26 所示。

图 4-25

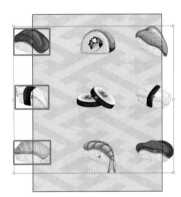
图 4-26

（11）在"对齐"控制面板中下方的文本框中将间距值设为 230 px，再单击"水平分布间距"按钮 ⬛，如图 4-27 所示，等距离水平分布图片，效果如图 4-28 所示。按 Ctrl+G 组合键，将选中的图片编组。

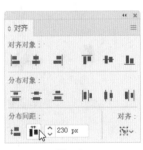
图 4-27

图 4-28

（12）选择"矩形"工具 ▭，绘制一个与页面大小相等的矩形，如图 4-29 所示。选择"选择"工具 ▶，按住 Shift 键的同时，单击下方编组图片将其同时选取，如图 4-30 所示，按 Ctrl+7 组合键，建立剪切蒙版，效果如图 4-31 所示。

图 4-29　　　　　　　　　　图 4-30　　　　　　　　　　图 4-31

（13）选择"文字"工具 **T**，在页面中分别输入需要的文字，选择"选择"工具 ▶，在属性栏中选择合适的字体并设置文字大小，效果如图 4-32 所示。按住 Shift 键的同时，将需要的文字同时选取，按 Alt+ →组合键，调整文字间距，效果如图 4-33 所示。

（14）选择"直排文字"工具 **↓T**，在适当的位置输入需要的文字，选择"选择"工具 ▶，在属性栏中选择合适的字体并设置文字大小，效果如图 4-34 所示。

图 4-32　　　　　　　　　　图 4-33　　　　　　　　　　图 4-34

（15）选取文字"寿司店"，按 Ctrl+T 组合键，弹出"字符"控制面板，将"设置所选字符的字距调整"选项 **|A|** 设为 50，其他选项的设置如图 4-35 所示；按 Enter 键确定操作，效果如图 4-36 所示。设置填充色深蓝色（94、129、142），填充文字，效果如图 4-37 所示。

图 4-35　　　　　　　　　　图 4-36　　　　　　　　　　图 4-37

（16）选取右侧需要的文字，在"字符"控制面板中，将"设置行距"选项 **A** 设为 60 pt，其他选项的设置如图 4-38 所示；按 Enter 键确定操作，效果如图 4-39 所示。寿司店海报制作完成，效果如图 4-40 所示。

图 4-38   图 4-39   图 4-40

4.1.2　对齐对象

"对齐"控制面板中的"对齐对象:"选项组中包括6种对齐命令按钮:"水平左对齐"按钮■、"水平居中对齐"按钮■、"水平右对齐"按钮■、"垂直顶对齐"按钮■、"垂直居中对齐"按钮■、"垂直底对齐"按钮■。

1. 水平左对齐

以最左边对象的左边线为基准线，被选中对象的左边缘都和这条线对齐（最左边对象的位置不变）。

选取要对齐的对象，如图 4-41 所示。单击"对齐"控制面板中的"水平左对齐"按钮■，所有选取的对象都将向左对齐，如图 4-42 所示。

2. 水平居中对齐

以选定对象的中点为基准点对齐，所有对象在垂直方向的位置保持不变（多个对象进行水平居中对齐时，以中间对象的中点为基准点进行对齐，中间对象的位置不变）。

选取要对齐的对象，如图 4-43 所示。单击"对齐"控制面板中的"水平居中对齐"按钮■，所有选取的对象将都水平居中对齐，如图 4-44 所示。

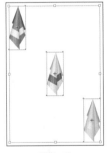 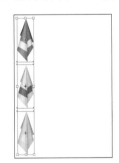 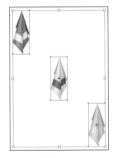 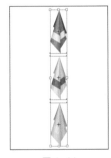

图 4-41   图 4-42   图 4-43   图 4-44

3. 水平右对齐

以最右边对象的右边线为基准线，被选中对象的右边缘都和这条线对齐（最右边对象的位置不变）。

选取要对齐的对象，如图 4-45 所示。单击"对齐"控制面板中的"水平右对齐"按钮■，所有选取的对象都将水平向右对齐，如图 4-46 所示。

4. 垂直顶对齐

以多个要对齐对象中最上面对象的上边线为基准线，选定对象的上边线都和这条线对齐（最上面对象的位置不变）。

选取要对齐的对象，如图 4-47 所示。单击“对齐”控制面板中的“垂直顶对齐”按钮，所有选取的对象都将向上对齐，如图 4-48 所示。

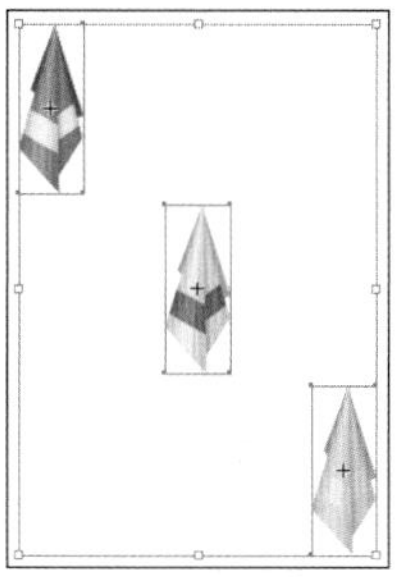
图 4-45

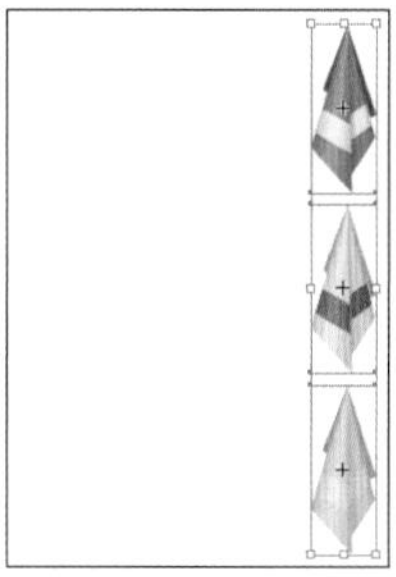
图 4-46

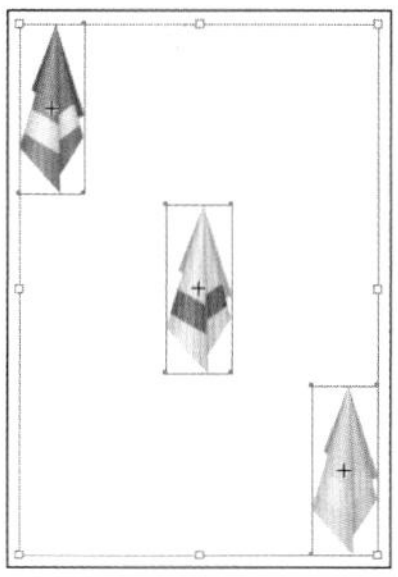
图 4-47

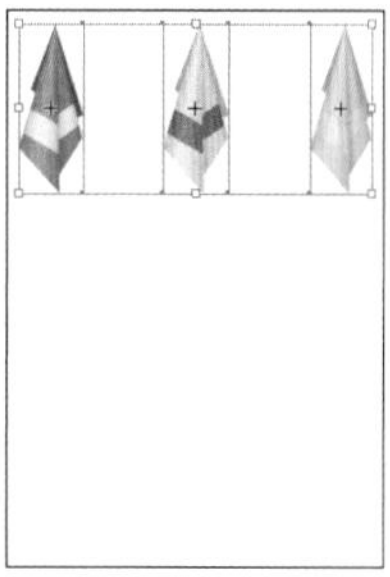
图 4-48

5. 垂直居中对齐

以多个要对齐对象的中点为基准点进行对齐，所有对象进行垂直移动，水平方向上的位置不变（多个对象进行垂直居中对齐时，以中间对象的中点为基准点进行对齐，中间对象的位置不变）。

选取要对齐的对象，如图 4-49 所示。单击“对齐”控制面板中的“垂直居中对齐”按钮，所有选取的对象都将垂直居中对齐，如图 4-50 所示。

6. 垂直底对齐

以多个要对齐对象中最下面对象的下边线为基准线，选定对象的下边线都和这条线对齐（最下面对象的位置不变）。

选取要对齐的对象，如图 4-51 所示。单击“对齐”控制面板中的“垂直底对齐”按钮，所有选取的对象都将垂直向底对齐，如图 4-52 所示。

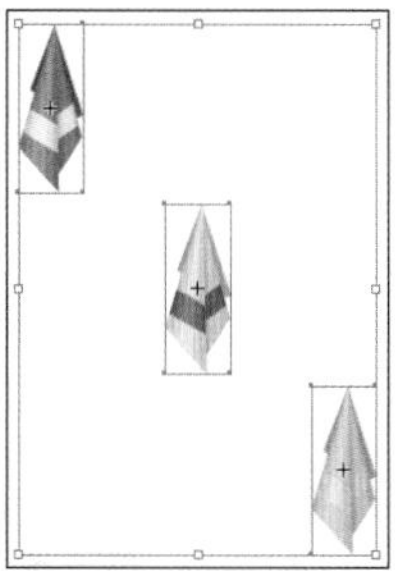
图 4-49

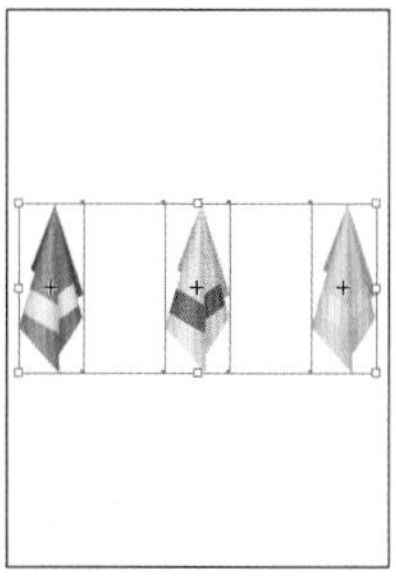
图 4-50

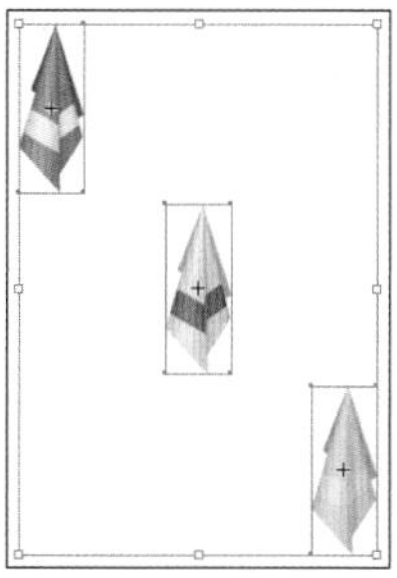
图 4-51

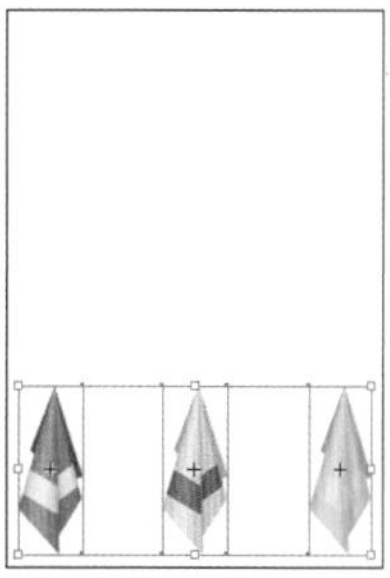
图 4-52

4.1.3 分布对象

“对齐”控制面板中的“分布对象：”选项组包括 6 种分布命令按钮：“垂直顶分布”按钮、“垂直居中分布”按钮、“垂直底分布”按钮、“水平左分布”按钮、“水平居中分布”按钮、“水平右分布”按钮。

1. 垂直顶分布

以每个选取对象的上边线为基准线，使对象按相等的间距垂直分布。

选取要分布的对象，如图 4-53 所示。单击“对齐”控制面板中的“垂直顶分布”按钮，所有选取的对象将按各自的上边线等距离垂直分布，如图 4-54 所示。

2．垂直居中分布

以每个选取对象的中线为基准线，使对象按相等的间距垂直分布。

选取要分布的对象，如图4-55所示。单击"对齐"控制面板中的"垂直居中分布"按钮，所有选取的对象将按各自的中线等距离垂直分布，如图4-56所示。

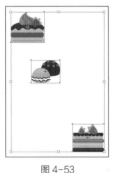 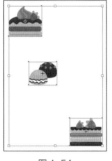 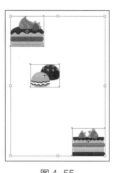 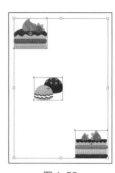

图4-53　　　　　　　　图4-54　　　　　　　　图4-55　　　　　　　　图4-56

3．垂直底分布

以每个选取对象的下边线为基准线，使对象按相等的间距垂直分布。

选取要分布的对象，如图4-57所示。单击"对齐"控制面板中的"垂直底分布"按钮，所有选取的对象将按各自的下边线等距离垂直分布，如图4-58所示。

4．水平左分布

以每个选取对象的左边线为基准线，使对象按相等的间距水平分布。

选取要分布的对象，如图4-59所示。单击"对齐"控制面板中的"水平左分布"按钮，所有选取的对象将按各自的左边线等距离水平分布，如图4-60所示。

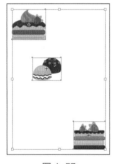 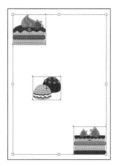 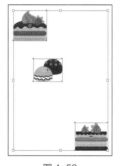 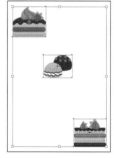

图4-57　　　　　　　　图4-58　　　　　　　　图4-59　　　　　　　　图4-60

5．水平居中分布

以每个选取对象的中线为基准线，使对象按相等的间距水平分布。

选取要分布的对象，如图4-61所示。单击"对齐"控制面板中的"水平居中分布"按钮，所有选取的对象将按各自的中线等距离水平分布，如图4-62所示。

6．水平右分布

以每个选取对象的右边线为基准线，使对象按相等的间距水平分布。

选取要分布的对象，如图4-63所示。单击"对齐"控制面板中的"水平右分布"按钮，所有选取的对象将按各自的右边线等距离水平分布，如图4-64所示。

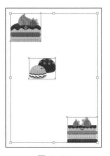
图 4-61

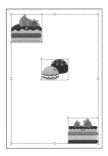
图 4-62

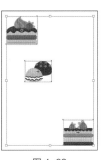
图 4-63

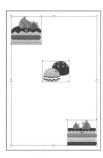
图 4-64

7．垂直分布间距

要精确指定对象间的距离，需选择"对齐"控制面板中的"分布间距："选项组，其中包括"垂直分布间距"按钮 和"水平分布间距"按钮 。

选取要对齐的多个对象，如图 4-65 所示。再单击被选取对象中的任意一个对象，该对象将作为其他对象进行分布时的参照，如图 4-66 所示。在"对齐"控制面板下方的文本框中将距离数值设为 10mm，如图 4-67 所示。

单击"对齐"控制面板中的"垂直分布间距"按钮 。所有被选取的对象将以汉堡图像按设置的数值等距离垂直分布，效果如图 4-68 所示。

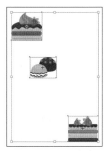
图 4-65

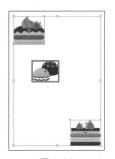
图 4-66

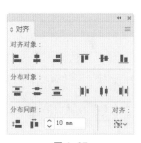
图 4-67

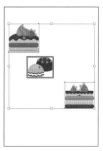
图 4-68

8．水平分布间距

选取要对齐的对象，如图 4-69 所示。再单击被选取对象中的任意一个对象，该对象将作为其他对象进行分布时的参照，如图 4-70 所示。在"对齐"控制面板下方的文本框中将距离数值设为 3mm，如图 4-71 所示。

单击"对齐"控制面板中的"水平分布间距"按钮 ，所有被选取的对象将以樱桃面包图像作为参照按设置的数值等距离水平分布，效果如图 4-72 所示。

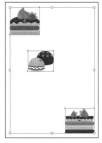
图 4-69

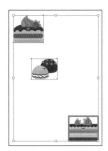
图 4-70

图 4-71

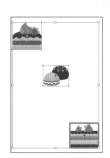
图 4-72

4.1.4　用网格对齐对象

选择"视图 > 显示网格"命令（组合键为 Ctrl+"），页面上显示出网格，如图 4-73 所示。

用鼠标单击字母"B"图像并按住鼠标向左拖曳，使字母"B"图像的左边线和上方字母"A"图像的左边线垂直对齐，如图 4-74 所示。用鼠标单击下方字母"C"图像并按住鼠标向左拖曳，使字母"C"图像的左边线和上方字母"B"图像的右边线垂直对齐，如图 4-75 所示，释放鼠标后，效果如图 4-76 所示。

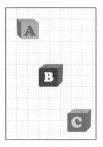 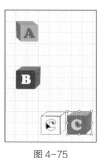 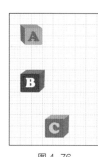

图 4-73　　　　　　　图 4-74　　　　　　　图 4-75　　　　　　　图 4-76

4.1.5　用辅助线对齐对象

选择"视图 > 标尺 > 显示标尺"命令（组合键为 Ctrl+R），页面上将显示出标尺，如图 4-77 所示。

选择"选择"工具 ▶，单击页面左侧的标尺，按住鼠标不放并向右拖曳，拖曳出一条垂直的辅助线，将辅助线放在要对齐对象（字母"B"图像）的左边线上，如图 4-78 所示。

用鼠标单击下方字母 C 图像并按住鼠标不放向左拖曳，使图像的左边线和上方字母"B"图像的左边线垂直对齐，如图 4-79 所示。释放鼠标，对齐后的效果如图 4-80 所示。

 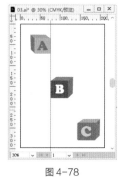 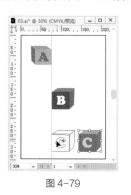 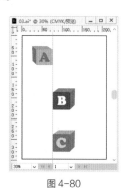

图 4-77　　　　　　　图 4-78　　　　　　　图 4-79　　　　　　　图 4-80

4.2　对象和图层的顺序

对象之间存在着堆叠的关系，后绘制的对象一般显示在先绘制的对象之上，在实际操作中，可以根据需要改变对象之间的堆叠顺序。通过改变图层的排列顺序也可以改变对象的排序。

4.2.1　对象的顺序

选择"对象 > 排列"命令，其子菜单包括 5 个命令：置于顶层、前移一层、后移一层、置于底层和发送至当前图层。使用这些命令可以改变图形对象的排序，对象间堆叠的效果如图 4-81 所示。

选中要排序的对象，单击鼠标右键，在弹出的快捷菜单中也可选择"排列"命令，还可以应用组合键命令来对对象进行排序。

1. 置于顶层

将选取的图像移到所有图像的顶层。选取要移动的图像，如图 4-82 所示。单击鼠标右键，弹出其快捷菜单，在"排列"命令的子菜单中选择"置于顶层"命令，图像排到顶层，效果如图 4-83 所示。

图 4-81

2. 前移一层

将选取的图像向前移过一个图像。选取要移动的图像，如图 4-84 所示。单击鼠标右键，弹出其快捷菜单，在"排列"命令的子菜单中选择"前移一层"命令，图像将向前移一层，效果如图 4-85 所示。

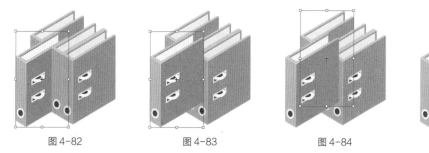

图 4-82 图 4-83 图 4-84 图 4-85

3. 后移一层

将选取的图像向后移过一个图像。选取要移动的图像，如图 4-86 所示。单击鼠标右键，弹出其快捷菜单，在"排列"命令的子菜单中选择"后移一层"命令，图像将向后移一层，效果如图 4-87 所示。

4. 置于底层

将选取的图像移到所有图像的底层。选取要移动的图像，如图 4-88 所示。单击鼠标右键，弹出其快捷菜单，在"排列"命令的子菜单中选择"置于底层"命令，图像将排到最后面，效果如图 4-89 所示。

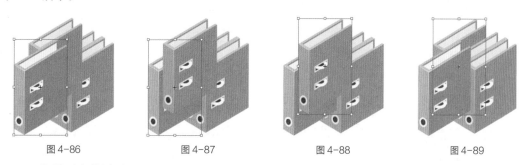

图 4-86 图 4-87 图 4-88 图 4-89

5. 发送至当前图层

选择"图层"控制面板，在"图层 1"上新建"图层 2"，如图 4-90 所示。选取要发送到当前图层的图像，如图 4-91 所示，这时"图层 1"变为当前图层，如图 4-92 所示。

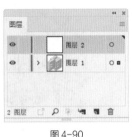

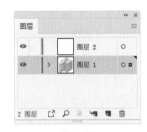

图 4-90 图 4-91 图 4-92

用鼠标单击"图层 2"，使"图层 2"成为当前图层，如图 4-93 所示。单击鼠标右键，弹出其快捷菜单，在"排列"命令的子菜单中选择"发送至当前图层"命令。绿色双层文件夹图像就被发送到当前图层，即"图层 2"中，页面效果如图 4-94 所示，"图层"控制面板效果如图 4-95 所示。

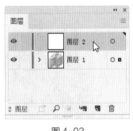

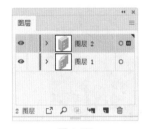

图 4-93 图 4-94 图 4-95

4.2.2 使用图层控制对象

1. 通过改变图层的排列顺序改变图像的排序

页面中图像的排列顺序如图 4-96 所示。"图层"控制面板中排列的顺序如图 4-97 所示。绿色双层文件夹在"图层 3"中，橙色文件夹在"图层 2"中，绿色单层文件夹在"图层 1"中。

提示　"图层"控制面板中图层的顺序越靠上，该图层中包含的图像在页面中的排列顺序就越靠前。

如想使橙色文件夹排列在绿色双层文件夹之上，选中"图层 3"并按住鼠标左键不放，将"图层 3"向下拖曳至"图层 2"的下方，如图 4-98 所示。释放鼠标左键后，橙色文件夹就排列到了绿色双层文件夹的前面，效果如图 4-99 所示。

图 4-96 图 4-97 图 4-98 图 4-99

2. 在图层之间移动图像

选取要移动的绿色双层文件夹，如图 4-100 所示。在"图层 3"的右侧出现一个彩色小方块，如图 4-101 所示。用鼠标单击小方块，将它拖曳到"图层 2"上，如图 4-102 所示，释放鼠标。

图 4-100　　　　　　　　　图 4-101　　　　　　　　　图 4-102

页面中的绿色双层文件夹随着"图层"控制面板中彩色小方块的移动，也移动到了页面的最前面。移动后，"图层"控制面板如图 4-103 所示，图形对象的效果如图 4-104 所示。

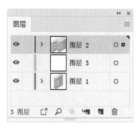
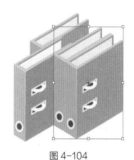

图 4-103　　　　　　　　　　　　　　　图 4-104

4.3　编组

在绘制图形的过程中，可以将多个图形进行编组，从而组合成一个图形组，还可以将多个编组组合成一个新的编组。

4.3.1　课堂案例——制作文化传媒运营海报

 案例学习目标

学习使用绘图工具、"锁定"命令和"编组"命令制作文化传媒运营海报。

 案例知识要点

使用"置入"命令、"锁定"命令添加背景，使用"文字"工具、"字符"控制面板添加宣传文字，使用"椭圆"工具、"直接选择"工具、"编组"命令制作装饰图形。文化传媒运营海报效果如图 4-105 所示。

效果所在位置

云盘 /Ch04/ 效果 / 制作文化传媒运营海报 .ai。

扫码观看
本案例视频

扫码查看
扩展案例

图 4-105

（1）按 Ctrl+N 组合键，弹出"新建文档"对话框，设置文档的宽度为 750 px，高度为 1 181 px，取向为纵向，颜色模式为 RGB，单击"创建"按钮，新建一个文档。

（2）选择"文件 > 置入"命令，弹出"置入"对话框，选择云盘中的"Ch04 > 素材 > 制作文化传媒运营海报 > 01"文件，单击"置入"按钮，在页面中单击置入图片，在属性中单击"嵌入"按钮，嵌入图片，效果如图 4-106 所示。

（3）选择"窗口 > 对齐"命令，弹出"对齐"控制面板，将对齐方式设为"对齐画板"，如图 4-107 所示。分别单击"水平居中对齐"按钮 ▲ 和"垂直居中对齐"按钮 ▲，图片与页面居中对齐，效果如图 4-108 所示。按 Ctrl+2 组合键，锁定所选对象。

图 4-106　　　　　　　　　　　　　　图 4-107　　　　　　　　　　　　　　图 4-108

（4）选择"文字"工具 **T**，在页面中分别输入需要的文字，选择"选择"工具 ▶，在属性栏中分别选择合适的字体并设置文字大小，效果如图 4-109 所示。用框选的方法将输入的文字同时选取，设置文字填充色为浅黄色（243、229、206），填充文字，效果如图 4-110 所示。

（5）选取文字"文学……端午"，按 Ctrl+T 组合键，弹出"字符"控制面板，将"设置所选字符的字距调整"选项 ▲ 设为 200，其他选项的设置如图 4-111 所示；按 Enter 键确定操作，效果如图 4-112 所示。

| 图 4-109 | 图 4-110 | 图 4-111 | 图 4-112 |

（6）按住 Shift 键的同时，选取需要的文字，在"字符"控制面板中，将"设置行距"选项 ⁂ 设为 21 pt，其他选项的设置如图 4-113 所示；按 Enter 键确定操作，效果如图 4-114 所示。用相同的方法输入其他文字，效果如图 4-115 所示。

| 图 4-113 | 图 4-114 | 图 4-115 |

（7）选择"椭圆"工具 ◯，在页面外单击鼠标左键，弹出"椭圆"对话框，选项的设置如图 4-116 所示，单击"确定"按钮，出现一个椭圆形，效果如图 4-117 所示。

（8）选择"直接选择"工具 ▷，选取椭圆形下方的锚点，如图 4-118 所示，按 Delete 键将其删除，效果如图 4-119 所示。

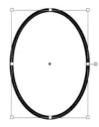

| 图 4-116 | 图 4-117 | 图 4-118 | 图 4-119 |

（9）选择"窗口 > 描边"命令，弹出"描边"控制面板，勾选"虚线"复选框，数值被激活，其余各选项的设置如图 4-120 所示；按 Enter 键确定操作，效果如图 4-121 所示。

（10）选择"选择"工具 ▶，按住 Alt+Shift 组合键的同时，水平向右拖曳虚线到适当的位置，复制虚线，效果如图 4-122 所示。连续按 Ctrl+D 组合键，复制出多条虚线，效果如图 4-123 所示。

图 4-120

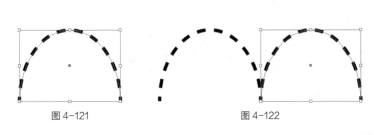

图 4-121　　　　　　　　　　图 4-122

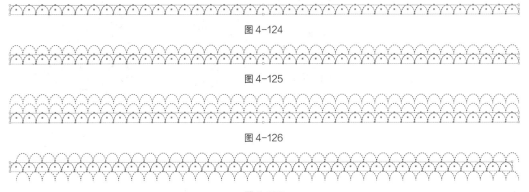

图 4-123

（11）选择"选择"工具▶，用框选的方法将所绘制的图形同时选取，按 Ctrl+G 组合键，将其编组，如图 4-124 所示。按住 Alt+Shift 组合键的同时，垂直向下拖曳编组图形到适当的位置，复制图形，效果如图 4-125 所示。按 Ctrl+D 组合键，复制出一组图形，效果如图 4-126 所示。选取中间编组图形，按←方向键，微调图形到适当的位置，效果如图 4-127 所示。

图 4-124

图 4-125

图 4-126

图 4-127

（12）选择"选择"工具▶，用框选的方法将所绘制的图形同时选取，按 Ctrl+G 组合键，将其编组，拖曳编组图形到页面中适当的位置，设置图形描边色为浅黄色（值分别为 243、229、206），填充描边，效果如图 4-128 所示。文化传媒运营海报制作完成，效果如图 4-129 所示。

图 4-128

图 4-129

4.3.2 编组

使用"编组"命令，可以将多个对象组合在一起使其成为一个对象。使用"选择"工具，选取要编组的图像，编组之后，单击任何一个图像，其他图像都会被一起选取。

1. 创建组合

选取要编组的对象，选择"对象 > 编组"命令（组合键为 Ctrl+G），将选取的对象组合。组合后，选择其中的任何一个图像，其他的图像也会同时被选取，如图 4-130 所示。

将多个对象组合后，其外观并没有变化，但当对其中任何一个对象进行编辑时，其他对象也随之产生相应的变化。如果需要单独编辑组合中的个别对象，而不改变其他对象的状态，可以应用"编组选择"工具进行选取。选择"编组选择"工具，用鼠标单击要移动的对象并按住鼠标左键不放，拖曳对象到合适的位置，效果如图 4-131 所示，其他的对象并没有变化。

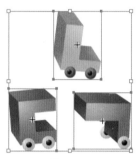

图 4-130

图 4-131

> **提示**　　"编组"命令还可以将几个不同的组合进行进一步组合，或在组合与对象之间进行进一步组合。在几个组之间进行组合时，原来的组合并没有消失，它与新得到的组合是嵌套关系。组合不同图层上的对象，组合后所有的对象将自动移动到最上边对象的图层中，并形成组合。

2. 取消组合

选取要取消组合的对象，如图 4-132 所示。选择"对象 > 取消编组"命令（组合键为 Shift+Ctrl+G），取消组合的图像。取消组合后的图像，可以通过单击鼠标选取任意一个图像，如图 4-133 所示。

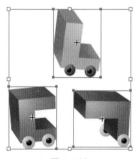

图 4-132

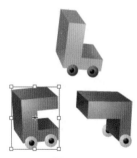

图 4-133

执行一次"取消编组"命令只能取消一层组合，例如，两个组合使用"编组"命令得到一个新的组合。应用"取消编组"命令取消这个新组合后，得到两个原始的组合。

4.4 控制对象

在 Illustrator CC 2019 中，控制对象的方法非常灵活有效，包括锁定和解锁对象、隐藏和显示对象等方法。

4.4.1 锁定对象

锁定对象可以防止操作时误选对象，也可以防止当多个对象重叠在一起而只选择一个对象时，其他对象也连带被选取。锁定对象包括 3 个部分：所选对象、上方所有图稿的对象、其他图层。

1. 锁定所选对象

选取要锁定的图形，如图 4-134 所示。选择"对象 > 锁定 > 所选对象"命令（组合键为 Ctrl+2），将所选图形锁定。锁定后，当其他图形移动时，锁定对象不会随之移动，如图 4-135 所示。

2. 锁定上方所有图稿的对象

选取蓝色图形，如图 4-136 所示。选择"对象 > 锁定 > 上方所有图稿"命令，蓝色图形之上的绿色图形和紫色图形被锁定。当移动蓝色图形时，绿色图形和紫色图形不会随之移动，如图 4-137 所示。

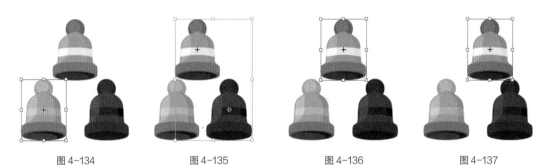

图 4-134   图 4-135   图 4-136   图 4-137

3. 锁定其他图层

蓝色图形、绿色图形、紫色图形分别在不同的图层上，如图 4-138 所示。选取紫色图形，如图 4-139 所示。选择"对象 > 锁定 > 其他图层"命令，在"图层"控制面板中，除了紫色图形所在的图层外，其他图层都被锁定了。被锁定图层的左边将会出现一个锁头图标🔒，如图 4-140 所示。锁定图层中的图像在页面中也都被锁定了。

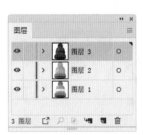  

图 4-138   图 4-139   图 4-140

4. 解除锁定

选择"对象 > 全部解锁"命令（组合键为 Alt+Ctrl+2），被锁定的图像就会被取消锁定。

4.4.2　隐藏对象

可以将当前不重要或已经做好的图像隐藏起来，避免妨碍其他图像的编辑。

隐藏图像包括 3 个部分：所选对象、上方所有图稿的对象、其他图层。

1. 隐藏所选对象

选取要隐藏的图形，如图 4-141 所示。选择"对象 > 隐藏 > 所选对象"命令（组合键为 Ctrl+3），所选图形被隐藏起来，效果如图 4-142 所示。

2. 隐藏上方所有图稿的对象

选取蓝色图形，如图 4-143 所示。选择"对象 > 隐藏 > 上方所有图稿"命令，蓝色图形之上的所有图形都被隐藏，如图 4-144 所示。

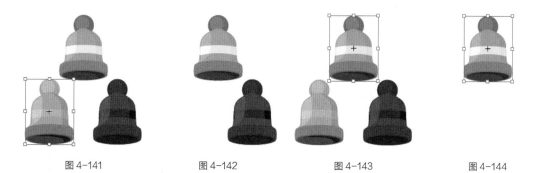

图 4-141　　　　　　图 4-142　　　　　　图 4-143　　　　　　图 4-144

3. 隐藏其他图层

选取紫色图形，如图 4-145 所示。选择"对象 > 隐藏 > 其他图层"命令，在"图层"控制面板中，除了紫色图形所在的图层外，其他图层都被隐藏了，即眼睛图标 👁 消失了，如图 4-146 所示。其他图层中的图形在页面中都被隐藏了，效果如图 4-147 所示。

图 4-145　　　　　　　　　图 4-146　　　　　　　　　图 4-147

4. 显示所有对象

当对象被隐藏后，选择"对象 > 显示全部"命令（组合键为 Alt+Ctrl+3），所有对象都将被显示出来。

课堂练习——制作家居画册内页

🔗 练习知识要点

使用"矩形"工具绘制背景底图，使用"锁定"命令锁定所选对象，使用"置入"命令和"对齐"控制面板对齐素材图片，使用"文字"工具、"字符"控制面板添加内容文字，使用"编组"命令编组需要的图形。家居画册内页效果如图 4-148 所示。

图 4-148

📁 效果所在位置

云盘 /Ch04/ 效果 / 制作家居画册内页 .ai。

课后习题——制作钢琴演奏海报

🔗 习题知识要点

使用"矩形"工具、"置入"命令、"透明度"控制面板和"锁定"命令制作海报底图，使用"矩形"工具、"倾斜"工具、"编组"命令和"镜像"工具制作琴键，使用"文字"工具和"字符"控制面板添加文字。钢琴演奏海报效果如图 4-149 所示。

图 4-149

📁 效果所在位置

云盘 /Ch04/ 效果 / 制作钢琴演奏海报 .ai。

05

第5章
颜色填充与描边

学习引导

使用"填色"和"描边"按钮可以填充图形的颜色和描边。使用"描边"控制面板可以对描边进行编辑。使用"渐变"控制面板可以对图形进行线性和径向渐变的填充。使用工具箱中的"网格"工具，可以对图形进行网格渐变填充。利用"符号"控制面板可以将图形添加为符号。通过本章的学习，读者可以利用颜色填充和描边功能，绘制出漂亮的图形效果，还可将需要重复应用的图形制作成符号，以提高工作效率。

知识目标

1. 了解填充工具和面板的使用方法
2. 掌握渐变的类型与填充渐变的方法
3. 掌握图案的填充与图案库的使用
4. 掌握渐变网格填充工具的使用方法
5. 掌握描边面板的相关功能和使用技巧
6. 掌握符号面板以及工具的使用方法

能力目标

1. 掌握餐饮图标的绘制方法
2. 掌握金刚区歌单图标的绘制方法
3. 掌握许愿灯插画的绘制方法
4. 掌握金融理财 App 弹窗的制作方法
5. 掌握化妆品 banner 的制作方法

素质目标

1. 培养能够履行职责，为团队服务的责任意识
2. 培养能够不断改进学习方法的自主学习能力
3. 培养在学习和工作中勇于质疑和表达观点的批判性思维

5.1　颜色模式

Illustrator CC 2019 中提供了 RGB、CMYK、Web 安全 RGB、HSB 和灰度 5 种色彩模式，最常用的是 CMYK 模式和 RGB 模式，其中 CMYK 是默认的颜色模式。不同的颜色模式调配颜色的基本色不尽相同。

5.1.1　RGB 模式

RGB 模式源于有色光的三原色原理。它是一种加色模式，就是通过红、绿、蓝 3 种颜色相叠加而产生更多的颜色。同时，RGB 也是色光的彩色模式。在编辑图像时，RGB 色彩模式是最佳的选择。因为它可以提供全屏幕的多达 24 位的色彩范围。RGB 模式下的"颜色"控制面板如图 5-1 所示，可以在控制面板中设置 RGB 颜色。

图 5-1

5.1.2　CMYK 模式

CMYK 模式主要应用在印刷领域。它通过反射某些颜色的光并吸收另外一些颜色的光来产生不同的颜色，是一种减色模式。CMYK 代表了印刷上用的 4 种油墨：C 代表青色，M 代表洋红色，Y 代表黄色，K 代表黑色。CMYK 模式下的"颜色"控制面板如图 5-2 所示，可以在控制面板中设置 CMYK 颜色。

CMYK 模式是图片、插图等作品最常用的一种印刷方式。这是因为在印刷中通常都要进行四色分色，出四色胶片，然后再进行印刷。

图 5-2

5.1.3　灰度模式

灰度模式又叫 8 位深度图。每个像素用 8 位二进制码表示，能产生 28（即 256）级灰色调。当一个彩色文件被转换为灰度模式文件时，所有的颜色信息都将从文件中丢失。

灰度模式的图像中存在 256 种灰度级。灰度模式只有 1 个亮度调节滑杆，0 代表白色，100 代表黑色。灰度模式经常应用在成本相对低廉的黑白印刷中。另外，将彩色模式转换为双色调模式或位图模式时，必须先转换为灰度模式，然后由灰度模式转换为双色调模式或位图模式。"灰度模式"控制面板如图 5-3 所示，可以在其中设置灰度值。

图 5-3

5.2　颜色填充

Illustrator CC 2019 中用于填充的内容包括"颜色"控制面板中的自定义颜色，以及"色板"控制面板中的单色对象、图案对象或渐变对象。另外，"色板库"提供了多种外挂的色谱、渐变对象和图案对象。

5.2.1 填充工具

应用工具箱中的"填色"和"描边"按钮█，可以指定所选对象的填充颜色和描边颜色。当单击按钮↶（快捷键为 X）时，可以切换"填色"显示框和"描边"显示框的位置。按 Shift+X 组合键时，可使选定对象的颜色在填充和描边填充之间切换。

在"填色"和"描边"按钮█下面有 3 个按钮 □ ▣ ☑，它们分别是"颜色"按钮、"渐变"按钮和"无"按钮。

5.2.2 "颜色"控制面板

Illustrator 通过"颜色"控制面板设置对象的填充颜色。单击"颜色"控制面板右上方的按钮 ≡，在弹出的下拉菜单中选择当前取色时使用的颜色模式。无论选择哪一种颜色模式，控制面板中都将显示出相关的颜色内容，如图 5-4 所示。

图 5-4

选择"窗口 > 颜色"命令，弹出"颜色"控制面板。"颜色"控制面板上的按钮█用来进行填充颜色和描边颜色之间的互相切换，操作方法与工具箱中按钮█的使用方法相同。

将鼠标指针拖曳到取色区域，当指针变为吸管形状时，单击就可以选取颜色。拖曳各个颜色滑块或在各个数值框中输入有效的数值，可以调配出更精确的颜色，如图 5-5 所示。

更改或设定对象的描边颜色时，单击选取已有的对象，在"颜色"控制面板中切换到描边颜色█，选取或调配出新颜色，这时新选的颜色被应用到当前选定对象的描边中，如图 5-6 所示。

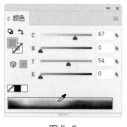

图 5-5

图 5-6

5.2.3 "色板"控制面板

选择"窗口 > 色板"命令，弹出"色板"控制面板，在"色板"控制面板中单击需要的颜色或样本，可以将其选中，如图 5-7 所示。

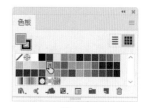

图 5-7

"色板"控制面板提供了多种颜色和图案，并且允许用户添加并存储自定义的颜色和图案。单击"显示'色板类型'菜单"按钮 █，可以使所有的样本显示出来；单击"色板选项"按钮 █，可以打开"色板选项"对话框；单击"新建颜色组"按钮 █，可以新建颜色组；"新建色板"按钮 █用于定义和新建一个新的样本；"删除色板"按钮 █可以将选定的样本从"色板"控制面板中删除。

绘制一个图形，单击填色按钮，如图 5-8 所示。选择"窗口 > 色板"命令，弹出"色板"控制面板，在"色板"控制面板中单击需要的颜色或图案，可对图形内部进行填充，效果如图 5-9 所示。

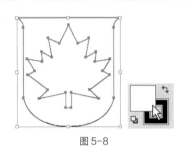

图 5-8

图 5-9

选择"窗口 > 色板库"命令，可以调出更多的色板库。引入外部色板库，增选的多个色板库都将显示在同一个"色板"控制面板中。

在"色板"控制面板左上角的方块标有红色斜杠☑，表示无颜色填充。双击"色板"控制面板中的颜色缩略图■时会弹出"色板选项"对话框，可以设置其颜色属性，如图 5-10 所示。

单击"色板"控制面板右上方的按钮■，将弹出下拉菜单，选择其中的"新建色板"命令，可以将选中的某一颜色或样本添加到"色板"控制面板中，如图 5-11 所示；单击"新建色板"按钮■，也可以添加新的颜色或样本到"色板"控制面板中，如图 5-12 所示。

Illustrator CC 2019 除了"色板"控制面板中默认的样本外，在其"色板库"中还提供了多种色板。选择"窗口 > 色板库"命令，可以看到，在其子菜单中包括了不同的样本可供选择使用。

当选择"窗口 > 色板库 > 其他库"命令时，弹出对话框，可以将其他文件中的色板样本、渐变样本和图案样本导入"色板"控制面板中。

图 5-10

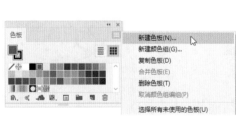

图 5-11

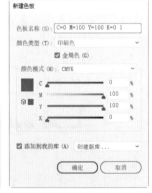

图 5-12

5.3 渐变填充

渐变填充是指两种或多种不同颜色在同一条路径上逐渐过渡填充。建立渐变填充有多种方法，可以使用"渐变"工具■，也可以使用"渐变"控制面板和"颜色"控制面板来设置选定对象的渐变颜色，还可以使用"色板"控制面板中的渐变样本。在"渐变"控制面板中包括线性渐变和径向渐变两种类型。

5.3.1 课堂案例——绘制餐饮图标

 案例学习目标

学习使用绘图工具、"渐变"工具绘制餐饮图标。

 案例知识要点

使用"矩形"工具、"变换"控制面板、"直接选择"工具和"渐变"工具绘制杯子，使用"椭圆"工具、"添加锚点"工具、"矩形"工具和"画笔"控制面板绘制杯口及吸管。餐饮图标效果如图 5-13 所示。

图 5-13

效果所在位置

云盘 /Ch05/ 效果 / 绘制餐饮图标 .ai。

（1）按 Ctrl+O 组合键，打开云盘中的"Ch05> 素材 > 绘制餐饮图标 >01"文件，效果如图 5-14 所示。

（2）选择"矩形"工具 ▢，在页面外单击鼠标左键，弹出"矩形"对话框，选项的设置如图 5-15 所示，单击"确定"按钮，出现一个矩形。选择"选择"工具 ▶，拖曳矩形到适当的位置，效果如图 5-16 所示。

图 5-14

矩形

宽度(W): 206 px

高度(H): 512 px

确定　　取消

图 5-15

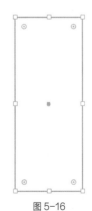

图 5-16

（3）选择"窗口 > 变换"命令，弹出"变换"控制面板，在"矩形属性"选项组中，将"圆角半径"选项设为 0px 和 15px，如图 5-17 所示，按 Enter 键确定操作，效果如图 5-18 所示。

（4）选择"直接选择"工具 ▷，选取右上角的锚点，并向右拖曳锚点到适当的位置，效果如图 5-19 所示。用相同的方法调整左上角的锚点，效果如图 5-20 所示。

（5）选择"选择"工具 ▶，选取图形，选择"窗口 > 描边"命令，弹出"描边"控制面板，单击"边角"选项中的"圆角连接"按钮 ▣，其他选项的设置如图 5-21 所示；按 Enter 键，描边效果如

图 5-22 所示。设置图形描边色为棕色（106、57、6），填充描边，效果如图 5-23 所示。

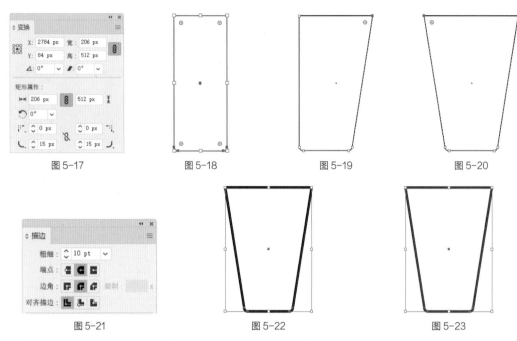

图 5-17　　　　图 5-18　　　　图 5-19　　　　图 5-20

图 5-21　　　　图 5-22　　　　图 5-23

（6）双击"渐变"工具▣，弹出"渐变"控制面板，选中"任意形状渐变"按钮▣，如图 5-24 所示，图形被填充渐变色，如图 5-25 所示，单击并按住鼠标拖曳色标到适当的位置，并设置色标颜色为米黄色（248、240、234），效果如图 5-26 所示。

图 5-24　　　　图 5-25　　　　图 5-26

（7）在图形中将鼠标指针放置适当的位置，当指针变为形状时，如图 5-27 所示，单击添加一个色标，如图 5-28 所示，设置色标颜色为红色（175、30、30），效果如图 5-29 所示。用相同的方法调整其他色标，并填充相应的颜色，效果如图 5-30 所示。

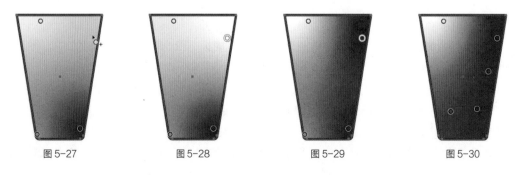

图 5-27　　　　图 5-28　　　　图 5-29　　　　图 5-30

（8）选择"椭圆"工具 ，在适当的位置绘制一个椭圆形，效果如图 5-31 所示。设置图形填充色为浅黄色（252、241、227），填充图形；并设置图形描边色为棕色（106、57、6），填充描边，效果如图 5-32 所示。

图 5-31　　　　　　　　　　　　　　　　图 5-32

（9）选择"添加锚点"工具 ，在适当的位置分别单击鼠标左键，添加 2 个锚点，如图 5-33 所示。选择"直接选择"工具 ，选取添加锚点之间的线段，如图 5-34 所示。按 Delete 键将其删除，效果如图 5-35 所示。

图 5-33　　　　　　　　　　图 5-34　　　　　　　　　　图 5-35

（10）选择"窗口 > 画笔"命令，在弹出的"画笔"控制面板中选择需要的画笔，如图 5-36 所示，在适当的位置单击绘制图形，效果如图 5-37 所示。

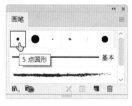

图 5-36　　　　　　　　　　　　　　　　图 5-37

（11）选择"矩形"工具 ，在适当的位置分别绘制 2 个矩形，如图 5-38 所示，选择"选择"工具 ，将绘制矩形同时选取，如图 5-39 所示。

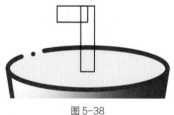
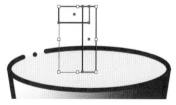

图 5-38　　　　　　　　　　　　　　　　图 5-39

（12）选择"窗口 > 路径查找器"命令，弹出"路径查找器"控制面板，单击"联集"按钮 ，如图 5-40 所示；生成新的对象，效果如图 5-41 所示。设置图形填充色为灰色（232、232、

232），填充图形；并设置图形描边色为棕色（106、57、6），填充描边，效果如图 5-42 所示。

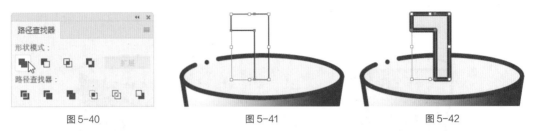

图 5-40   图 5-41   图 5-42

（13）选择"添加锚点"工具，在适当的位置分别单击鼠标左键，添加 2 个锚点，如图 5-43 所示。选择"直接选择"工具，选取添加锚点之间的线段，按 Delete 键将其删除，效果如图 5-44 所示。

图 5-43   图 5-44

（14）在"画笔"控制面板中选择需要的画笔，如图 5-45 所示，在适当的位置单击绘制图形，效果如图 5-46 所示。

图 5-45   图 5-46

（15）选择"选择"工具，用框选的方法将所绘制的图形同时选取，按 Ctrl+G 组合键，编组图形，并将其拖曳到页面中适当的位置，效果如图 5-47 所示。按 Ctrl+Shift+[组合键，将其置于底层，效果如图 5-48 所示。餐饮图标绘制完成。

图 5-47   图 5-48

5.3.2 创建渐变填充

绘制一个图形，如图 5-49 所示。单击工具箱下部的"渐变"按钮，对图形进行渐变填充，效果如图 5-50 所示。选择"渐变"工具 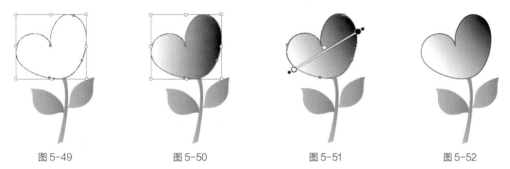，在图形中需要的位置单击设定渐变的起点并按住鼠标左键拖曳，再次单击确定渐变的终点，如图 5-51 所示，渐变填充的效果如图 5-52 所示。

| 图 5-49 | 图 5-50 | 图 5-51 | 图 5-52 |

在"色板"控制面板中单击需要的渐变样本，对图形进行渐变填充，效果如图 5-53 所示。

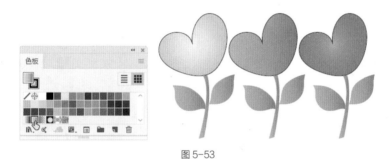

图 5-53

5.3.3 "渐变"控制面板

在"渐变"控制面板中可以设置渐变参数，可选择"线性"或"径向"渐变，设置渐变的起始、中间和终止颜色，还可以设置渐变的位置和角度。

选择"窗口 > 渐变"命令，弹出"渐变"控制面板，如图 5-54 所示。从"类型"选项组中可以选择"线性""径向"或"任意形状"渐变方式，如图 5-55 所示。

在"角度"选项的文本框中显示了当前的渐变角度，重新输入数值后按 Enter 键，可以改变渐变的角度，如图 5-56 所示。

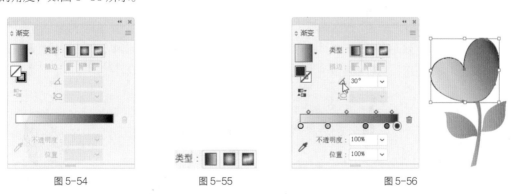

| 图 5-54 | 图 5-55 | 图 5-56 |

单击"渐变"控制面板下面的色标，在"位置"选项的文本框中显示出该颜色在渐变颜色中颜色位置的百分比，如图 5-57 所示，拖曳色标，改变该颜色的位置，将改变颜色的渐变梯度，如图 5-58 所示。

图 5-57   图 5-58

在渐变色谱条底边单击，可以添加一个色标，如图 5-59 所示，在"颜色"控制面板中调配颜色，如图 5-60 所示，可以改变添加的色标的颜色，如图 5-61 所示。用鼠标按住色标不放并将其拖曳至"渐变"控制面板外，可以直接删除色标。

双击渐变色谱条上的色标，弹出"颜色"控制面板，可以快速地选取所需的颜色。

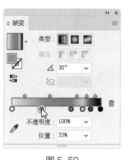

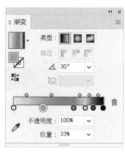

图 5-59   图 5-60   图 5-61

5.3.4 渐变填充的样式

1. 线性渐变填充

线性渐变填充是一种比较常用的渐变填充方式，通过"渐变"控制面板，可以精确地指定线性渐变的起始和终止颜色，还可以调整渐变方向。通过调整中心点的位置，可以生成不同的颜色渐变效果。当需要绘制线性渐变填充图形时，可按以下步骤操作。

选择绘制好的图形，如图 5-62 所示。双击"渐变"工具  或选择"窗口 > 渐变"命令（组合键为 Ctrl+F9），弹出"渐变"控制面板。在"渐变"控制面板色谱条中，显示程序默认的白色到黑色的线性渐变样式，如图 5-63 所示。在"渐变"控制面板"类型"选项组中，单击"线性渐变"按钮 ，如图 5-64 所示，图形将被线性渐变填充，效果如图 5-65 所示。

图 5-62   图 5-63   图 5-64   图 5-65

单击"渐变"控制面板中的起始颜色色标◎，如图 5-66 所示。然后在"颜色"控制面板中调配所需的颜色，设置渐变的起始颜色。再单击终止颜色色标●，如图 5-67 所示，设置渐变的终止颜色，效果如图 5-68 所示，图形的线性渐变填充效果如图 5-69 所示。

图 5-66

图 5-67

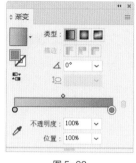
图 5-68

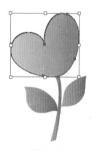
图 5-69

拖曳色谱条上边的控制滑块，可以改变颜色的渐变位置，如图 5-70 所示。"位置"文本框中的数值也会随之发生变化，设置"位置"文本框中的数值也可以改变颜色的渐变位置，图形的线性渐变填充效果也将改变，效果如图 5-71 所示。

图 5-70

图 5-71

如果要改变颜色渐变的方向，选择"渐变"工具■后直接在图形中拖曳即可。当需要精确地改变渐变方向时，可通过"渐变"控制面板中的"角度"选项来控制图形的渐变方向。

2. 径向渐变填充

径向渐变填充是 Illustrator CC 2019 的另一种渐变填充类型，与线性渐变填充不同，它是从起始颜色开始以圆的形式向外发散，逐渐过渡到终止颜色。它的起始颜色和终止颜色，以及渐变填充中心点的位置都是可以改变的。使用径向渐变填充可以生成多种渐变填充效果。

选择绘制好的图形，如图 5-72 所示。双击"渐变"工具■或选择"窗口 > 渐变"命令（组合键为 Ctrl+F9），弹出"渐变"控制面板。在"渐变"控制面板色谱条中，显示程序默认的白色到黑色的线性渐变样式，如图 5-73 所示。在"渐变"控制面板"类型"选项组中，单击"径向渐变"按钮■，如图 5-74 所示，图形将被径向渐变填充，效果如图 5-75 所示。

单击"渐变"控制面板中的起始颜色色标◎或终止颜色色标●，然后在"颜色"控制面板中调配颜色，即可改变图形的渐变颜色，效果如图 5-76 所示。拖曳色谱条上边的控制滑块，可以改变颜色的中心渐变位置，效果如图 5-77 所示。使用"渐变"工具■绘制，可改变径向渐变的中心位置，效果如图 5-78 所示。

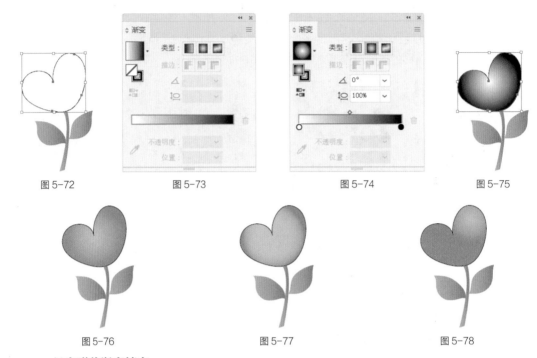

图 5-72　　　　　　图 5-73　　　　　　图 5-74　　　　　　图 5-75

图 5-76　　　　　　　图 5-77　　　　　　　图 5-78

3. 任意形状渐变填充

任意形状渐变可以在某个形状内使色标颜色形成逐渐过渡的混合，可以是有序混合，也可以是随意混合，以便让混合看起来很平滑、自然。

选择绘制好的图形，如图 5-79 所示。双击"渐变"工具 █ 或选择"窗口 > 渐变"命令（组合键为 Ctrl+F9），弹出"渐变"控制面板。在"渐变"控制面板色谱条中，显示程序默认的白色到黑色的线性渐变样式，如图 5-80 所示。在"渐变"控制面板"类型"选项组中，单击"任意形状渐变"按钮 █，如图 5-81 所示，图形将被径向渐变填充，效果如图 5-82 所示。

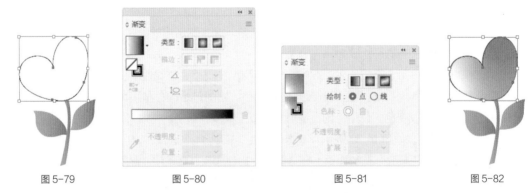

图 5-79　　　　　　图 5-80　　　　　　图 5-81　　　　　　图 5-82

在"绘制"选项组中，点选"点"单选项，可以在对象中创建单独点形式的色标，如图 5-83 所示；点选"线"单选项，可以在对象中创建线段形式的色标，如图 5-84 所示。

在对象中将鼠标指针放置在线段上，指针变为 ❖ 形状，如图 5-85 所示，单击可以添加一个色标，如图 5-86 所示；然后在"颜色"控制面板中调配颜色，即可改变图形的渐变颜色，效果如图 5-87 所示。

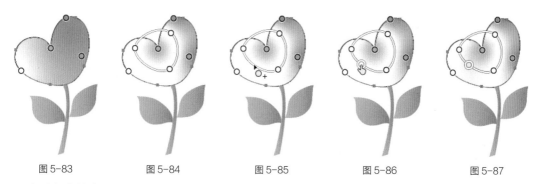

| 图 5-83 | 图 5-84 | 图 5-85 | 图 5-86 | 图 5-87 |

在对象中单击并按住鼠标拖曳色标，可以移动色标位置，如图 5-88 所示；在"渐变"控制面板"色标"选项组中，单击"删除色标"按钮 🗑，可以删除选中的色标，如图 5-89 所示。

图 5-88   图 5-89

"扩展"选项：在"点"模式下，扩展选项被激活，扩展可以设置色标周围的环形区域，默认情况下，色标的扩展幅度取值范围为 0% ～ 100%。

5.3.5　使用渐变库

除了在"色板"控制面板中提供的渐变样式外，Illustrator CC 2019 还提供了一些渐变库。选择"窗口 > 色板库 > 其他库"命令，弹出"打开"对话框，在"色板 > 渐变"文件夹内包含了系统提供的渐变库，如图 5-90 所示，在文件夹中可以选择不同的渐变库，选择后单击"打开"按钮，渐变库的效果如图 5-91 所示。

图 5-90

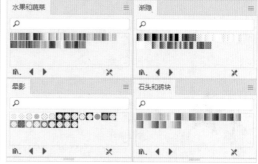

图 5-91

5.4 图案填充

图案填充是绘制图形的重要手段，使用合适的图案填充可以使绘制的图形更加生动形象。

5.4.1 使用图案填充

选择"窗口 > 色板库 > 图案"命令，可以选择自然、装饰等多种图案填充图形，如图 5-92 所示。

绘制一个图形，如图 5-93 所示。在工具箱下方选择"描边"按钮，再在"Vonster 图案"控制面板中选择需要的图案，如图 5-94 所示。将图案填充到图形的描边上，效果如图 5-95 所示。

图 5-92 　　　　　　图 5-93 　　　　　　图 5-94 　　　　　　图 5-95

在工具箱下方选择"填色"按钮，在"Vonster 图案"控制面板中单击选择需要的图案，如图 5-96 所示。图案填充到图形的内部，效果如图 5-97 所示。

图 5-96

5.4.2 创建图案填充

在 Illustrator CC 2019 中可以将基本图形定义为图案，作为图案的图形不能包含渐变、渐变网格、图案和位图。

使用"星形"工具 ，绘制 3 个星形，同时选取 3 个星形，如图 5-98 所示。选择"对象 > 图案 > 建立"命令，弹出提示框和"图案选项"控制面板，如图 5-99 所示，同时页面进入"图案编辑模式"，单击提示框中的"确定"按钮，在控制面板中可以设置图案的名称、大小和重叠方式等，设置完成后，单击页面左上方的"完成"按钮，定义的图案就添加到"色板"控制面板中了，效果如图 5-100 所示。

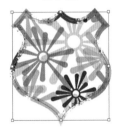

图 5-97

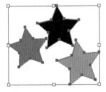

图 5-98

图 5-99

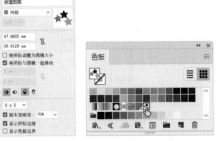

图 5-100

在"色板"控制面板中单击新定义的图案并将其拖曳到页面上，如图 5-101 所示。选择"对象 > 取消编组"命令，取消图案组合，可以重新编辑图案，效果如图 5-102 所示。选择"对象 > 编组"命令，将新编辑的图案组合，将图案拖曳到"色板"控制面板中，如图 5-103 所示，在"色板"控制面板中添加了新定义的图案，如图 5-104 所示。

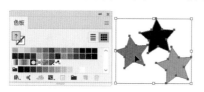

图 5-101

图 5-102

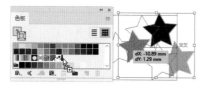

图 5-103

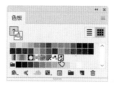

图 5-104

使用"多边形"工具 ⬡，绘制一个多边形，如图 5-105 所示。在"色板"控制面板中单击新定义的图案，如图 5-106 所示，多边形的图案填充效果如图 5-107 所示。

图 5-105

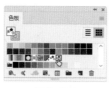

图 5-106

图 5-107

Illustrator CC 2019 自带一些样式库。选择"窗口 > 图形样式库"子菜单下的各种样式，加载不同的样式库。可以选择"其他库"命令来加载外部样式库。

5.4.3 使用图案库

除了"色板"控制面板中提供的图案外，Illustrator CC 2019 还提供了一些图案库。选择"窗口 > 色板库 > 其他库"命令，弹出"打开"对话框，在"色板 > 图案"文件夹中包含了系统提供的图案库，如图 5-108 所示，在文件夹中可以选择不同的图案库，选择后单击"打开"按钮，图案库的效果如图 5-109 所示。

图 5-108

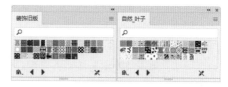

图 5-109

5.5 渐变网格填充

应用渐变网格功能可以制作出图形颜色细微之处的变化，并且易于控制图形颜色。使用渐变网格可以对图形应用多个方向、多种颜色的渐变填充。

5.5.1 课堂案例——绘制金刚区歌单话筒图标

 案例学习目标

学习使用绘图工具、"创建渐变网格"命令和渐变工具绘制金刚区歌单话筒图标。

案例知识要点

使用"椭圆"工具、"矩形"工具、"圆角矩形"工具、"创建渐变网格"命令、"渐变"工具和"剪切蒙版"命令绘制话筒。金刚区歌单话筒图标效果如图 5-110 所示。

图 5-110

扫码观看
本案例视频

扫码查看
扩展案例

效果所在位置

云盘 /Ch05/ 效果 / 绘制金刚区歌单话筒图标 .ai。

（1）按 Ctrl+N 组合键，弹出"新建文档"对话框，设置文档的宽度为 90 px，高度为 90 px，取向为竖向，颜色模式为 RGB，单击"创建"按钮，新建一个文档。

（2）选择"椭圆"工具 ，按住 Shift 键的同时，在页面中绘制一个圆形，如图 5-111 所示。双击"渐变"工具 ，弹出"渐变"控制面板，选中"线性渐变"按钮 ，在色谱条上设置两个色标，分别将色标的位置设为 0、100，并分别设置颜色为 0（254、191、42）、100（254、231、107），其他选项的设置如图 5-112 所示；图形被填充为渐变色，并设置描边色为无，效果如图 5-113 所示。

图 5-111

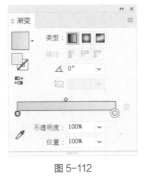

图 5-112

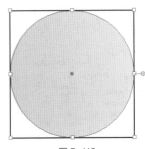

图 5-113

（3）选择"矩形"工具 ，在页面中单击鼠标左键，弹出"矩形"对话框，选项的设置如图 5-114 所示，单击"确定"按钮，出现一个矩形。选择"选择"工具 ，拖曳矩形到适当的位置，效果如图 5-115 所示。

（4）选择"直接选择"工具 ▷，选取矩形左下角的锚点，并向右拖曳锚点到适当的位置，效果如图 5-116 所示。用相同的方法调整矩形右下角的锚点，效果如图 5-117 所示。

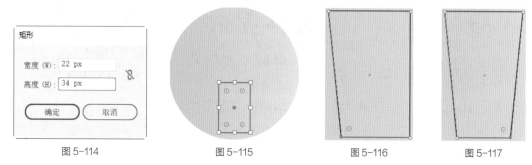

图 5-114　　　　　　　　图 5-115　　　　　　　　图 5-116　　　　　　　　图 5-117

（5）选择"选择"工具 ▶，选取图形，双击"渐变"工具 ▣，弹出"渐变"控制面板，选中"线性渐变"按钮 ▣，在色谱条上设置两个色标，分别将色标的位置设为 0、100，并分别设置颜色为 0（254、98、42）、100（254、55、42），其他选项的设置如图 5-118 所示；图形被填充为渐变色，并设置描边色为无，效果如图 5-119 所示。

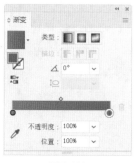

图 5-118　　　　　　　　　　　　　　　　　　图 5-119

（6）选择"椭圆"工具 ⬭，按住 Shift 键的同时，在适当的位置绘制一个圆形，效果如图 5-120 所示。选择"选择"工具 ▶，按住 Alt+Shift 组合键的同时，垂直向上拖曳圆形到适当的位置，复制圆形，效果如图 5-121 所示。

（7）选取第一个圆形，填充图形为黑色，并设置描边色为无，效果如图 5-122 所示。在属性栏中将"不透明度"选项设为 35%，按 Enter 键确定操作，效果如图 5-123 所示。

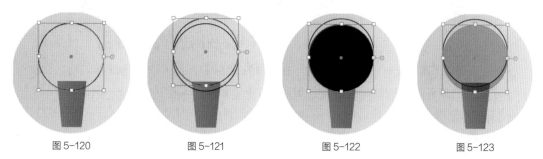

图 5-120　　　　　　　图 5-121　　　　　　　图 5-122　　　　　　　图 5-123

（8）选择"选择"工具 ▶，选取下方红色渐变图形，按 Ctrl+C 组合键，复制图形，按 Shift+Ctrl+V 组合键，就地粘贴图形，效果如图 5-124 所示。按住 Shift 键的同时，单击透明图形将其同时选取，如图 5-125 所示，按 Ctrl+7 组合键，建立剪切蒙版，效果如图 5-126 所示。

图 5-124

图 5-125

图 5-126

（9）选取大圆形，按 Shift+Ctrl+] 组合键，将其置于顶层，效果如图 5-127 所示。设置图形填充色为浅黄色（254、183、28），填充图形，并设置描边色为无，效果如图 5-128 所示。

（10）选择"对象 > 创建渐变网格"命令，在弹出的对话框中进行设置，如图 5-129 所示；单击"确定"按钮，效果如图 5-130 所示。

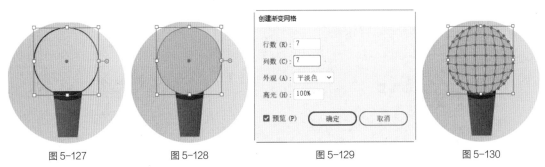
图 5-127　　　　图 5-128　　　　图 5-129　　　　图 5-130

（11）选择"直接选择"工具，按住 Shift 键的同时，选中网格中的锚点，如图 5-131 所示，设置填充色为米白色（254、246、234），填充锚点，效果如图 5-132 所示。用相同的方法分别选中网格中的其他锚点，填充相应的颜色，效果如图 5-133 所示。

图 5-131　　　　　　图 5-132　　　　　　图 5-133

（12）选择"圆角矩形"工具，在页面中单击鼠标左键，弹出"圆角矩形"对话框，选项的设置如图 5-134 所示，单击"确定"按钮，出现一个圆角矩形。选择"选择"工具，拖曳圆角矩形到适当的位置，效果如图 5-135 所示。

（13）双击"渐变"工具，弹出"渐变"控制面板，选中"线性渐变"按钮，在色谱条上设置两个色标，分别将色标的位置设为 0、100，并分别设置颜色为 0（255、255、75）、100（255、128、0），其他选项的设置如图 5-136 所示；图形被填充为渐变色，并设置描边色为无，效果如图 5-137 所示。

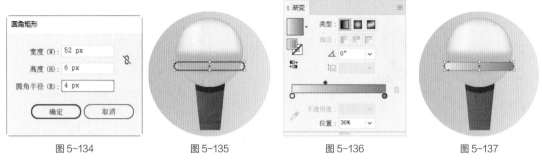

| 图 5-134 | 图 5-135 | 图 5-136 | 图 5-137 |

（14）选择"圆角矩形"工具 ▢，在页面中单击鼠标左键，弹出"圆角矩形"对话框，选项的设置如图 5-138 所示，单击"确定"按钮，出现一个圆角矩形。选择"选择"工具 ▶，拖曳圆角矩形到适当的位置，填充图形为黑色，并设置描边色为无，效果如图 5-139 所示。

（15）按 Ctrl+C 组合键，复制图形，按 Ctrl+F 组合键，将复制的图形贴在前面。向上拖曳圆角矩形下方中间的控制手柄到适当的位置，调整其大小，效果如图 5-140 所示。

| 图 5-138 | 图 5-139 | 图 5-140 |

（16）选择"选择"工具 ▶，按住 Shift 键的同时，依次单击将所绘制的图形同时选取，按 Ctrl+G 组合键，将其编组，效果如图 5-141 所示。

（17）选择"窗口 > 变换"命令，弹出"变换"控制面板，将"旋转"选项设为 45°，如图 5-142 所示；按 Enter 键确定操作，效果如图 5-143 所示。

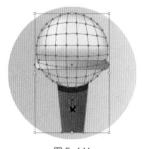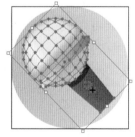

| 图 5-141 | 图 5-142 | 图 5-143 |

（18）选择"选择"工具 ▶，拖曳编组图形到适当的位置，效果如图 5-144 所示。选取下方黄色渐变图形，按 Ctrl+C 组合键，复制图形，按 Shift+Ctrl+V 组合键，就地粘贴图形，效果如图 5-145 所示。

（19）按住 Shift 键的同时，单击编组图形将其同时选取，如图 5-146 所示，按 Ctrl+7 组合键，建立剪切蒙版，效果如图 5-147 所示。金刚区歌单图标绘制完成，效果如图 5-148 所示。

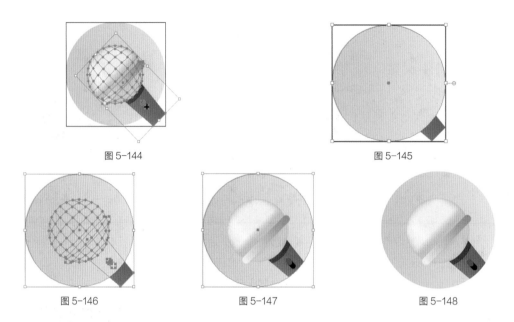

图 5-144　　　　　　　　　　　　　　图 5-145

图 5-146　　　　　　　　　图 5-147　　　　　　　　图 5-148

5.5.2　建立渐变网格

1. 使用"网格"工具 📰 建立渐变网格

使用"椭圆"工具 ◯，绘制并填充椭圆形，保持其被选取状态，效果如图 5-149 所示。选择"网格"工具 📰，在椭圆形中单击，将椭圆形建立为渐变网格对象，在椭圆形中增加了横竖两条线交叉形成的网格，如图 5-150 所示，继续在椭圆形中单击，可以增加新的网格，效果如图 5-151 所示。在网格中横竖两条线交叉形成的点就是网格点，而横、竖线就是网格线。

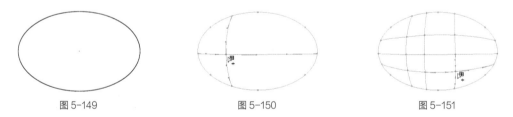

图 5-149　　　　　　　　　图 5-150　　　　　　　　图 5-151

2. 使用"创建渐变网格"命令创建渐变网格

使用"椭圆"工具 ◯，绘制并填充椭圆形，保持其被选取状态，效果如图 5-152 所示。选择"对象 > 创建渐变网格"命令，弹出"创建渐变网格"对话框，如图 5-153 所示，设置数值后，单击"确定"按钮，可以为图形创建渐变网格的填充，效果如图 5-154 所示。

图 5-152　　　　　　　　　图 5-153　　　　　　　　图 5-154

在"创建渐变网格"对话框中,"行数"文本框中可以输入水平方向网格的行数;"列数"文本框中可以输入垂直方向网格的列数;在"外观"选项的下拉列表中可以选择创建渐变网格后图形高光部位的表现方式,有至淡色、至中心和至边缘3种方式可以选择;"高光"文本框中可以设置高光处的强度,当数值为0时,图形没有高光点,而是均匀的颜色填充。

5.5.3 编辑渐变网格

1. 添加网格点

使用"椭圆"工具 ⊙,绘制并填充椭圆形,如图5-155所示,选择"网格"工具 ⊞ 在圆角矩形中单击,建立渐变网格对象,如图5-156所示,在圆角矩形中的其他位置再次单击,可以添加网格点,如图5-157所示,同时添加了网格线。在网格线上再次单击,可以继续添加网格点,如图5-158所示。

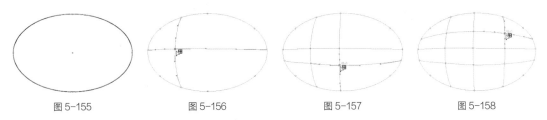

图 5-155　　　　　　图 5-156　　　　　　图 5-157　　　　　　图 5-158

2. 删除网格点

使用"网格"工具 ⊞ 或"直接选择"工具 ▷ 单击选中网格点,如图5-159所示,再按Delete键,即可将网格点删除,效果如图5-160所示。

图 5-159　　　　　　　　　　　　图 5-160

3. 编辑网格颜色

使用"直接选择"工具 ▷ 单击选中网格点,如图5-161所示,在"色板"控制面板中单击需要的颜色块,如图5-162所示,可以为网格点填充颜色,效果如图5-163所示。

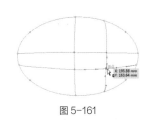

图 5-161　　　　　　图 5-162　　　　　　图 5-163

使用"直接选择"工具 ▷ 单击选中网格,如图5-164所示,在"色板"控制面板中单击需要的颜色块,如图5-165所示,可以为网格填充颜色,效果如图5-166所示。

使用"网格"工具 ⊞ 在网格点上单击并按住鼠标左键拖曳网格点,可以移动网格点,效果如图5-167所示。拖曳网格点的控制手柄可以调节网格线,效果如图5-168所示。

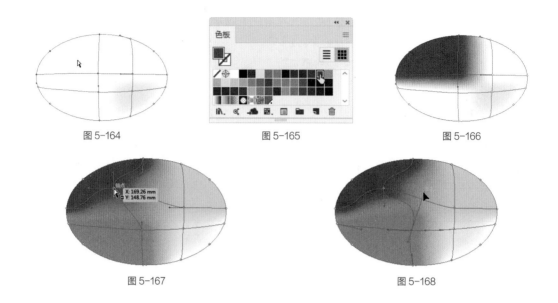

图 5-164　　　　　　　图 5-165　　　　　　　图 5-166

图 5-167　　　　　　　　　　　　图 5-168

5.6　编辑描边

描边其实就是对象的描边线，对描边进行填充时，还可以对其进行一定的设置，如更改描边的形状、粗细以及设置为虚线描边等。

5.6.1　使用"描边"控制面板

选择"窗口 > 描边"命令（组合键为 Ctrl+F10），弹出"描边"控制面板，如图 5-169 所示。"描边"控制面板主要用来设置对象描边的属性，如粗细、形状等。

在"描边"控制面板中，通过"粗细"选项设置描边的宽度；"端点"选项指定描边各线段的首端和尾端的形状样式，它有平头端点 ⬛、圆头端点 ⬛ 和方头端点 ⬛ 3 种不同的端点样式；"边角"选项指定一段描边的拐点，即描边的拐角形状，它有 3 种不同的拐角接合形式，分别为斜接连接 ⬛、圆角连接 ⬛ 和斜角连接 ⬛；"限制"选项用于设置斜角的长度，它将决定描边沿路径改变方向时伸展的长度；"对齐描边"选项用于设置描边与路径的对齐方式，分别为使描边居中对齐 ⬛、使描边内侧对齐 ⬛ 和使描边外侧对齐 ⬛；勾选"虚线"复选项可以创建描边的虚线效果。

图 5-169

5.6.2　设置描边的粗细

当需要设置描边的宽度时，要用到"粗细"选项，可以在其下拉列表中选择合适的粗细，也可以直接输入合适的数值。

单击工具箱下方的"描边"按钮，使用"星形"工具 ⭐ 绘制一个星形并保持其被选取状态，效果如图 5-170 所示。在"描边"控制面板中"粗细"选项的下拉列表中选择需要的描边粗细值，或者直接输入合适的数值。本例设置的粗细数值为 30pt，如图 5-171 所示；星形的描边粗细被改变，效果如图 5-172 所示。

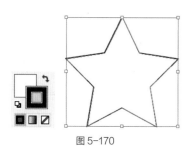

图 5-170   图 5-171   图 5-172

当要更改描边的单位时，可选择"编辑 > 首选项 > 单位"命令，弹出"首选项"对话框，如图 5-173 所示。可以在"描边"选项的下拉列表中选择需要的描边单位。

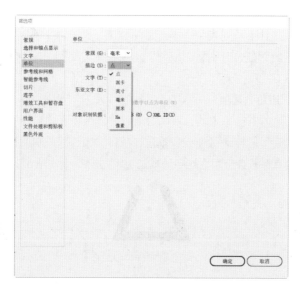

图 5-173

5.6.3 设置描边的填充

保持星形处于被选取的状态，效果如图 5-174 所示。在"色板"控制面板中单击选取所需的填充样本，对象描边的填充效果如图 5-175 所示。

图 5-174   图 5-175

保持星形处于被选取的状态，效果如图 5-176 所示。在“颜色”控制面板中调配所需的颜色，如图 5-177 所示，或双击工具箱下方的“描边”按钮，弹出“拾色器”对话框，如图 5-178 所示。在对话框中可以调配所需的颜色，对象描边的颜色填充效果如图 5-179 所示。

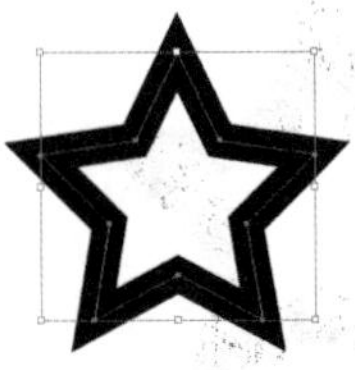
图 5-176

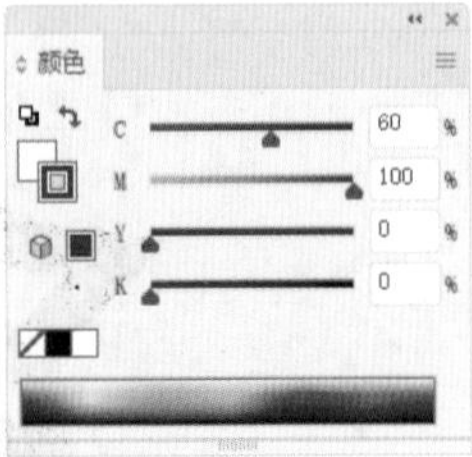

图 5-177

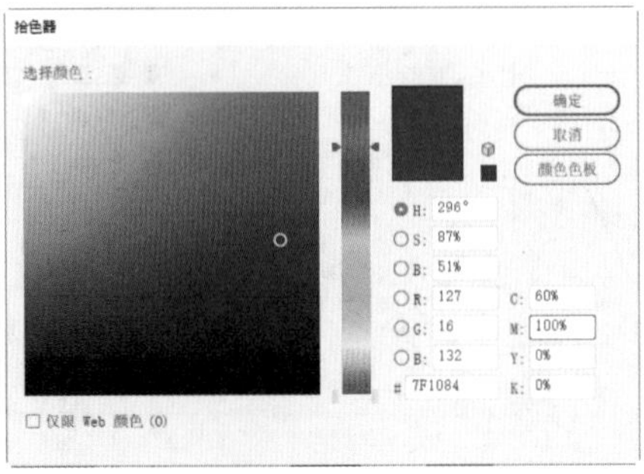

图 5-178

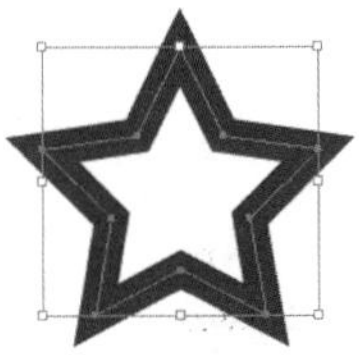
图 5-179

5.6.4 编辑描边的样式

1. 设置“限制”选项

“描边”控制面板中的“限制”选项可以设置描边沿路径改变方向时的伸展长度。可以在其下拉列表中选择所需的数值，也可以在文本框中直接输入合适的数值，分别将“限制”选项设置为 2 和 20 时的对象描边效果如图 5-180 所示。

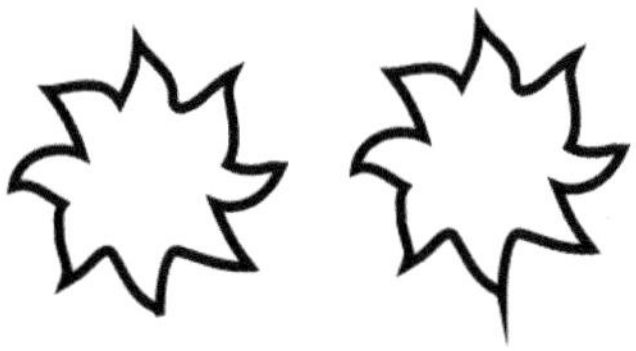
图 5-180

2. 设置“端点”和“边角”选项

“端点”是指一段描边的首端和末端，可以为描边的首端和末端选择不同的端点样式来改变描边端点的形状。使用“钢笔”工具绘制一段描边，单击“描边”控制面板中的 3 个不同端点样式的按钮，选定的端点样式会应用到选定的描边中，如图 5-181 所示。

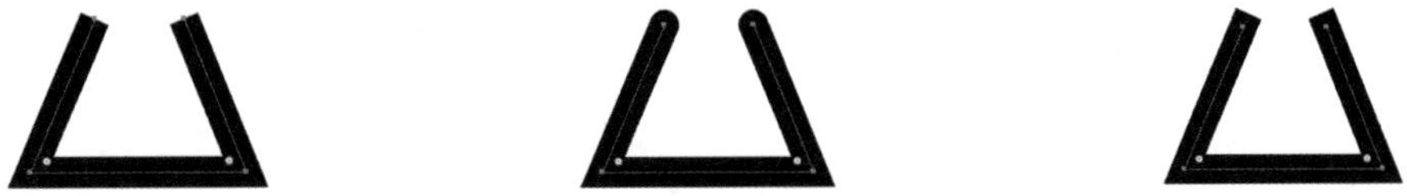
平头端点　圆头端点　方头端点
图 5-181

“边角”是指一段描边的拐点，边角样式就是指描边拐角处的形状。该选项有斜接连接、圆角连接和斜角连接 3 种不同的转角边角样式。绘制多边形的描边，单击“描边”控制面板中的 3 个不同边角样式按钮，选定的边角样式会应用到选定的描边中，如图 5-182 所示。

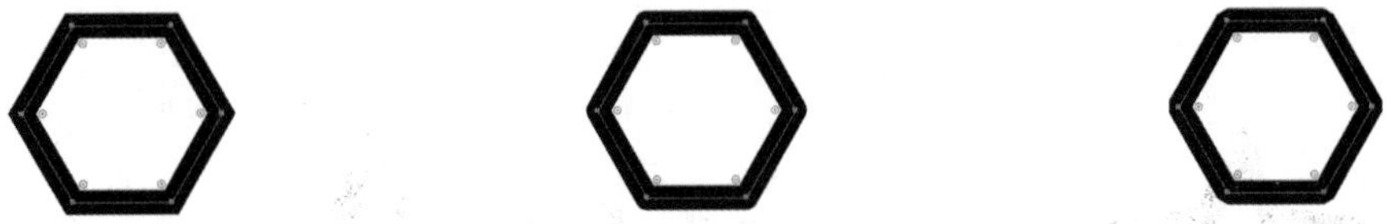
斜接连接　圆角连接　斜角连接
图 5-182

3. 设置“虚线”选项

“描边”控制面板中的“虚线”选项里包括 6 个文本框，勾选“虚线”复选项，文本框被激活，第 1 个文本框默认的虚线值为 12pt，如图 5-183 所示。

"虚线"选项用来设定每一段虚线段的长度，文本框中输入的数值越大，虚线的长度就越长；反之，输入的数值越小，虚线的长度就越短。设置不同虚线长度值的描边效果如图 5-184 所示。

"间隙"选项用来设定虚线段之间的距离，输入的数值越大，虚线段之间的距离越大；反之，输入的数值越小，虚线段之间的距离就越小。设置不同虚线间隙的描边效果如图 5-185 所示。

图 5-183   图 5-184   图 5-185

4. 设置"箭头"选项

在"描边"控制面板中"箭头"选项里有两个可供选择的下拉列表按钮，左侧的是"起点的箭头"，右侧的是"终点的箭头"。选中要添加箭头的曲线，如图 5-186 所示。单击左侧"起点的箭头"按钮，弹出"起点的箭头"下拉列表框，单击右侧需要的箭头样式，如图 5-187 所示。曲线的起始点会出现选择的箭头，效果如图 5-188 所示。单击右侧"终点的箭头"按钮，弹出"终点的箭头"下拉列表框，单击需要的箭头样式，如图 5-189 所示。曲线的终点会出现选择的箭头，效果如图 5-190 所示。

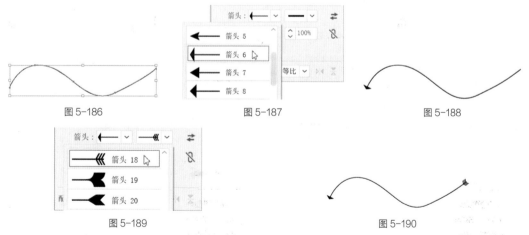

图 5-186   图 5-187   图 5-188

图 5-189   图 5-190

"互换箭头起始处和结束处"按钮可以互换起点箭头和终点箭头。选中曲线，如图 5-191 所示。在"描边"控制面板中单击"互换箭头起始处和结束处"按钮，如图 5-192 所示，效果如图 5-193 所示。

图 5-191　　　　　　　图 5-192　　　　　　　　图 5-193

在"缩放"选项中，左侧的是"箭头起始处的缩放因子"按钮，右侧的是"箭头结束处的缩放因子"按钮，设置需要的数值，可以缩放曲线的起始箭头和结束箭头的大小。选中要缩放的曲线，如图 5-194 所示。单击"箭头起始处的缩放因子"按钮，将"箭头起始处的缩放因子"设置为 200，如图 5-195 所示，效果如图 5-196 所示。单击"箭头结束处的缩放因子"按钮，将"箭头结束处的缩放因子"设置为 200，效果如图 5-197 所示。

单击"缩放"选项右侧的"链接箭头起始处和结束处缩放"按钮，可以同时改变起始箭头和结束箭头的大小。

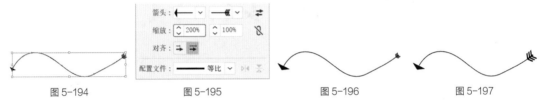

图 5-194　　　　　图 5-195　　　　　图 5-196　　　　　图 5-197

在"对齐"选项中，左侧的是"将箭头提示扩展到路径终点外"按钮，右侧的是"将箭头提示放置于路径终点处"按钮，这两个按钮分别可以设置箭头在终点以外和箭头在终点处。选中曲线，如图 5-198 所示。单击"将箭头提示扩展到路径终点外"按钮，如图 5-199 所示，效果如图 5-200 所示。单击"将箭头提示放置于路径终点处"按钮，箭头在终点处显示，效果如图 5-201 所示。

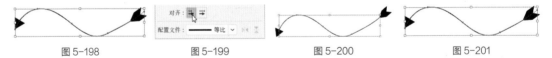

图 5-198　　　　　图 5-199　　　　　图 5-200　　　　　图 5-201

在"配置文件"选项中，单击"配置文件"按钮，弹出宽度配置文件下拉列表，如图 5-202 所示。在下拉列表中选中任意一个宽度配置文件可以改变曲线描边的形状。选中曲线，如图 5-203 所示。单击"配置文件"按钮，在弹出的下拉列表中选中任意一个宽度配置文件，如图 5-204 所示，效果如图 5-205 所示。

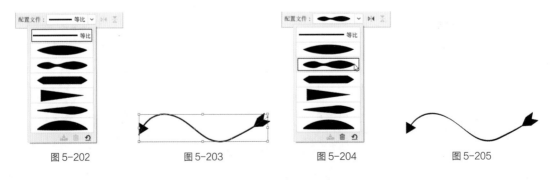

图 5-202　　　　　图 5-203　　　　　图 5-204　　　　　图 5-205

在"配置文件"选项右侧有两个按钮分别是"纵向翻转"按钮 ◄► 和"横向翻转"按钮 ⊼ 。选中"纵向翻转"按钮 ◄► ，可以改变左右不对称的配置文件的左右位置。选中"横向翻转"按钮 ⊼ ，可以改变上下不对称的配置文件的上下位置。

5.7 使用符号

符号是一种能存储在"符号"控制面板中，并且在一个插图中可以多次重复使用的对象。Illustrator CC 2019 提供了"符号"控制面板，专门用来创建、存储和编辑符号。

当需要在一个插图中多次制作同样的对象，并需要对对象进行多次类似的编辑操作时，可以使用符号来完成。这样，可以大大提高效率、节省时间。例如，在一个网站设计中多次应用到一个按钮的图样，这时就可以将这个按钮的图样定义为符号范例，这样可以对按钮符号进行多次重复使用。利用符号体系工具组中的相应工具可以对符号范例进行各种编辑操作。默认设置下的"符号"控制面板如图 5-206 所示。

在插图中如果应用了符号集合，那么当使用选择工具选取符号范例时，则把整个符号集合同时选中。此时，被选中的符号集合只能被移动，而不能被编辑。图 5-207 所示为应用到插图中的符号范例与符号集合。

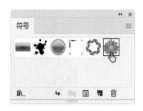

图 5-206

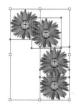

图 5-207

提示　　在 Illustrator CC 2019 中的各种对象，如普通的图形、文本对象、复合路径、渐变网格等均可以被定义为符号。

5.7.1　课堂案例——绘制许愿灯插画

 案例学习目标

学习使用"符号"控制面板、"符号喷枪"工具绘制许愿灯插画。

 案例知识要点

使用"钢笔"工具、"椭圆"工具、"路径查找器"控制面板和"渐变"工具绘制许愿灯，使用"符号"控制面板、"符号喷枪"工具定义并绘制符号，使用"符号缩放器"工具、"符号旋转器"工具和"符号滤色器"工具调整符号大小、旋转角度和透明度。许愿灯插画效果如图 5-208 所示。

图 5-208

扫码观看
本案例视频

扫码查看
扩展案例

效果所在位置

云盘 /Ch05/ 效果 / 绘制许愿灯插画 .ai。

（1）按 Ctrl+O 组合键，打开云盘中的"Ch05> 素材 > 绘制许愿灯插画 >01"文件，如图 5-209 所示。

（2）选择"钢笔"工具，在页面外绘制一个不规则图形，如图 5-210 所示。设置填充色为橙色（239、124、19），填充图形，并设置描边色为无，效果如图 5-211 所示。

图 5-209

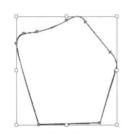

图 5-210

图 5-211

（3）选择"钢笔"工具，在适当的位置分别绘制不规则图形，如图 5-212 所示。选择"选择"工具，选取需要的图形，设置填充色为淡红色（189、55、0），填充图形，并设置描边色为无，效果如图 5-213 所示。

（4）选取需要的图形，设置填充色为深红色（227、66、0），填充图形，并设置描边色为无，效果如图 5-214 所示。在属性栏中将"不透明度"选项设为 50%，按 Enter 键确定操作，效果如图 5-215 所示。

图 5-212

图 5-213

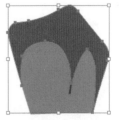

图 5-214

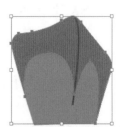

图 5-215

（5）选择"椭圆"工具 ，在适当的位置绘制一个椭圆形，效果如图 5-216 所示。选择"直接选择"工具 ，选取椭圆形下方的锚点，并向上拖曳锚点到适当的位置，效果如图 5-217 所示。选取左侧的锚点，拖曳下方的控制手柄到适当的位置，调整其弧度，效果如图 5-218 所示。用相同的方法调整右侧锚点，效果如图 5-219 所示。

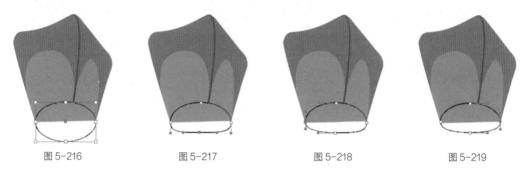

图 5-216   图 5-217   图 5-218   图 5-219

（6）选择"选择"工具 ，选取图形，设置填充色为橘黄色（251、183、39），填充图形，并设置描边色为无，效果如图 5-220 所示。选择"椭圆"工具 ，在适当的位置绘制一个椭圆形，效果如图 5-221 所示。

图 5-220   图 5-221

（7）选择"选择"工具 ，选取下方橘黄色图形，按 Ctrl+C 组合键，复制图形，按 Ctrl+F 组合键，将复制的图形粘贴在前面，如图 5-222 所示。按住 Shift 键的同时，单击上方椭圆形将其同时选取，如图 5-223 所示。

（8）选择"窗口 > 路径查找器"命令，弹出"路径查找器"控制面板，单击"交集"按钮 ，如图 5-224 所示；生成新的对象，效果如图 5-225 所示。

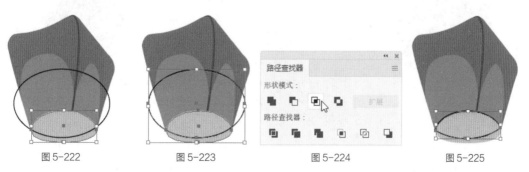

图 5-222   图 5-223   图 5-224   图 5-225

（9）保持图形选取状态，设置填充色为深红色（227、66、0），填充图形，并设置描边色为无，效果如图 5-226 所示。在属性栏中将"不透明度"选项设为 50%，按 Enter 键确定操作，效果如图 5-227

所示。用相同的方法制作其他图形，并填充相应的颜色，效果如图 5-228 所示。

图 5-226

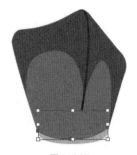
图 5-227

图 5-228

（10）选择"椭圆"工具◯，在适当的位置绘制一个椭圆形，效果如图 5-229 所示。双击"渐变"工具▣，弹出"渐变"控制面板，选中"径向渐变"按钮▣，在色带上设置两个渐变滑块，分别将渐变滑块的位置设为 0、100，并分别设置颜色为 0（255、255、0）、100（251、176、59），将上方渐变滑块的"位置"选项设为 31%，其他选项的设置如图 5-230 所示，图形被填充为渐变色，并设置描边色为无，效果如图 5-231 所示。

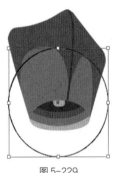
图 5-229

图 5-230

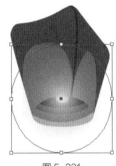
图 5-231

（11）选择"选择"工具▶，用框选的方法将所绘制的图形同时选取，按 Ctrl+G 组合键，将其编组，如图 5-232 所示。选择"窗口 > 变换"命令，弹出"变换"控制面板，将"旋转"选项设为 9°，如图 5-233 所示，按 Enter 键确定操作，效果如图 5-234 所示。

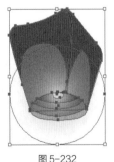
图 5-232

图 5-233

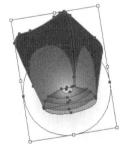
图 5-234

（12）选择"窗口 > 符号"命令，弹出"符号"控制面板，如图 5-235 所示。将选中的许愿灯拖曳到"符号"控制面板中，如图 5-236 所示，同时弹出"符号选项"对话框，设置如图 5-237 所示，单击"确定"按钮，创建符号，如图 5-238 所示。

图 5-235

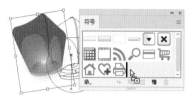

图 5-236

图 5-237

图 5-238

（13）选择"符号喷枪"工具，在页面中拖曳鼠标指针绘制多个许愿灯符号，效果如图 5-239 所示。使用"符号缩放器"工具、"符号旋转器"工具和"符号滤色器"工具，分别调整符号大小、旋转角度及透明度，效果如图 5-240 所示。许愿灯插画绘制完成，效果如图 5-241 所示。

图 5-239

图 5-240

图 5-241

5.7.2 "符号"控制面板

"符号"控制面板具有创建、编辑和存储符号的功能。单击控制面板右上方的按钮，弹出其下拉菜单，如图 5-242 所示。

在"符号"控制面板下边有以下 6 个按钮。

"符号库菜单"按钮：包括了多种符合库，可以选择调用。

"置入符号实例"按钮：将当前选中的一个符号范例放置在页面的中心。

"断开符号链接"按钮：将添加到插图中的符号范例与"符号"控制面板断开链接。

图 5-242

"符号选项"按钮 ▣：单击该按钮可以打开"符号选项"对话框，并进行设置。

"新建符号"按钮 ⬟：单击该按钮可以将选中的要定义为符号的对象添加到"符号"控制面板中作为符号。

"删除符号"按钮 🗑：单击该按钮可以删除"符号"控制面板中被选中的符号。

5.7.3 创建和应用符号

1. 创建符号

单击"新建符号"按钮 ⬟ 可以将选中的要定义为符号的对象添加到"符号"控制面板中作为符号。

将选中的对象直接拖曳到"符号"控制面板中，弹出"符号选项"对话框，单击"确定"按钮，可以创建符号，如图 5-243 所示。

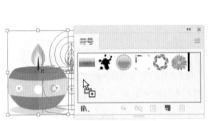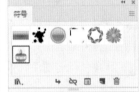

图 5-243

2. 应用符号

在"符号"控制面板中选中需要的符号，直接将其拖曳到当前插图中，得到一个符号范例，如图 5-244 所示。

选择"符号喷枪"工具 🖲 可以同时创建多个符号范例，并且可以将它们作为一个符号集合。

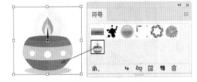

图 5-244

5.7.4 使用符号工具

Illustrator CC 2019 工具箱的符号喷枪工具组中提供了 8 个符号工具，展开的符号喷枪工具组如图 5-245 所示。

"符号喷枪"工具 🖲：创建符号集合，可以将"符号"控制面板中的符号对象应用到插图中。

"符号移位器"工具 🖲：移动符号范例。

"符号紧缩器"工具 🖲：对符号范例进行缩紧变形。

"符号缩放器"工具 🖲：对符号范例进行放大操作。按住 Alt 键，可以对符号范例进行缩小操作。

图 5-245

"符号旋转器"工具 🖲：对符号范例进行旋转操作。

"符号着色器"工具 🖲：使用当前颜色为符号范例填色。

"符号滤色器"工具 🖲：增加符号范例的透明度。按住 Alt 键，可以减小符号范例的透明度。

"符号样式器"工具 🖲：将当前样式应用到符号范例中。

双击任意一个符号工具将弹出"符号工具选项"对话框，如图 5-246 所示，可设置该符号工具的属性。

图 5-246

"直径"文本框：设置笔刷直径的数值。这时的笔刷指的是选取符号工具后，鼠标指针的形状。

"强度"文本框：设定拖曳鼠标指针时，符号范例随鼠标指针变化的速度，数值越大，被操作的符号范例变化越快。

"符号组密度"文本框：设定符号集合中包含符号范例的密度，数值越大，符号集合所包含的符号范例的数目就越多。

"显示画笔大小和强度"复选项：勾选该复选项，在使用符号工具时可以看到笔刷，不勾选该复选项则隐藏笔刷。

使用符号工具应用符号的具体操作如下。

选择"符号喷枪"工具，鼠标指针将变成一个中间有喷壶的圆形，如图 5-247 所示。在"符号"控制面板中选取一种需要的符号对象，如图 5-248 所示。

在页面上按住鼠标左键不放并拖曳鼠标指针，符号喷枪工具将沿着拖曳的轨迹喷射出多个符号范例，这些符号范例将组成一个符号集合，效果如图 5-249 所示。

图 5-247

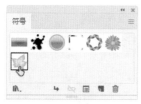

图 5-248

图 5-249

使用"选择"工具选中符号集合，再选择"符号移位器"工具，将鼠标指针移到要移动的符号范例上按住鼠标左键不放并拖曳鼠标指针，在指针范围之中的符号范例将随其移动，效果如图 5-250 所示。

使用"选择"工具选中符号集合，选择"符号紧缩器"工具，将鼠标指针移到要使用符号紧缩器工具的符号范例上，按住鼠标左键不放并拖曳鼠标指针，符号范例被紧缩，效果如图 5-251 所示。

使用"选择"工具选中符号集合，选择"符号缩放器"工具，将鼠标指针移到要调整的符号范例上，按住鼠标左键不放并拖曳鼠标指针，在指针范围之中的符号范例将变大，效果如图 5-252 所示。按住 Alt 键，则可缩小符号范例。

图 5-250

图 5-251

图 5-252

使用"选择"工具选中符号集合，选择"符号旋转器"工具，将鼠标指针移到要旋转的符号范例上，按住鼠标左键不放并拖曳鼠标指针，在指针范围之中的符号范例将发生旋转，如图 5-253 所示。

在"色板"控制面板或"颜色"控制面板中设定一种颜色作为当前色，使用"选择"工具▶选中符号集合，选择"符号着色器"工具，将鼠标指针移到要填充颜色的符号范例上，按住鼠标左键不放并拖曳鼠标指针，在指针范围中的符号范例被填充上当前色，效果如图 5-254 所示。

图 5-253

图 5-254

使用"选择"工具▶选中符号集合，选择"符号滤色器"工具，将鼠标指针移到要改变透明度的符号范例上，按住鼠标左键不放并拖曳鼠标指针，在指针范围中的符号范例的透明度将被增大，如图 5-255 所示。按住 Alt 键，可以减小符号范例的透明度。

使用"选择"工具▶选中符号集合，选择"符号样式器"工具，在"图形样式"控制面板中选中一种样式，将鼠标指针移到要改变样式的符号范例上，按住鼠标左键不放并拖曳鼠标指针，在指针范围中的符号范例将被改变样式，如图 5-256 所示。

使用"选择"工具▶选中符号集合，选择"符号喷枪"工具，按住 Alt 键，在要删除的符号范例上按住鼠标左键不放并拖曳鼠标指针，指针经过的区域中的符号范例被删除，如图 5-257 所示。

图 5-255

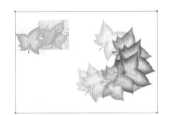
图 5-256

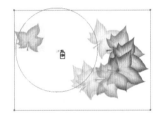
图 5-257

课堂练习——制作金融理财 App 弹窗

🔗 练习知识要点

使用"矩形"工具、"椭圆"工具、"变换"命令、"路径查找器"控制面板和"渐变"工具制作红包袋，使用"圆角矩形"工具、"渐变"工具和"文本"工具绘制领取按钮。金融理财 App 弹窗效果如图 5-258 所示。

📁 效果所在位置

云盘 /Ch05/ 效果 / 制作金融理财 App 弹窗 .ai。

图 5-258

扫码观看
本案例视频

课后习题——制作化妆品 Banner

习题知识要点

使用"矩形"工具、"直接选择"工具和"填充"工具绘制背景，使用"投影"命令为边框添加投影效果，使用"钢笔"工具、"渐变"工具、"创建渐变网格"命令、"矩形"工具和"圆角矩形"工具绘制香水瓶。制作化妆品 Banner 效果如图 5-259 所示。

图 5-259

效果所在位置

云盘 /Ch05/ 效果 / 制作化妆品 Banner.ai。

06 第6章
文本的编辑

学习引导

Illustrator CC 2019 提供了强大的文本编辑和图文混排功能。文本对象和一般图形对象一样可以进行各种变换和编辑，同时还可以通过应用各种外观和样式属性，表现出绚丽多彩的文本效果。Illustrator CC 2019 支持多个国家的语言，对于汉字等双字节编码具有竖排功能。

知识目标

1. 熟练掌握创建文本的方法
2. 掌握编辑文本的技巧
3. 熟练掌握设置字符格式的方法
4. 掌握设置段落格式的技巧
5. 掌握分栏和链接文本的方法
6. 掌握文本绕图的方法

能力目标

1. 掌握电商广告的制作方法
2. 掌握服装饰品杂志封面的制作方法
3. 掌握美食线下海报的制作方法
4. 掌握文字海报的制作方法

素质目标

1. 培养项目质量意识和环保意识
2. 培养团队协同和高效运行能力
3. 培养运用逻辑思维方法进行问题研究的能力

6.1 创建文本

当准备创建文本时，按住"文字"工具 T 不放，弹出文字工具组，单击工具组后面的按钮 ┤，可使文字工具组从工具箱中分离出来，成为一个相对独立的工具栏如图 6-1 所示。

图 6-1

在工具栏中共有 7 种文字工具，前 6 种工具可以输入各种类型的文字，以满足不同的文字处理需要；第 7 种工具可以对文字进行修饰操作。7 种文字工具依次为"文字"工具 T、"区域文字"工具 ⊤、"路径文字"工具 ⤳、"直排文字"工具 ↓T、"直排区域文字"工具 ⊞、"直排路径文字"工具 ⤳、"修饰文字"工具 ⊠。

文字可以直接输入，也可通过选择"文件 > 置入"命令从外部置入。单击各个文字工具，会显示该文字工具对应的鼠标指针样式，如图 6-2 所示。从当前文字工具的鼠标指针样式可以知道创建文字对象的样式。

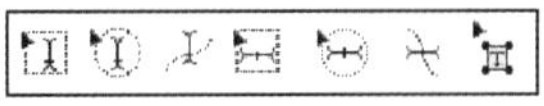

图 6-2

6.1.1 文本工具的使用

利用"文字"工具 T 和"直排文字"工具 ↓T 可以直接输入沿水平方向和直排方向排列的文本。

1. 输入点文本

选择"文字"工具 T 或"直排文字"工具 ↓T，在绘图页面中单击鼠标左键，出现一个带有选中文本的文本区域，如图 6-3 所示，切换到需要的输入法并输入文本，如图 6-4 所示。

图 6-3

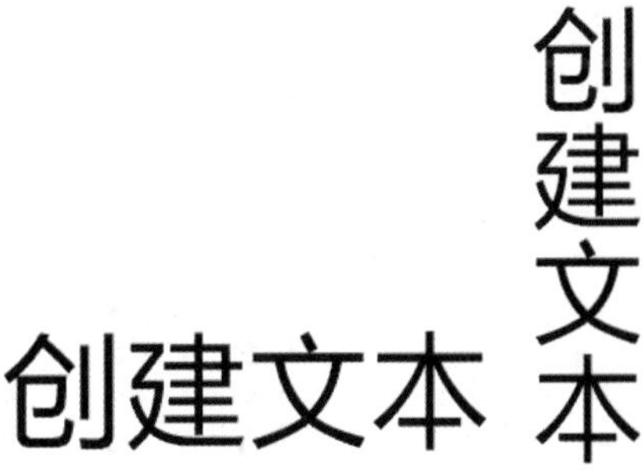

创建文本

图 6-4

提示　当输入文本需要换行时，按 Enter 键开始新的一行。

结束文字的输入后，单击"选择"工具 ▶ 即可选中所输入的文字，这时文字周围将出现一个选择框，文本上的细线是文字基线的位置，效果如图 6-5 所示。

图 6-5

2. 输入文本块

使用"文字"工具 $\boxed{\text{T}}$ 或"直排文字"工具 $\boxed{\text{T}}$ 可以绘制一个文本框，然后在文本框中输入文字。

选择"文字"工具 $\boxed{\text{T}}$ 或"直排文字"工具 $\boxed{\text{T}}$，在页面中需要输入文字的位置单击并按住鼠标左键拖曳，如图 6-6 所示。当绘制的文本框大小符合需要时，释放鼠标左键，页面上会出现一个蓝色边框且带有选中文本的矩形文本框，如图 6-7 所示。

可以在矩形文本框中输入文字，输入的文字将在指定的区域内排列，如图 6-8 所示。当输入的文字到矩形文本框的边界时，文字将自动换行，文本块的效果如图 6-9 所示。

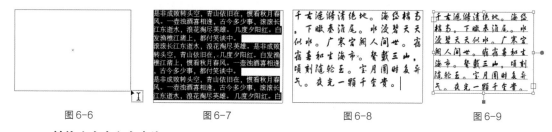

图 6-6   图 6-7   图 6-8   图 6-9

3. 转换点文本和文本块

在 Illustrator CC 2019 中，在文本框的外侧有转换点，空心状态的转换点 ⊡—○ 表示当前文本为点文本，实心状态的转换点 ⊡—● 表示当前文本为文本块，双击可将点文本转换为文本块，也可将文本块转换为点文本。

选择"选择"工具 $\boxed{\blacktriangleright}$，将输入的文本块选取，如图 6-10 所示。将鼠标指针置于右侧的转换点上双击，如图 6-11 所示；将文本块转换为点文本，如图 6-12 所示。再次双击，可将点文本转换为文本块，如图 6-13 所示。

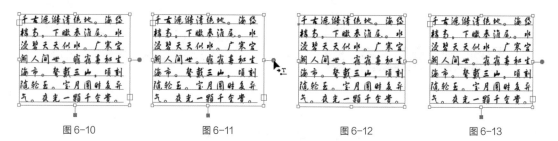

图 6-10   图 6-11   图 6-12   图 6-13

6.1.2　区域文本工具的使用

在 Illustrator CC 2019 中，还可以创建任意形状的文本对象。

绘制一个填充颜色的图形对象，如图 6-14 所示。选择"文字"工具 **T** 或"区域文字"工具 **T**，当光标移动到图形对象的边框上时，将变成"**I**"形状，如图 6-15 所示，在图形对象上单击，图形对象的填充和描边填充属性被取消，图形对象转换为文本路径，并且在图形对象内出现一个带有选中文本的区域，如图 6-16 所示。

图 6-14

图 6-15

图 6-16

在选中文本区域输入文字，输入的文本会按水平方向在该对象内排列。如果输入的文字超出了文本路径所能容纳的范围，将出现文本溢出的现象，这时文本路径的右下角会出现一个红色"**田**"号标志的小正方形，效果如图 6-17 所示。

使用"选择"工具 ▶ 选中文本路径，拖曳文本路径周围的控制点来调整文本路径的大小，可以显示所有的文字，效果如图 6-18 所示。

使用"直排文字"工具 **IT** 或"直排区域文字"工具 **IT** 与使用"文字"工具 **T** 的方法是一样的，但"直排文字"工具 **IT** 或"直排区域文字"工具 **IT** 在文本路径中创建的是竖排文字，如图 6-19 所示。

图 6-17

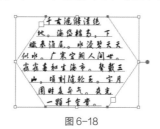
图 6-18

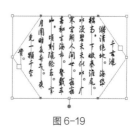
图 6-19

6.1.3　路径文本工具的使用

使用"路径文字"工具 ✍ 和"直排路径文字"工具 ✍，可以在创建文本时，让文本沿着一个开放或闭合路径的边缘进行水平或垂直方向的排列，路径可以是规则或不规则的。如果使用这两种工具，原来的路径将不再具有填充或描边填充的属性。

1. 创建路径文本

（1）沿路径创建水平方向文本。

使用"钢笔"工具 ✎，在页面上绘制一个任意形状的开放路径，如图 6-20 所示。使用"路径文字"工具 ✍，在绘制好的路径上单击，路径将转换为文本路径，显示出带有选中效果的文本，如图 6-21 所示。

图 6-20

图 6-21

在选中文本区域输入所需要的文字，文字将会沿着路径排列，文字的基线与路径是平行的，效果如图 6-22 所示。

图 6-22

（2）沿路径创建垂直方向文本。

使用"钢笔"工具 ，在页面上绘制一个任意形状的开放路径，使用"直排路径文字"工具 在绘制好的路径上单击，路径将转换为文本路径，显示出带有选中效果文本，如图 6-23 所示。

在选中文本区域输入所需要的文字，文字将会沿着路径排列，文字的基线与路径是直排的，效果如图 6-24 所示。

图 6-23   图 6-24

2. 编辑路径文本

如果对创建的路径文本不满意，可以对其进行编辑。

选择"选择"工具 或"直接选择"工具 ，选取要编辑的路径文本。这时在文本开始处会出现一个"I"形的符号，如图 6-25 所示。

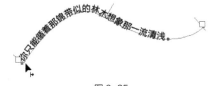

图 6-25

拖曳文字左侧的"I"形符号，可沿路径移动文本，效果如图 6-26 所示。还可以按住"I"形的符号向路径相反的方向拖曳，文本会翻转方向，效果如图 6-27 所示。

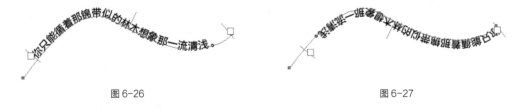

图 6-26   图 6-27

6.2 编辑文本

在 Illustrator CC 2019 中，可以使用"选择"工具和菜单命令对文本块进行编辑，也可以使用"修饰文本"工具对文本框中的文本进行单独编辑。

6.2.1　课堂案例——制作电商广告

案例学习目标

学习使用"文字"工具和"创建轮廓"命令制作电商广告。

案例知识要点

使用"文字"工具输入文字，使用"创建轮廓"命令将文字转换为轮廓路径。电商广告效果如图 6-28 所示。

图 6-28

效果所在位置

云盘 /Ch06/ 效果 / 制作电商广告 .ai。

（1）按 Ctrl+N 组合键，弹出"新建文档"对话框，设置文档的宽度为 1 920 px，高度为 850 px，取向为横向，颜色模式为 RGB，单击"创建"按钮，新建一个文档。

（2）选择"矩形"工具■，绘制一个与页面大小相等的矩形，设置图形填充色为浅灰色（228、224、220），填充图形，并设置描边色为无，效果如图 6-29 所示。

（3）选择"文件 > 置入"命令，弹出"置入"对话框，选择云盘中的"Ch06 > 素材 > 制作电商广告 >01"文件，单击"置入"按钮，在页面中单击置入图片，单击属性栏中的"嵌入"按钮，嵌入图片。选择"选择"工具▶，拖曳图片到适当的位置，效果如图 6-30 所示。按 Ctrl+2 组合键，锁定所选对象。

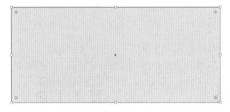

图 6-29

图 6-30

（4）选择"矩形"工具■，在适当的位置绘制一个矩形，如图 6-31 所示。在属性栏中将"描边粗细"选项设置为 8 pt，按 Enter 键确定操作，效果如图 6-32 所示。

（5）选择"直接选择"工具 ▷，单击选取矩形右侧的边线，按 Delete 键将其删除，如图 6-33 所示。

图 6-31 　　　　　　　　　　图 6-32 　　　　　　　　　　图 6-33

（6）选择"文字"工具 T，在页面中分别输入需要的文字，选择"选择"工具 ▶，在属性栏中分别选择合适的字体并设置文字大小，效果如图 6-34 所示。

（7）选取文字"杰森派克 男装"，设置文字填充色为灰色（89、87、87），填充文字，效果如图 6-35 所示。

图 6-34 　　　　　　　　　　　　　　　　图 6-35

（8）按 Ctrl+T 组合键，弹出"字符"控制面板，将"设置所选字符的字距调整"选项 ☒ 设为 −100，其他选项的设置如图 6-36 所示；按 Enter 键确定操作，效果如图 6-37 所示。

图 6-36 　　　　　　　　　　　　　　　　图 6-37

（9）选取英文"NEW PRODUCTS"，在"字符"控制面板中，将"水平缩放"选项 ☒ 设为 76%，其他选项的设置如图 6-38 所示；按 Enter 键确定操作，效果如图 6-39 所示。设置文字填充色为蓝色（0、20、104），填充文字，效果如图 6-40 所示。

图 6-38 　　　　　　　　　　图 6-39 　　　　　　　　　　图 6-40

（10）选取文字"秋冬上新"，在"字符"控制面板中，将"设置所选字符的字距调整"选项 Ⅷ 设为 –60，其他选项的设置如图 6-41 所示；按 Enter 键确定操作，效果如图 6-42 所示。

图 6-41

图 6-42

（11）选择"文字 > 创建轮廓"命令，将文字转换为轮廓，效果如图 6-43 所示。选择"直接选择"工具，用框选的方法选取需要的锚点，如图 6-44 所示，选择"选择"工具，拖曳右上角的控制手柄，将其旋转到适当的角度，效果如图 6-45 所示。

图 6-43

图 6-44

图 6-45

（12）选择"直线段"工具，按住 Shift 键的同时，在适当的位置绘制一条直线，并在属性栏中将"描边粗细"选项设置为 5 pt，按 Enter 键确定操作，效果如图 6-46 所示。

（13）选择"圆角矩形"工具，在页面中单击鼠标左键，弹出"圆角矩形"对话框，选项的设置如图 6-47 所示，单击"确定"按钮，出现一个圆角矩形。选择"选择"工具，拖曳圆角矩形到适当的位置，效果如图 6-48 所示。

图 6-46

图 6-47

图 6-48

（14）保持图形选取状态。设置图形填充色为蓝色（0、20、104），填充图形，并设置描边色为无，效果如图 6-49 所示。

（15）选择"文字"工具，在适当的位置输入需要的文字，选择"选择"工具，在属性栏中选择合适的字体并设置文字大小，填充文字为白色，效果如图 6-50 所示。电商广告制作完成，效果如图 6-51 所示。

图 6-49 图 6-50 图 6-51

6.2.2 编辑文本块

通过"选择"工具和菜单命令可以改变文本框的形状以编辑文本。

使用"选择"工具 ▶ 单击文本，可以选中文本对象。完全选中的文本块包括内部文字与文本框。文本块被选中的时候，文字中的基线就会显示出来，如图 6-52 所示。

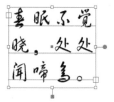

 提示

编辑文本之前，必须选中文本。

图 6-52

当文本对象完全被选中后，将其拖动可以移动其位置。选择"对象 > 变换 > 移动"命令，弹出"移动"对话框，可以通过设置数值来精确移动文本对象。

选择"选择"工具 ▶ ，单击文本框上的控制点并拖曳，可以改变文本框的大小，如图 6-53 所示，释放鼠标，效果如图 6-54 所示。

使用"比例缩放"工具 ⊡ 可以对选中的文本对象进行缩放，如图 6-55 所示。选择"对象 > 变换 > 缩放"命令，弹出"比例缩放"对话框，可以通过设置数值精确缩放文本对象，效果如图 6-56 所示。

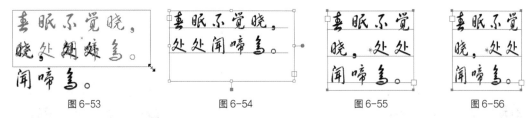

图 6-53 图 6-54 图 6-55 图 6-56

编辑部分文字时，先选择"文字"工具 T ，移动鼠标指针到文本上，单击插入光标并按住鼠标左键拖曳，即可选中部分文本。选中的文本将反白显示，效果如图 6-57 所示。

使用"选择"工具 ▶ 在文本区域内双击，进入文本编辑状态。在文本编辑状态下，双击一句话即可选中这句话；按 Ctrl+A 组合键，可以选中整个段落，如图 6-58 所示。

选择"对象 > 路径 > 清理"命令，弹出"清理"对话框，如图 6-59 所示，勾选"空文本路径"复选项可以删除空的文本路径。

 提示

在其他的软件中复制文本，再在 Illustrator CC 2019 中选择"编辑 > 粘贴"命令，可以将其他软件中的文本复制到 Illustrator CC 2019 中。

图 6-57

图 6-58

图 6-59

6.2.3　编辑文字

利用"修饰文字"工具 ◫，可以对文本框中的文本进行单独的属性设置和编辑操作。

选择"修饰文字"工具 ◫，单击选取需要编辑的文字，如图 6-60 所示，在属性栏中设置适当的字体和文字大小，效果如图 6-61 所示。再次单击选取需要的文字，如图 6-62 所示，拖曳右下角的节点调整文字的水平比例，如图 6-63 所示，释放鼠标，效果如图 6-64 所示，拖曳左上角的节点可以调整文字的垂直比例，拖曳右上角的节点可以等比例缩放文字。

图 6-60　　　　图 6-61　　　　　　图 6-62　　　　　　图 6-63　　　　　　图 6-64

再次单击选取需要的文字，如图 6-65 所示。拖曳左下角的节点，可以调整文字的基线偏移，如图 6-66 所示，释放鼠标，效果如图 6-67 所示。将鼠标指针置于正上方的空心节点处，指针变为旋转图标，拖曳鼠标，如图 6-68 所示，旋转文字，效果如图 6-69 所示。

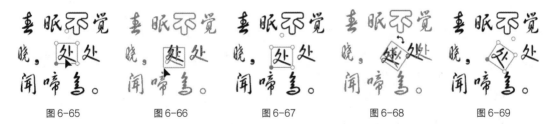

图 6-65　　　　图 6-66　　　　　　图 6-67　　　　　　图 6-68　　　　　　图 6-69

6.2.4　创建文本轮廓

选中文本，选择"文字 > 创建轮廓"命令（组合键为 Shift+Ctrl+O），创建文本轮廓，如图 6-70 所示。文本转化为轮廓后，可以对文本进行渐变填充，效果如图 6-71 所示，还可以对文本应用滤镜，效果如图 6-72 所示。

图 6-70

图 6-71

图 6-72

> **提示**
>
> 　　文本转化为轮廓后，将不再具有文本的一些属性，这就需要在文本转化成轮廓之前先按需要调整文本的字体大小。而且将文本转化为轮廓时，会把文本块中的文本全部转化为路径。不能在一行文本内转化单个文字。

6.3　设置字符格式

在 Illustrator CC 2019 中，可以设定字符的格式。这些格式包括文字的字体、字号、颜色和字符间距等。

选择"窗口 > 文字 > 字符"命令（组合键为 Ctrl+T），弹出"字符"控制面板，如图 6-73 所示。

图 6-73

"设置字体系列"选项：单击选项文本框右侧的按钮 ∨，可以从弹出的下拉列表中选择一种需要的字体。

"设置字体大小"选项 **T**：用于控制文本的大小，单击文本框左侧的上、下微调按钮 ⌃，可以逐级调整字号大小的数值。

"设置行距"选项 **A**：用于控制文本的行距，定义文本中行与行之间的距离。

"垂直缩放"选项 **T**：可以使文字尺寸横向保持不变，纵向被缩放，缩放比例小于 100% 表示文字被压扁，大于 100% 表示文字被拉长。

"水平缩放"选项 **T**：可以使文字的纵向大小保持不变，横向被缩放，缩放比例小于 100% 表示文字被压扁，大于 100% 表示文字被拉伸。

"设置两个字符间的字距微调"选项 **VA**：用于细微地调整两个字符之间的水平间距。输入正值时，字距变大，输入负值时，字距变小。

"设置所选字符的字距调整"选项 **VA**：用于调整字符与字符之间的距离。

"设置基线偏移"选项 **A**：用于调节文字的上下位置。可以通过此项设置为文字制作上标或下标。正值时表示文字上移，负值时表示文字下移。

"字符旋转"选项 **T**：用于设置字符的旋转角度。

6.3.1　课堂案例——制作服装饰品杂志封面

案例学习目标

学习使用文字工具和"字符"控制面板制作服装饰品杂志封面。

案例知识要点

使用"置入"命令导入背景底图，使用不同的文字工具和"字符"控制面板添加杂志名称及栏目内容。服装饰品杂志封面效果如图 6-74 所示。

效果所在位置

云盘 /Ch06/ 效果 / 制作服装饰品杂志封面 .ai。

（1）按 Ctrl+N 组合键，弹出"新建文档"对话框，设置文档的宽度为 210mm，高度为 285mm，取向为竖向，颜色模式为 CMYK，单击"创建"按钮，新建一个文档。

（2）选择"文件 > 置入"命令，弹出"置入"对话框，选择云盘中的"Ch06 > 素材 > 制作服装饰品杂志封面 >01"文件，单击"置入"按钮，在页面中单击置入图片，单击属性栏中的"嵌入"按钮，嵌入图片。选择"选择"工具 ▶，拖曳图片到适当的位置，效果如图 6-75 所示。按 Ctrl+2 组合键，锁定所选对象。

图 6-74

（3）选择"文字"工具 **T**，在页面中输入需要的文字，选择"选择"工具 ▶，在属性栏中选择合适的字体并设置文字大小，效果如图 6-76 所示。

图 6-75

图 6-76

（4）填充文字为白色，按 Ctrl+T 组合键，弹出"字符"控制面板，将"水平缩放"选项 **T** 设为 56%，其他选项的设置如图 6-77 所示；按 Enter 键确定操作，效果如图 6-78 所示。

图 6-77

图 6-78

（5）选择"直排文字"工具 **T**，在适当的位置输入需要的文字，选择"选择"工具 ▶，在属性栏中选择合适的字体并设置文字大小；设置文字填充色为红色（10、100、80、0），填充文字，效果如图 6-79 所示。

（6）在"字符"控制面板中，将"设置所选字符的字距调整"选项设为 -60，其他选项的设置如图 6-80 所示；按 Enter 键确定操作，效果如图 6-81 所示。

图 6-79

图 6-80

图 6-81

（7）选择"文字"工具，在适当的位置输入需要的文字，选择"选择"工具，在属性栏中选择合适的字体并设置文字大小，填充文字为白色，效果如图 6-82 所示。

（8）在"字符"控制面板中，将"设置所选字符的字距调整"选项设为 80，其他选项的设置如图 6-83 所示；按 Enter 键确定操作，效果如图 6-84 所示。

图 6-82

图 6-83

图 6-84

（9）选择"文字"工具，在适当的位置分别输入需要的文字，选择"选择"工具，在属性栏中分别选择合适的字体并设置文字大小，填充文字为白色，效果如图 6-85 所示。按住 Shift 键的同时，选取需要的文字，设置文字填充色为红色（10、100、80、0），填充文字，效果如图 6-86 所示。

图 6-85

图 6-86

（10）选取数字"100+"，在"字符"控制面板中，将"水平缩放"选项设为 94%，其他选项的设置如图 6-87 所示；按 Enter 键确定操作，效果如图 6-88 所示。

（11）选择"文字"工具，选取字符"+"，在"字符"控制面板中，将"基线偏移"选项设为 3 pt，其他选项的设置如图 6-89 所示；按 Enter 键确定操作，效果如图 6-90 所示。设置文字填充色为红色（10、100、80、0），填充文字，效果如图 6-91 所示。

图 6-87

图 6-88

图 6-89

图 6-90

图 6-91

（12）选择"选择"工具▶，选取英文"JOURNAL"，在"字符"控制面板中，将"水平缩放"选项🇹设为 86%，其他选项的设置如图 6-92 所示；按 Enter 键确定操作，效果如图 6-93 所示。

图 6-92

图 6-93

（13）选择"文字"工具🇹，在适当的位置分别输入需要的文字，选择"选择"工具▶，在属性栏中分别选择合适的字体并设置文字大小，单击"右对齐"按钮≣，使本文右对齐，填充文字为白色，效果如图 6-94 所示。

（14）选择"文字"工具🇹，选取文字"时尚"，在属性栏中设置文字大小，效果如图 6-95 所示。选取文字"N2"，在属性栏中选择合适的字体并设置文字大小，效果如图 6-96 所示。

图 6-94

图 6-95

图 6-96

（15）选择"文字"工具 **T**，选取数字"2"，在"字符"控制面板中，单击"上标"按钮 **T'**，其他选项的设置如图 6-97 所示；按 Enter 键确定操作，效果如图 6-98 所示。

图 6-97　　　　　　　　　　　　　　　　　　图 6-98

（16）选择"选择"工具 ▶，选取文字"打开……任意门"，设置文字填充色为红色（10、100、80、0），填充文字，效果如图 6-99 所示。

（17）选择"文字"工具 **T**，选取文字"美学任意门"，在属性栏中设置文字大小，效果如图 6-100 所示。选取文字"迈入夏天"，在属性栏中设置文字大小，效果如图 6-101 所示。

图 6-99　　　　　　　　　　　图 6-100　　　　　　　　　　　图 6-101

（18）选择"选择"工具 ▶，选取英文"JOURNAL"，如图 6-102 所示，拖曳文字到右下角适当的位置，并调整其大小，效果如图 6-103 所示。

图 6-102　　　　　　　　　　　　　　　　　　图 6-103

（19）保持文字选取状态。设置文字填充色为红色（10、100、80、0），填充文字，效果如图 6-104 所示。服装饰品杂志封面制作完成，效果如图 6-105 所示。

图 6-104

图 6-105

6.3.2 设置字体和字号

选择"字符"控制面板，在"字体"选项的下拉列表中选择一种字体即可将该字体应用到选中的文字中，各种字体的效果如图 6-106 所示。

Illustrator	*Illustrator*	**Illustrator**
文鼎齿轮体	文鼎弹簧体	文鼎花瓣体
Illustrator	**Illustrator**	Illustrator
Arial	Arial Black	ITC Garamon

图 6-106

Illustrator CC 2019 提供的每种字体都有一定的字形，如常规、加粗和斜体等，字体的具体选项因字而定。

提示　默认字体单位为 pt，72pt 相当于 1 英寸。默认状态下字号为 12pt，可调整的范围为 0.1 ～ 1 296。

设置字体的具体操作如下。

选中部分文本，如图 6-107 所示。选择"窗口 > 文字 > 字符"命令，弹出"字符"控制面板，从"字体"选项的下拉列表中选择一种字体，如图 6-108 所示；或选择"文字 > 字体"命令，在列出的字体中进行选择，更改文本字体后的效果如图 6-109 所示。

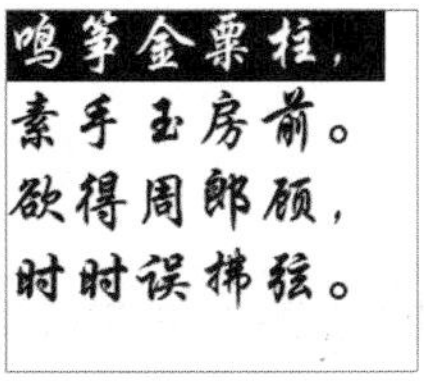

图 6-107

图 6-108

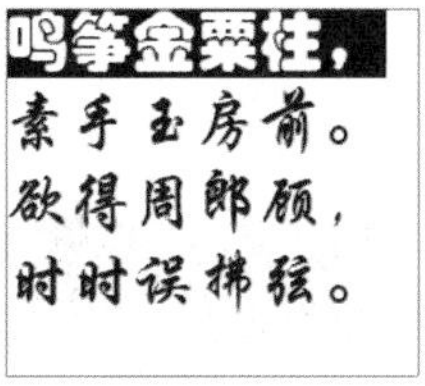

图 6-109

选中文本，单击"设置字体大小"选项 **T** ⌃ 12 pt ⌄ 文本框后的按钮 ⌄，在弹出的下拉列表中可以选择适合的字体大小；也可以通过文本框左侧的上、下微调按钮 ⌃ 来调整字号大小。文本字号分别为 28pt 和 33pt 时的效果如图 6-110 和图 6-111 所示。

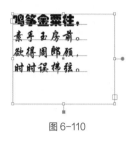
图 6-110

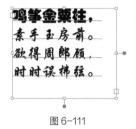
图 6-111

6.3.3 设置行距

行距是指文本中行与行之间的距离。如果没有自定义行距值，系统将使用自动行距，这时系统将以最适合的参数设置行间距。

选中文本，如图 6-112 所示。在"字符"控制面板中的"设置行距"选项 **A** 文本框中输入所需要的数值，可以调整行与行之间的距离。设置"行距"数值为 48，按 Enter 键确认，行距效果如图 6-113 所示。

图 6-112

图 6-113

6.3.4 水平或垂直缩放

当改变文本的字号时，它的高度和宽度将同时发生改变，而利用"垂直缩放"选项 **IT** 或"水平缩放"选项 **T** 可以单独改变文本的高度和宽度。

默认状态下，对于横排的文本，"垂直缩放"选项 **IT** 保持文字的宽度不变，只改变文字的高度；"水平缩放"选项 **T** 将在保持文字高度不变的情况下，改变文字宽度；对于竖排的文本，会产生相反的效果，即"垂直缩放"选项 **IT** 改变文本的宽度，"水平缩放"选项 **T** 改变文本的高度。

选中文本，如图 6-114 所示，文本为默认状态下的效果。在"垂直缩放"选项 **IT** 文本框内设置数值为 175%，按 Enter 键确认，文字的垂直缩放效果如图 6-115 所示。

在"水平缩放"选项 **T** 文本框内设置数值为 175%，按 Enter 键确认，文字的水平缩放效果如图 6-116 所示。

图 6-114

图 6-115

图 6-116

6.3.5 调整字距

当需要调整文字或字符之间的距离时，可使用"字符"控制面板中的两个选项，即"设置两个字符间的字距微调"选项 ᴠ/ᴀ 和"设置所选字符的字距调整"选项 ᴠ/ᴀ。"设置两个字符间的字距微调"选项 ᴠ/ᴀ 用来控制两个文字或字母之间的距离。"设置所选字符的字距调整"选项 ᴠ/ᴀ 可使两个或更多个被选择的文字或字母之间保持相同的距离。

选中要设定字距的文字，如图 6-117 所示。在"字符"控制面板中的"设置两个字符间的字距微调"选项 ᴠ/ᴀ 的下拉列表中选择"自动"选项，这时程序就会以最合适的参数值设置选中文字的距离。

鸣筝金粟柱

图 6-117

 提示

在"设置两个字符间的字距微调"选项 ᴠ/ᴀ 的文本框中键入 0 时，将关闭自动调整文字距离的功能。

将光标插入到需要调整间距的两个文字或字符之间，如图 6-118 所示。在"设置两个字符间的字距微调"选项 ᴠ/ᴀ 的文本框中输入所需要的数值，就可以调整两个文字或字符之间的距离。设置数值为 300，按 Enter 键确认，字距效果如图 6-119 所示，设置数值为 –300，按 Enter 键确认，字距效果如图 6-120 所示。

| 图 6-118 | 图 6-119 | 图 6-120 |

选中整个文本对象，如图 6-121 所示，在"设置所选字符的字距调整"选项 ᴠ/ᴀ 的文本框中输入所需要的数值，可以调整文本字符间的距离。设置数值为 200，按 Enter 键确认，字距效果如图 6-122 所示，设置数值为 –200，按 Enter 键确认，字距效果如图 6-123 所示。

| 图 6-121 | 图 6-122 | 图 6-123 |

6.3.6 基线偏移

基线偏移就是改变文字与基线的距离，从而提高或降低被选中文字相对于其他文字的排列位置，达到突出显示的目的。使用"基线偏移"选项 A/ᴬ 可以创建上标或下标，或在不改变文本方向的情况下，更改路径文本在路径上的排列位置。

如果"设置基线偏移"选项 A/ᴬ 在"字符"控制面板中是隐藏的，可以从"字符"控制面板的下拉菜单中选择"显示选项"命令，如图 6-124 所示，显示出"基线偏移"选项 A/ᴬ，如图 6-125 所示。

"设置基线偏移"选项 A/ᴬ 可以改变文本在路径上的位置。文本在路径的外侧时选中文本，如图 6-126 所示。在"设置基线偏移"选项 A/ᴬ 的文本框中设置数值为 –30，按 Enter 键确认，文本移动到路径的内侧，效果如图 6-127 所示。

图 6-124

图 6-125

图 6-126

图 6-127

通过"设置基线偏移"选项 A_a^a，还可以制作出有上标和下标显示的数学题。输入需要的数值，如图 6-128 所示，将表示平方的字符"2"选中并使用较小的字号，如图 6-129 所示。再在"设置基线偏移"选项 A_a^a 的文本框中设置数值为 28，按 Enter 键确认，平方的字符制作完成，如图 6-130 所示。使用相同的方法就可以制作出数学题，效果如图 6-131 所示。

$$22+52=29 \qquad 2\,\blacksquare\,+52=29 \qquad 2^2+52=29 \qquad 2^2+5^2=29$$

图 6-128 　　　　　　　图 6-129 　　　　　　　图 6-130 　　　　　　　图 6-131

> **提示**　若要取消"设置基线偏移"的效果，选择相应的文本后，在"设置基线偏移"选项的文本框中设置数值为 0 即可。

6.3.7　文本的颜色和变换

Illustrator CC 2019 中的文字和图形一样，具有填充和描边属性。文字在默认设置状态下，描边颜色为无色，填充颜色为黑色。

使用工具箱中的"填色"或"描边"按钮，可以将文字设置在填充或描边状态。使用"颜色"控制面板可以填充或更改文本的填充颜色或描边颜色。使用"色板"控制面板中的颜色和图案可以为文字上色和填充图案。

> **提示**　在对文本进行轮廓化处理前，渐变的效果不能应用到文字上。

选中文本，在工具箱中单击"填色"按钮，如图 6-132 所示。在"色板"控制面板中单击需要的颜色，如图 6-133 所示，文字的颜色填充效果如图 6-134 所示。在"色板"控制面板中单击需要的图案，如图 6-135 所示，文字的图案填充效果如图 6-136 所示。

图 6-132

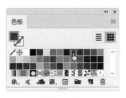

图 6-133

图 6-134

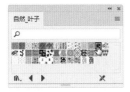

图 6-135

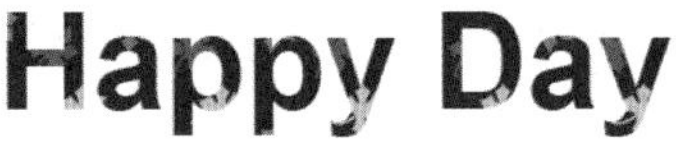

Happy Day

图 6-136

选中文本，在工具箱中单击"描边"按钮，在"描边"控制面板中设置描边的宽度，如图 6-137 所示，文字的描边效果如图 6-138 所示。在"色板"控制面板中单击需要的图案，如图 6-139 所示，文字描边的图案填充效果如图 6-140 所示。

图 6-137

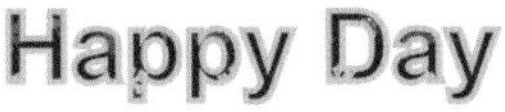

Happy Day

图 6-138

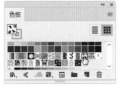

图 6-139

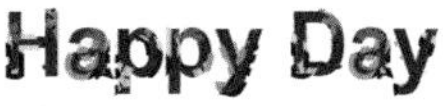

Happy Day

图 6-140

选择"对象 > 变换"命令或"变换"工具，可以对文本进行变换。选中要变换的文本，再利用各种变换工具对文本进行旋转、对称、缩放和倾斜等变换操作。将文本进行倾斜，效果如图 6-141 所示，旋转效果如图 6-142 所示，对称效果如图 6-143 所示。

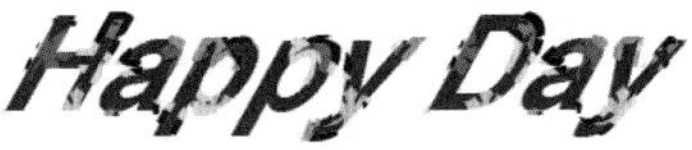

Happy Day

图 6-141

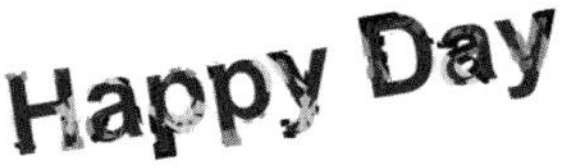

Happy Day

图 6-142

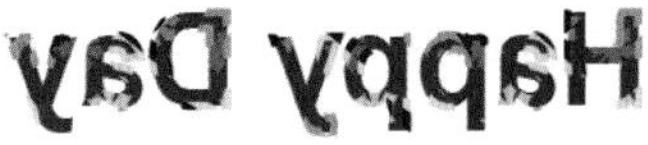

ʏɒᗡ ʏqqɒH

图 6-143

6.4　设置段落格式

"段落"控制面板提供了文本对齐、段落缩进、段落间距等设置，可用于处理较长的文本。选择"窗口 > 文字 > 段落"命令（组合键为 Alt+Ctrl+T），弹出"段落"控制面板，如图 6-144 所示。

图 6-144

6.4.1　文本对齐

文本对齐是指所有的文字在段落中按一定的标准有序地排列。Illustrator CC 2019 提供了 7 种文本对齐的方式，分别为左对齐▤、居中对齐▤、右对齐▤、两端对齐末行左对齐▤、两端对齐末行居中对齐▤、两端对齐末行右对齐▤和全部两端对齐▤。

选中要对齐的段落文本，单击"段落"控制面板中的各个对齐方式按钮，应用不同对齐方式的段落文本效果如图 6-145 所示。

| 左对齐 | 居中对齐 | 右对齐 |

| 两端对齐末行左对齐 | 两端对齐末行居中对齐 | 两端对齐末行右对齐 | 全部两端对齐 |

图 6-145

6.4.2 段落缩进

段落缩进是指在一个段落文本开始时需要空出的字符位置。选定的段落文本可以是文本块、区域文本或文本路径。段落缩进有 5 种方式："左缩进"、"右缩进"、"首行左缩进"、"段前间距"和"段后间距"。

选中段落文本，单击"左缩进"图标或"右缩进"图标，在缩进的文本框内输入合适的数值。单击"左缩进"图标或"右缩进"图标右边的上下微调按钮，一次可以调整 1pt。在缩进的文本框内输入正值时，表示文本框和文本之间的距离拉开；输入负值时，表示文本框和文本之间的距离缩小。

单击"首行左缩进"图标，在第 1 行左缩的进文本框内输入数值可以设置首行缩进后空出的字符位置。应用"段前间距"图标和"段后间距"图标，可以设置段落间的距离。

选中要缩进的段落文本，单击"段落"控制面板中的各个缩进方式按钮，应用不同缩进方式的段落文本效果如图 6-146 所示。

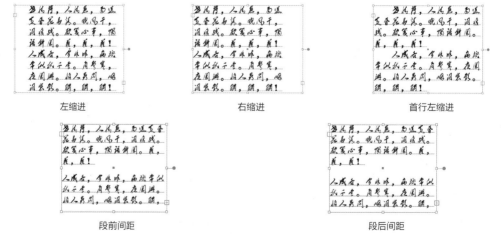

| 左缩进 | 右缩进 | 首行左缩进 |

| 段前间距 | 段后间距 |

图 6-146

6.5 分栏和链接文本

在 Illustrator CC 2019 中，大的段落文本经常采用分栏这种页面形式。分栏时，可让系统自动创建链接文本，也可手动创建文本的链接。

6.5.1 创建文本分栏

在 Illustrator CC 2019 中，可以对一个选中的段落文本块进行分栏。不能对点文本或路径文本进行分栏，也不能对一个文本块中的部分文本进行分栏。

选中要进行分栏的文本块，如图 6-147 所示，选择"文字 > 区域文字选项"命令，弹出"区域文字选项"对话框，如图 6-148 所示。

图 6-147　　　　　　　　　　　　　　图 6-148

在"行"选项组中"数量"选项的文本框中输入行数，所有的行自动定义为相同的高度，建立文本分栏后可以改变各行的高度。"跨距"选项用于设置行的高度。

在"列"选项组中"数量"选项的文本框中输入栏数，所有的栏自动定义为相同的宽度，建立文本分栏后可以改变各栏的宽度。"跨距"选项用于设置栏的宽度。

单击"文本排列"选项组后的图标按钮文本排列：，可以选择一种文本流在链接时的排列方式，每个图标上的方向箭头指明了文本流的方向。

在"区域文字选项"对话框中按图 6-149 所示进行设定，单击"确定"按钮创建文本分栏，效果如图 6-150 所示。

图 6-149

图 6-150

6.5.2　链接文本块

如果文本块出现文本溢出的现象，可以通过调整文本块的大小显示所有的文本，也可以将溢出的文本链接到另一个文本框中，还可以进行多个文本框的链接。点文本和路径文本不能被链接。

选择有文本溢出的文本块。在文本框的右下角出现了田图标，表示因文本框太小有文本溢出，绘制一个闭合路径或创建一个文本框，同时将文本块和闭合路径选中，如图 6-151 所示。

选择"文字 > 串接文本 > 创建"命令，左边文本框中溢出的文本会自动移到右边的闭合路径中，效果如图 6-152 所示。

图 6-151　　　　　　　　　　　　　　　　　图 6-152

如果右边的文本框中还有文本溢出，可以继续添加文本框来链接溢出的文本，方法同上。链接的多个文本框其实还是一个文本块。选择"文字 > 串接文本 > 释放所选文字"命令，可以解除各文本框之间的链接状态。

6.6　图文混排

图文混排效果在版式设计中是经常使用的一种效果，使用"文本绕排"命令可以制作出漂亮的图文混排效果。文本绕排对整个文本块起作用，对于文本块中的部分文本，以及点文本、路径文本都不能进行文本绕排。

在文本块上放置图形并调整好位置，同时选中文本块和图形，如图 6-153 所示。选择"对象 > 文本绕排 > 建立"命令，建立文本绕排，文本和图形结合在一起，效果如图 6-154 所示。要增加绕排的图形，可先将图形放置在文本块上，再选择"对象 > 文本绕排 > 建立"命令，文本绕排将会重新排列，效果如图 6-155 所示。

图 6-153　　　　　　　　　　图 6-154　　　　　　　　　　图 6-155

选中文本绕排的图形对象，选择"对象 > 文本绕排 > 释放"命令，可以取消文本绕排。

提示

图形必须放置在文本块之上才能进行文本绕图。

课堂练习——制作美食线下海报

练习知识要点

使用"文本"工具、"字符"控制面板添加并编辑标题文字，使用"钢笔"工具、"路径文字"工具制作路径文字。美食线下海报效果如图 6-156 所示。

扫码观看
本案例视频

效果所在位置

云盘 /Ch06/ 效果 / 制作美食线下海报 .ai。

图 6-156

课后习题——制作文字海报

习题知识要点

使用"置入"命令置入素材图片，使用"矩形"工具、"直线段"工具绘制装饰框，使用"文字"工具、"直排文字"工具和"字符"控制面板添加海报内容，使用"椭圆"工具、"路径文字"工具制作路径文字。文字海报效果如图 6-157 所示。

图 6-157

扫码观看
本案例视频

效果所在位置

云盘 /Ch06/ 效果 / 制作文字海报 .ai。

07

第 7 章
图表的编辑

学习引导

Illustrator CC 2019 不仅具有强大的绘图功能，还具有强大的图表处理功能。本章将系统地介绍 Illustrator CC 2019 中提供的 9 种基本图表形式。通过学习使用图表工具，读者可以创建出各种不同类型的表格，以更好地表现复杂的数据。另外，自定义图表各部分的颜色，以及将创建的图案应用到图表中，将能更加生动地表现数据内容。

知识目标

1. 熟练掌握图表的创建方法
2. 掌握图表的属性设置
3. 掌握自定义图表图案的技巧

能力目标

1. 掌握招聘求职领域月活跃人数图表的制作方法
2. 掌握娱乐直播统计图表的制作方法
3. 掌握用户年龄分布图表的制作方法
4. 掌握旅行主题偏好图表的制作方法

素质目标

1. 培养能够认真倾听的沟通交流能力
2. 培养对信息加工整合并合理表现的能力
3. 培养能够高效执行计划的项目实施能力

7.1　创建图表

在 Illustrator CC 2019 软件中，提供了 9 种不同的图表工具，利用这些工具可以创建不同类型的图表。

7.1.1　课堂案例——制作招聘求职领域月活跃人数图表

 案例学习目标

学习使用图表工具、"图表类型"对话框制作招聘求职领域月活跃人数图表。

案例知识要点

使用"矩形"工具、"椭圆"工具、"剪切蒙版"命令制作图表底图，使用"柱形图"工具、"图表类型"对话框和"文字"工具制作柱形图表，使用"文字"工具、"字符"控制面板添加文字信息。招聘求职领域月活跃人数图表效果如图 7-1 所示。

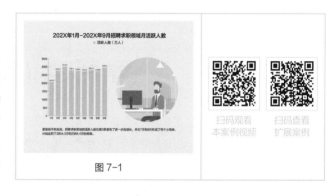

图 7-1

扫码观看
本案例视频

扫码查看
扩展案例

效果所在位置

云盘 /Ch07/ 效果 / 制作招聘求职领域月活跃人数图表 .ai。

（1）按 Ctrl+N 组合键，弹出"新建文档"对话框，设置文档的宽度为 254mm，高度为 190.5mm，取向为横向，颜色模式为 RGB，单击"创建"按钮，新建一个文档。

（2）选择"矩形"工具 ▢，绘制一个与页面大小相等的矩形，设置填充色为浅蓝色（199、255、244），填充图形，并设置描边色为无，效果如图 7-2 所示。

（3）选择"文件 > 置入"命令，弹出"置入"对话框，选择云盘中的"Ch07 > 素材 > 制作招聘求职领域月活跃人数图表 > 01"文件，单击"置入"按钮，在页面中单击置入图片，单击属性栏中的"嵌入"按钮，嵌入图片。选择"选择"工具 ▶，拖曳图片到适当的位置，效果如图 7-3 所示。选择"椭圆"工具 ◯，按住 Shift 键的同时，在适当的位置绘制一个圆形，效果如图 7-4 所示。

图 7-2

图 7-3

图 7-4

（4）选择“选择”工具，按住 Shift 键的同时，单击下方图片将其同时选取，如图 7-5 所示，按 Ctrl+7 组合键，建立剪切蒙版，效果如图 7-6 所示。

（5）选择“文字”工具，在页面中分别输入需要的文字，选择“选择”工具，在属性栏中选择合适的字体并设置文字大小，效果如图 7-7 所示。

（6）选择“矩形”工具，在适当的位置绘制一个矩形，设置填充色为深蓝色（131、198、187），填充图形，并设置描边色为无，效果如图 7-8 所示。

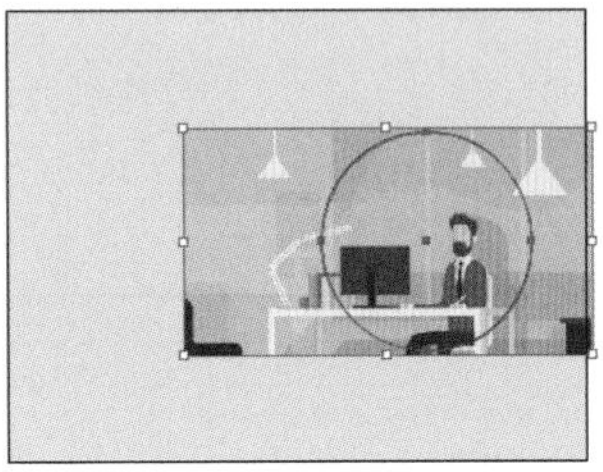

图 7-5

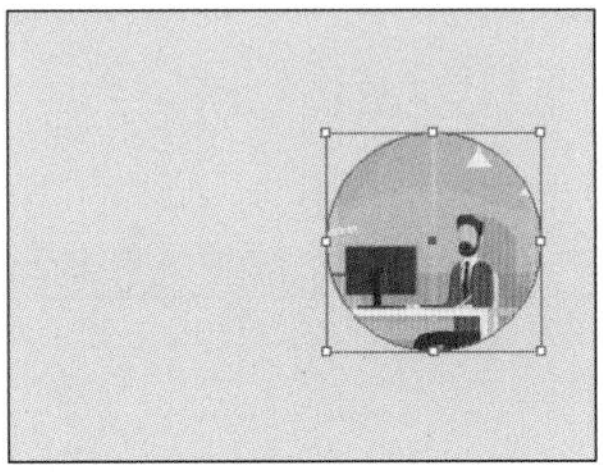

图 7-6

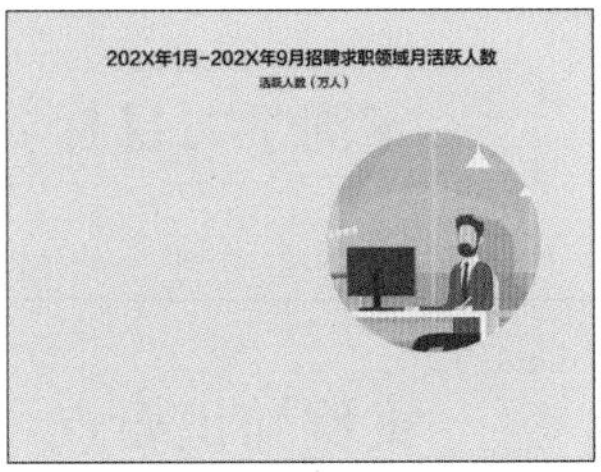

图 7-7

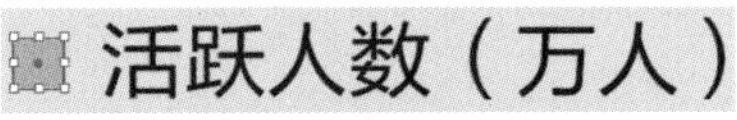

图 7-8

（7）选择“柱形图”工具，在页面中单击鼠标，弹出“图表”对话框，设置如图 7-9 所示，单击“确定”按钮，弹出“图表数据”对话框，单击“导入数据”按钮，弹出“导入图表数据”对话框，选择云盘中的“Ch07 > 素材 > 制作招聘求职领域月活跃人数图表 > 数据信息”文件，单击“打开”按钮，导入需要的数据，效果如图 7-10 所示。

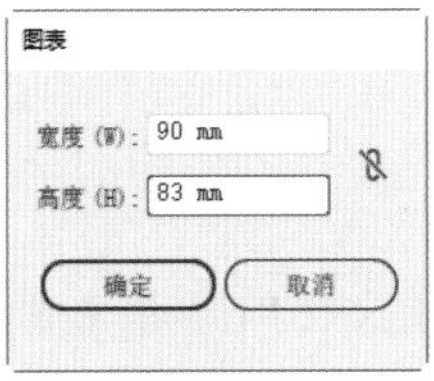

图 7-9

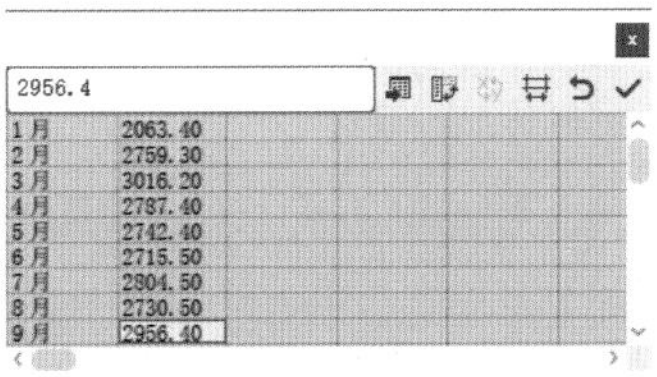

图 7-10

（8）导入完成后，单击“应用”按钮，再关闭“图表数据”对话框，建立柱形图表，效果如图 7-11 所示。双击“柱形图”工具，弹出“图表类型”对话框，设置如图 7-12 所示，单击“确定”按钮，效果如图 7-13 所示。

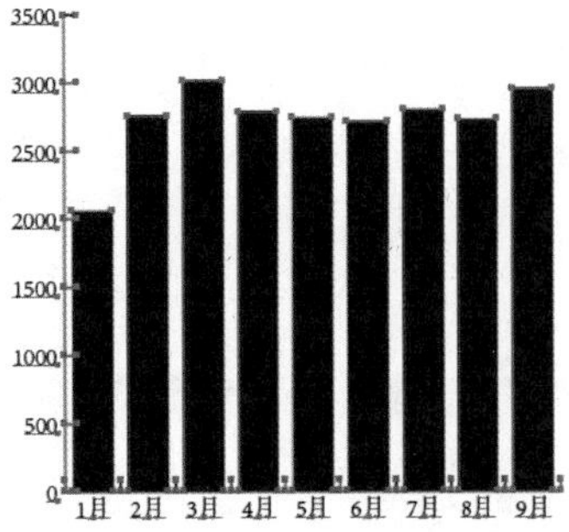

图 7-11

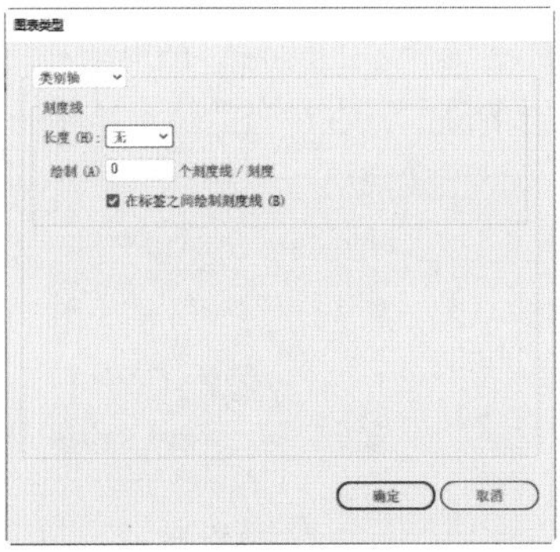

图 7-12

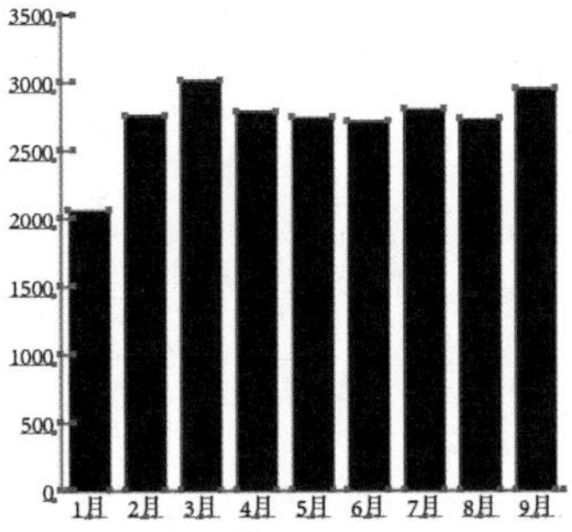

图 7-13

（9）选择"选择"工具 ▶，在属性栏中选择合适的字体并设置文字大小，效果如图 7-14 所示。选择"编组选择"工具 ⚹，按住 Shift 键的同时，依次单击选取需要的矩形，设置填充色为深蓝色（131、198、187），填充图形，并设置描边色为无，效果如图 7-15 所示。

（10）选择"编组选择"工具 ⚹，按住 Shift 键的同时，依次单击选取需要的刻度线，设置描边色为灰色（125、125、125），填充描边，效果如图 7-16 所示。

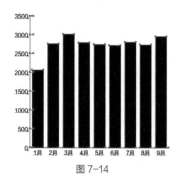
图 7-14

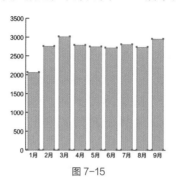
图 7-15

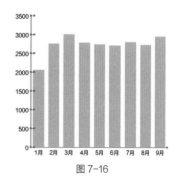
图 7-16

（11）选择"文字"工具 T，在适当的位置分别输入需要的文字，选择"选择"工具 ▶，在属性栏中选择合适的字体并设置文字大小，效果如图 7-17 所示。

（12）选择"选择"工具 ▶，用圈选的方法将柱形图和输入的数值文字同时选取，并将其拖曳到页面中适当的位置，效果如图 7-18 所示。

（13）选择"文字"工具 T，在适当的位置输入需要的文字，选择"选择"工具 ▶，在属性栏中选择合适的字体并设置文字大小，效果如图 7-19 所示。

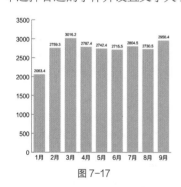
图 7-17

图 7-18

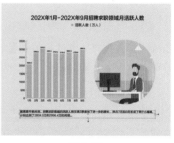
图 7-19

（14）按 Ctrl+T 组合键，弹出"字符"控制面板，将"设置行距"选项 ⚹ 设为 18 pt，其他选项的设置如图 7-20 所示；按 Enter 键确定操作，效果如图 7-21 所示。招聘求职领域月活跃人数图表制作完成，效果如图 7-22 所示。

图 7-20

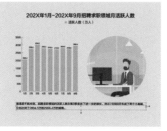
图 7-21

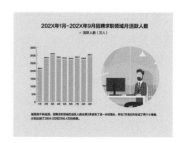
图 7-22

7.1.2　图表工具

单击工具箱中的"柱形图"工具  并按住鼠标左键不放，将弹出柱形图工具组。工具组中包含的图表工具依次为"柱形图"工具、"堆积柱形图"工具、"条形图"工具、"堆积条形图"工具、"折线图"工具、"面积图"工具、"散点图"工具、"饼图"工具、"雷达图"工具，如图 7-23 所示。

图 7-23

7.1.3　柱形图

柱形图是较为常用的一种图表类型，它使用一些竖排的、高度可变的矩形柱来表示各种数据，矩形的高度与数据大小成正比。创建柱形图的具体步骤如下。

选择"柱形图"工具，在页面中拖曳鼠标指针绘制出一个矩形区域来设置图表大小，或在页面上任意位置单击鼠标，将弹出"图表"对话框，如图 7-24 所示。在"宽度"文本框和"高度"文本框中输入图表的宽度和高度数值，设定完成后，单击"确定"按钮，将自动在页面中建立图表，如图 7-25 所示，同时弹出"图表数据"对话框，如图 7-26 所示。

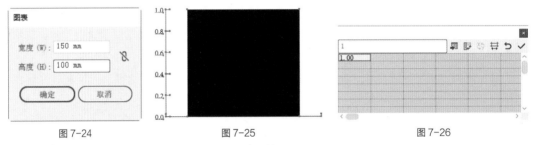

图 7-24　　　　　　　　　图 7-25　　　　　　　　　图 7-26

在"图表数据"对话框左上方的文本框中可以直接输入各种文本或数值，然后按 Tab 键或 Enter 键确认，文本或数值将会自动添加到"图表数据"对话框的单元格中。用鼠标单击可以选取各个单元格，输入要更改的文本或数据值后，再按 Enter 键确认。

在"图表数据"对话框右上方有一组按钮。单击"导入数据"按钮，可以从外部文件中输入数据信息。单击"换位行 / 列"按钮，可将横排和竖排的数据相互交换位置。单击"切换 X/Y 轴"按钮，将调换 x 轴和 y 轴的位置。单击"单元格样式"按钮，弹出"单元格样式"对话框，可以设置单元格的样式。单击"恢复"按钮，在没有单击应用按钮以前使文本框中的数据恢复到前一个状态。单击"应用"按钮，确认输入的数值并生成图表。

单击"单元格样式"按钮，将弹出"单元格样式"对话框，如图 7-27 所示。该对话框可以设置小数点的位置和数字栏的宽度。可以在"小数位数"和"列宽度"文本框中输入所需要的数值。另外，将鼠标指针放置在各单元格相交处时，指针会变成两条竖线和双向箭头的形状，这时拖曳鼠标指针可调整数字栏的宽度。

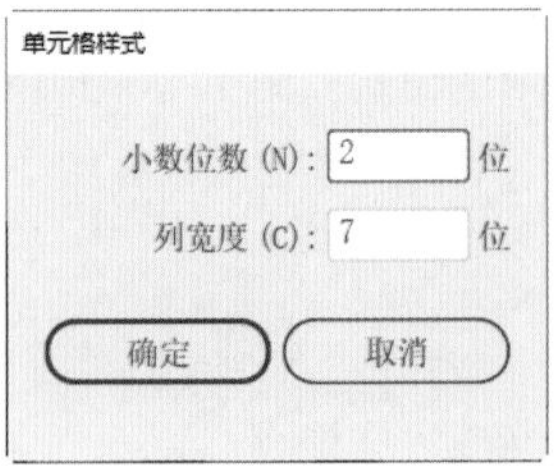

图 7-27

双击"柱形图"工具，将弹出"图表类型"对话框，如图 7-28 所示。柱形图表是默认的图表类型，其他参数也是采用默认设置，单击"确定"按钮。

在"图表数据"对话框中的文本表格的第 1 格中单击，删除默认数值 1。按照文本表格的组织方式输入数据。如用来比较 3 个人 3 科分数情况，如图 7-29 所示。

图 7-28

图 7-29

单击"应用"按钮☑，生成图表，所输入的数据被应用到图表上，柱形图效果如图 7-30 所示，从图中可以看到，柱形图是对每一行中的数据进行比较。

在"图表数据"对话框中单击"换位行 / 列"按钮☷，互换行、列数据得到新的柱形图，效果如图 7-31 所示。在"图表数据"对话框中单击关闭按钮☒将对话框关闭。

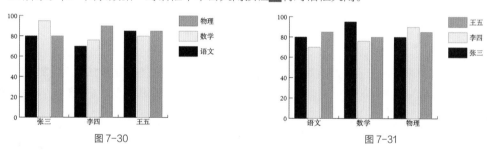

图 7-30   图 7-31

当需要对柱形图中的数据进行修改时，先选取要修改的图表，选择"对象 > 图表 > 数据"命令，弹出"图表数据"对话框。在对话框中可以再修改数据，设置数据后，单击"应用"按钮☑，将修改后的数据应用到选定的图表中。

选取图表，单击鼠标右键，在弹出的快捷菜单中选择"类型"命令，弹出"图表类型"对话框，可以在对话框中选择其他的图表类型。

7.1.4 其他图表效果

1. 堆积柱形图

堆积柱形图与柱形图类似，只是它们的显示方式不同。柱形图表显示为单一的数据比较，而堆积柱形图显示的是全部数据总和的比较。因此，在进行数据总量的比较时，多用堆积柱形图来表示，效果如图 7-32 所示。

从图 7-32 所示图表中可以看出，堆积柱形图将每科的分数总量进行比较，并且每一个学生都用不同颜色的矩形来显示。

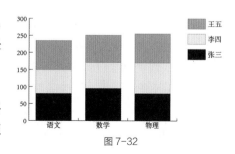
图 7-32

2. 条形图和堆积条形图

条形图与柱形图类似，只是柱形图是以垂直方向上的矩形显示图表中的各组数据，而条形图是以水平方向上的矩形来显示图表中的数据，效果如图 7-33 所示。

堆积条形图与堆积柱形图类似，但是堆积条形图是以水平方向的矩形条来显示数据总量的，堆积柱形图正好与之相反。堆积条形图效果如图 7-34 所示。

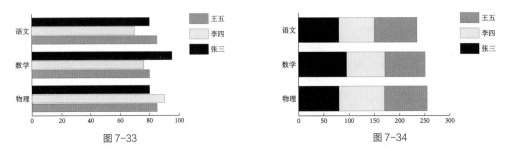

图 7-33   图 7-34

3. 折线图

折线图可以显示出某种事物随时间变化的发展趋势，很明显地表现出数据的变化走向。折线图也是一种比较常见的图表，给人以直接明了的视觉效果。

与创建柱形图的步骤相似，选择"折线图"工具 ，拖曳鼠标指针绘出一个矩形区域，或在页面上任意位置单击鼠标，在弹出的"图表数据"对话框中输入相应的数据，最后单击"应用"按钮 ，折线图表效果如图 7-35 所示。

4. 面积图

面积图可以用来表示一组或多组数据。通过不同的折线连接图表中所有的点，形成面积区域，并且折线内部可填充为不同的颜色。面积图表其实与折线图表类似，是一个填充了颜色的线段图表，效果如图 7-36 所示。

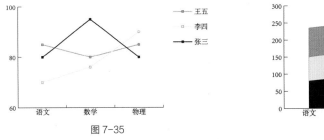
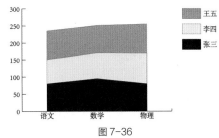

图 7-35   图 7-36

5. 散点图

散点图是一种比较特殊的数据图表。散点图的横坐标和纵坐标都是数据坐标，两组数据的交叉点形成了坐标点。因此，它的数据点由横坐标和纵坐标确定。图表中的数据点位置所创建的线能贯穿自身却无具体方向，效果如图 7-37 所示。散点图不适合用于太复杂的内容，它只适合显示图例的说明。

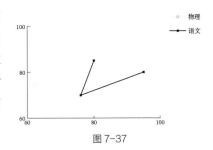

图 7-37

6. 饼图

饼图适用于一个整体中各组成部分的比较。该类图表应用的范围比较广。饼图的数据整体显示为一个圆，每组数据按照其在整体中所占的比例，以不同颜色的扇形区域显示出来。但是它不能准确地显示出各部分的具体数值，效果如图 7-38 所示。

7. 雷达图

雷达图是一种较为特殊的图表类型，它以一种环形的形式对图表中的各组数据进行比较，形成比较明显的数据对比，适用于多项指标的全面分析，效果如图 7-39 所示。

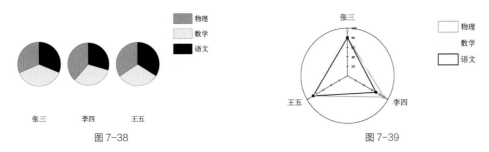

图 7-38   图 7-39

7.2 设置图表

在 Illustrator CC 2019 中，可以重新调整各种类型图表的选项，可以更改某一组数据，还可以解除图表组合，应用填色或描边。

7.2.1 设置"图表数据"对话框

选中图表，单击鼠标右键，在弹出的快捷菜单中选择"数据"命令，或直接选择"对象 > 图表 > 数据"命令，弹出"图表数据"对话框。在对话框中可以进行数据的修改。

（1）编辑一个单元格。

选取该单元格，在文本框中输入新的数据，按 Enter 键确认并下移到另一个单元格。

（2）删除数据。

选取数据单元格，删除文本框中的数据，按 Enter 键确认并下移到另一个单元格。

（3）删除多个数据。

选取要删除数据的多个单元格，选择"编辑 > 清除"命令，即可删除多个数据。

7.2.2 设置"图表类型"对话框

1. 设置图表选项

选中图表，双击"图表工具"或选择"对象 > 图表 > 类型"命令，弹出"图表类型"对话框，如图 7-40所示。在"数值轴"选项的下拉列表中包括"位于左侧""位于右侧"和"位于两侧"选项，分别用来表示图表中坐标轴的位置，可根据需要选择（对饼形图表来说此选项不可用）。

"样式"选项组包括 4 个复选项。勾选"添加投影"复选项，可以为图表添加一种阴影效果；勾选"在顶部添加图例"复选项，可以将图表中的图例说明放到图表的顶部；勾选"第一行在前"复选项，图表中的各个柱形或其

图 7-40

他对象将会重叠地覆盖行，并按照从左到右的顺序排列；"第一列在前"复选项，是默认的放置柱形的方式，它能够从左到右依次放置柱形。

"选项"选项组包括两个文本框。"列宽""簇宽度"两个文本框分别用来控制图表的横栏宽和组宽。横栏宽是指图表中每个柱形条的宽度，组宽是指所有柱形所占据的可用空间。

选择折线图、散点图和雷达图时，"选项"选项组如图 7-41 所示。勾选"标记数据点"复选项，使数据点显示为正方形，否则直线段中间的数据点不显示；勾选"连接数据点"复选项，在每组数据点之间进行连线，否则只显示一个个孤立的点；勾选"线段边到边跨 X 轴"复选项，将线条从图表左边和右边伸出，它对分散图表无作用；勾选"绘制填充线"复选项，将激活其下方的"线宽"选项。

选择饼图时，"选项"选项组如图 7-42 所示。对于饼图，"图例"选项控制图例的显示，在其下拉列表中，"无图例"选项即是不要图例，"标准图例"选项将图例放在图表的外围，"楔形图例"选项将图例插入相应的扇形中。"位置"选项控制饼图以及扇形块的摆放位置，在其下拉列表中，"比例"选项将按比例显示各个饼图的大小，"相等"选项使所有饼图的直径相等，"堆积"选项将所有的饼图叠加在一起。"排序"选项控制图表元素的排列顺序，在其下拉列表中："全部"选项将元素信息由大到小顺时针排列；"第一个"选项将最大值元素信息放在顺时针方向的第一个，其余按输入顺序排列；"无"选项按元素的输入顺序顺时针排列。

| 图 7-41 | 图 7-42 |

2. 设置数值轴

在"图表类型"对话框左上方选项的下拉列表中选择"数值轴"选项，切换到相应的对话框，如图 7-43 所示。

图 7-43

"刻度值"选项组：当勾选"忽略计算出的值"复选项时，下面的 3 个文本框被激活。"最小值"文本框中的数值表示坐标轴的起始值，也就是图表原点的坐标值，它不能大于"最大值"选项的数值；"最大值"文本框中的数值表示的是坐标轴的最大刻度值；"刻度"文本框中的数值用来决定将坐标轴上下分为多少部分。

"刻度线"选项组："长度"选项的下拉列表中包括 3 项。选择"无"选项，表示不使用刻度标记；选择"短"选项，表示使用短的刻度标记；选择"全宽"选项，刻度线将贯穿整个图表，效果如图 7-44 所示。"绘制"文本框中的数值表示每一个坐标轴间隔的区分标记。

"添加标签"选项组："前缀"是指在数值前加符号，"后缀"是指在数值后加符号。在"后缀"文本框中输入"分"后，图表效果如图 7-45 所示。

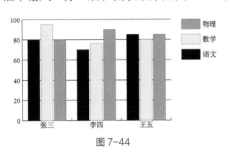

图 7-44

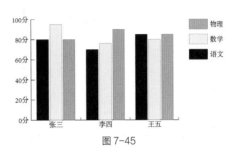

图 7-45

7.3 自定义图表

除了提供图表的创建和编辑这些基本的操作外，Illustrator CC 2019 还可以对图表中的局部进行编辑和修改，用户还可以自己定义图表的图案，使图表中所表现的数据更加生动。

对象 > 图表 > "柱形图"命令：可以使用定义的图案替换图表中的柱形和标记。

7.3.1 课堂案例——制作娱乐直播统计图表

案例学习目标

学习使用"条形图"工具、"设计"命令和"柱形图"命令制作统计图表。

案例知识要点

使用"条形图"工具建立条形图表，使用"设计"命令定义图案，使用"柱形图"命令制作图案图表，使用"钢笔"工具、"直接选择"工具和"编组选择"工具编辑女性图案，使用"文字"工具、"字符"控制面板添加标题及统计信息。娱乐直播统计图表效果如图 7-46 所示。

图 7-46

效果所在位置

云盘 /Ch07/ 效果 / 制作娱乐直播统计图表 .ai。

（1）按 Ctrl+N 组合键，弹出"新建文档"对话框，设置文档的宽度为 285mm，高度为 210mm，取向为横向，颜色模式为 CMYK，单击"创建"按钮，新建一个文档。

（2）选择"文字"工具 **T**，在页面中输入需要的文字，选择"选择"工具 ▶，在属性栏中选择合适的字体并设置文字大小，效果如图 7-47 所示。选择"矩形"工具 ▣，在适当的位置绘制一个矩形，如图 7-48 所示。

图 7-47   图 7-48

（3）选择"添加锚点"工具 ✎，在矩形右边适当的位置分别单击鼠标左键，添加 3 个锚点，如图 7-49 所示。选择"直接选择"工具 ▷，按住 Shift 键的同时，选取需要的锚点，并将其向右拖曳到适当的位置，如图 7-50 所示。

（4）选择"选择"工具 ▶，选取图形，设置填充色为浅蓝色（45、0、4、0），填充图形，并设置描边色为无，效果如图 7-51 所示。

图 7-49   图 7-50   图 7-51

（5）双击"镜像"工具 ⋈，弹出"镜像"对话框，选项的设置如图 7-52 所示；单击"复制"按钮，镜像并复制图形；选择"选择"工具 ▶，按住 Shift 键的同时，水平向右拖曳复制的图形到适当的位置，效果如图 7-53 所示。

图 7-52   图 7-53

（6）选择"条形图"工具 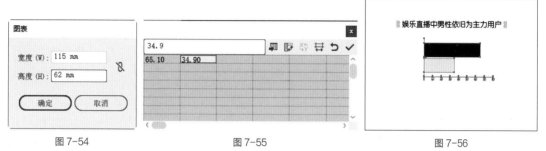，在页面中单击鼠标，弹出"图表"对话框，设置如图 7-54 所示；单击"确定"按钮，弹出"图表数据"对话框，输入需要的数据，如图 7-55 所示。输入完成后，单击"应用"按钮 ✓，关闭"图表数据"对话框，建立条形图表，并将其拖曳到页面中适当的位置，效果如图 7-56 所示。

图 7-54　　　　　　　　图 7-55　　　　　　　　图 7-56

（7）选择"对象 > 图表 > 类型"命令，弹出"图表类型"对话框，选项的设置如图 7-57 所示；单击"图表选项"选项右侧的按钮 ✓，在弹出的下拉列表中选择"数值轴"，切换到相应的对话框进行设置，如图 7-58 所示；单击"数值轴"选项右侧的按钮 ✓，在弹出的下拉列表中选择"类别轴"，切换到相应的对话框进行设置，如图 7-59 所示；设置完成后，单击"确定"按钮，效果如图 7-60 所示。

图 7-57

图 7-58

图 7-59

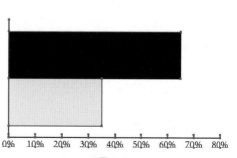

图 7-60

（8）按 Ctrl+O 组合键，打开云盘中的"Ch07 > 素材 > 制作娱乐直播统计图表 >01"文件，选择"选择"工具 ▶，选取需要的图形，如图 7-61 所示。

（9）选择"对象 > 图表 > 设计"命令，弹出"图表设计"对话框，单击"新建设计"按钮，显示所选图形的预览，如图 7-62 所示；单击"重命名"按钮，在弹出的"图表设计"对话框中输入名称，如图 7-63 所示；单击"确定"按钮，返回到"图表设计"对话框，如图 7-64 所示，单击"确定"按钮，完成图表图案的定义。

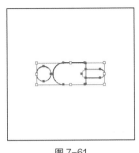

图 7-61

图 7-62

图 7-63

图 7-64

（10）返回到正在编辑的页面，选取图表，选择"对象 > 图表 > 柱形图"命令，弹出"图表列"对话框，选择新定义的图案名称，其他选项的设置如图 7-65 所示；单击"确定"按钮，如图 7-66 所示。

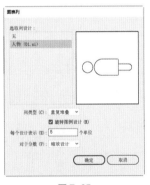

图 7-65

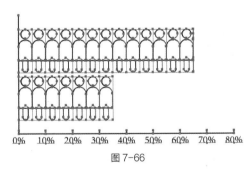

图 7-66

（11）选择"编组选择"工具 ▶，按住 Shift 键的同时，依次单击选取需要的图形，如图 7-67 所示。按 Delete 键将其删除，效果如图 7-68 所示。

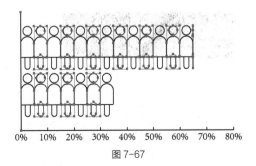

图 7-67

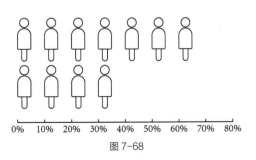

图 7-68

（12）选择"编组选择"工具 ，按住 Shift 键的同时，依次单击选取需要的图形，如图 7-69 所示。设置填充色为深蓝色（65、21、0、0），填充图形，并设置描边色为无，效果如图 7-70 所示。

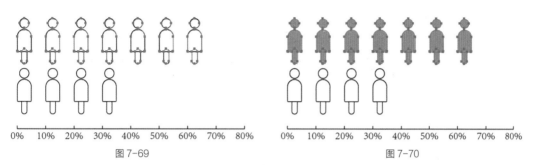

图 7-69   图 7-70

（13）选择"编组选择"工具 ，用圈选的方法将刻度线同时选取，设置描边色为灰色（0、0、0、60），填充描边，效果如图 7-71 所示。

（14）选择"编组选择"工具 ，用圈选的方法将下方数值同时选取，在属性栏中选择合适的字体并设置文字大小；设置填充色为灰色（0、0、0、60），填充文字，效果如图 7-72 所示。

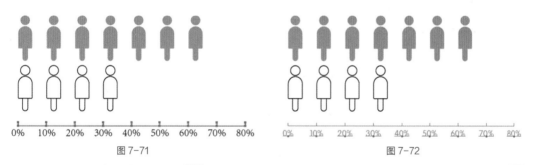

图 7-71   图 7-72

（15）选择"直接选择"工具 ，选取需要的路径，如图 7-73 所示。选择"钢笔"工具 ，在路径上适当的位置分别单击鼠标左键，添加 2 个锚点，如图 7-74 所示。在不需要的锚点上分别单击鼠标左键，删除锚点，如图 7-75 所示。

（16）选择"直接选择"工具 ，用框选的方法选取左下角的锚点，如图 7-76 所示，向左拖曳锚点到适当的位置，如图 7-77 所示。用相同的方法调整右下角的锚点，如图 7-78 所示。

（17）选择"编组选择"工具 ，按住 Shift 键的同时，依次单击选取需要的图形，设置填充色为粉红色（0、75、36、0），填充图形，并设置描边色为无，效果如图 7-79 所示。

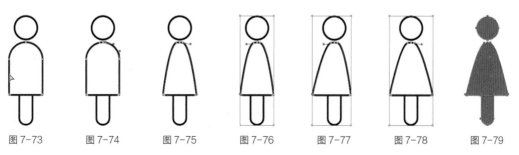

图 7-73   图 7-74   图 7-75   图 7-76   图 7-77   图 7-78   图 7-79

（18）用相同的方法调整其他图形，并填充相应的颜色，效果如图 7-80 所示。选择"文字"工具 T，在适当的位置分别输入需要的文字，选择"选择"工具 ▶，在属性栏中选择合适的字体并设置文字大小；单击"居中对齐"按钮 ≡，将文字居中对齐，效果如图 7-81 所示。

（19）选择"矩形"工具 ▢，在适当的位置绘制一个矩形，设置填充色为浅蓝色（45、0、4、0），填充图形，并设置描边色为无，效果如图 7-82 所示。

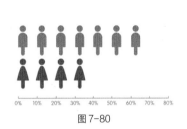

图 7-80

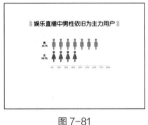

图 7-81

图 7-82

（20）选择"文字"工具 T，在适当的位置分别输入需要的文字，选择"选择"工具 ▶，在属性栏中选择合适的字体并设置文字大小；单击"左对齐"按钮 ≡，将文字左对齐，效果如图 7-83 所示。

（21）按 Ctrl+T 组合键，弹出"字符"控制面板，将"设置行距"选项 Ⴑ 设为 24 pt，其他选项的设置如图 7-84 所示；按 Enter 键确定操作，效果如图 7-85 所示。娱乐直播统计制作完成。

图 7-83

图 7-84

图 7-85

7.3.2　自定义图表图案

在页面中绘制图形，效果如图 7-86 所示。选取图形，选择"对象 > 图表 > 设计"命令，弹出"图表设计"对话框。单击"新建设计"按钮，在预览框中将会显示所绘制的图形，对话框中的"删除设计"按钮、"粘贴设计"按钮和"选择未使用的设计"按钮被激活，如图 7-87 所示。

单击"重命名"按钮，弹出"图表设计"对话框，在对话框中输入自定义图案的名称，如图 7-88 所示，单击"确定"按钮，完成命名。

图 7-86

图 7-87

图 7-88

在"图表设计"对话框中单击"粘贴设计"按钮，可以将图案粘贴到页面中，对图案可以重新进行修改和编辑。编辑修改后的图案，还可以再将其重新定义。在对话框中编辑完成后，单击"确定"按钮，完成对一个图表图案的定义。

7.3.3　应用图表图案

用户可以将自定义的图案应用到图表中。选择要应用图案的图表，再选择"对象 > 图表 > 柱形图"命令，弹出"图表列"对话框，如图 7-89 所示。

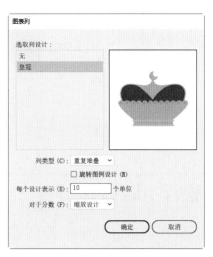

图 7-89

在"图表列"对话框中，"列类型"选项包括 4 种缩放图案的类型："垂直缩放"选项表示根据数据的大小，对图表的自定义图案进行垂直方向上的放大与缩小，水平方向上保持不变；"一致缩放"选项表示图表将按照图案的比例并结合图表中数据的大小对图案进行放大和缩小；"重复堆叠"选项可以把图案的一部分拉伸或压缩；"局部缩放"选项与"垂直缩放"选项类似，但可以指定伸展或缩放的位置。"重复堆叠"选项要和"每个设计表示"文本框、"对于分数"选项结合使用。"每个设计表示"文本框可以设置每个图案代表几个单位，如果在文本框中输入 50，表示 1 个图案就代表 50 个单位。在"对于分数"选项的下拉列表中，"截断设计"选项表示不足一个图案时由图案的一部分来表示；"缩放设计"选项表示不足一个图案时，通过对最后那个图案成比例地压缩来表示。

设置完成后，单击"确定"按钮，将自定义的图案应用到图表中，效果如图 7-90 所示。

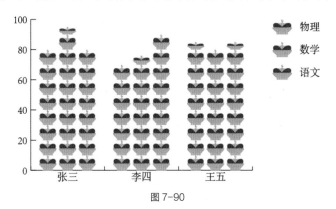

图 7-90

课堂练习——制作用户年龄分布图表

🔗 练习知识要点

使用"文字"工具、"字符"控制面板添加标题及介绍文字，使用"矩形"工具、"变换"控制面板和"直排文字"工具制作分布模块，使用"饼图"工具建立饼图。用户年龄分布图表效果如图 7-91 所示。

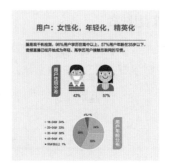

扫码观看
本案例视频

图 7-91

📁 效果所在位置

云盘 /Ch07/ 效果 / 制作用户年龄分布图表 .ai。

课后习题——制作旅行主题偏好图表

🔗 习题知识要点

使用"矩形"工具、"直线段"工具、"文字"工具和"倾斜"工具制作标题文字，使用"条形图"工具建立条形图表，使用"编组选择"工具和"填充"工具更改图表颜色。旅行主题偏好图表效果如图 7-92 所示。

扫码观看
本案例视频

图 7-92

📁 效果所在位置

云盘 /Ch07/ 效果 / 制作旅行主题偏好图表 .ai。

08 第8章
图层和蒙版的使用

学习引导

本章将重点介绍 Illustrator CC 2019 中图层和蒙版的使用方法。掌握图层和蒙版的功能，读者可以在图形设计中提高效率，快速、准确地设计和制作出精美的平面设计作品。

知识目标

1. 了解图层与图层面板
2. 掌握图层蒙版的操作方法
3. 掌握文本蒙版的创建和编辑方法
4. 掌握透明度控制面板的使用方法

能力目标

1. 掌握脐橙线下海报的制作方法
2. 掌握旅游海报的制作方法
3. 掌握旅游出行微信运营海报的制作方法
4. 掌握礼券的制作方法

素质目标

1. 培养项目流程把控和高效执行能力
2. 培养应对问题能够有效解决的能力
3. 培养善于思考勤于应用的业务能力

8.1 图层的使用

在平面设计中，特别是包含复杂图形的设计中，需要在页面上创建多个对象。由于每个对象的大小不一致，小的对象可能隐藏在大的对象下面，所以选择和查看对象就很不方便。使用图层来管理对象，就可以很好地解决这个问题。图层就像一个文件夹，它可包含多个对象。我们可以对图层进行多种编辑。

选择"窗口 > 图层"命令（快捷键为 F7），弹出"图层"控制面板，如图 8-1 所示。

图 8-1

8.1.1　了解图层的含义

选择"文件 > 打开"命令，弹出"打开"对话框，选择图像文件，如图 8-2 所示，单击"打开"按钮，打开的图像效果如图 8-3 所示。

图 8-2

图 8-3

打开图像后，观察"图层"控制面板，可以发现在"图层"控制面板中显示出 3 个图层，如图 8-4 所示。如果只想看到"图层 1"上的图像，则可用鼠标依次单击其他图层的眼睛图标 👁，其他图层上的眼睛图标 👁 就将关闭，而只显示图层 1，如图 8-5 所示，此时图像效果如图 8-6 所示。

图 8-4

图 8-5

图 8-6

Illustrator CC 2019 的图层是透明层，在每一层中可以放置不同的图像，上面的图层将影响下面的图层，修改其中的某一图层不会改动其他的图层，将这些图层叠在一起显示在图像视窗中，就形成了一幅完整的图像。

8.1.2 认识"图层"控制面板

下面来介绍"图层"控制面板。打开一幅图像，选择"窗口＞图层"
命令，弹出"图层"控制面板，如图 8-7 所示。

在"图层"控制面板的右上方有两个系统按钮 ，分别是"折叠
为图标"按钮和"关闭"按钮。单击"折叠为图标"按钮，可以将"图
层"控制面板折叠为图标；单击"关闭"按钮，可以关闭"图层"控制
面板。

图 8-7

图层名称显示在当前图层中。默认状态下，在新建图层时，如果未指定名称，程序将以数字的递
增为图层指定名称，如图层 1、图层 2 等，用户可以根据需要为图层重新命名。

单击图层名称前的箭头按钮 ，可以展开或折叠图层。当按钮为 时，表示此图层中的
内容处于未显示状态，单击此按钮就可以展开当前图层中所有的内容；当按钮为 时，表示
显示了图层中的内容，单击此按钮，可以将图层折叠起来，这样可以节省"图层"控制面板的
空间。

眼睛图标 用于显示或隐藏图层；图层右上方的黑色三角形图标 ，表示当前正被编辑的图层；
锁定图标 表示当前图层和透明区域被锁定，不能被编辑。

在"图层"控制面板的最下面有 6 个按钮，如图 8-8 所示，它们从左至
右依次是：收集以导出、定位对象、建立/释放剪切蒙版、创建新子图层、
创建新图层和删除所选图层。

图 8-8

"收集以导出"按钮 ：单击此按钮，打开"资源导出"控制面板，可以导出当前图层的
内容。

"定位对象"按钮 ：单击此按钮，可以选中所选对象所在的图层。

"建立/释放剪切蒙版"按钮 ：单击此按钮，将在当前图层上建立或释放一个蒙版。

"创建新子图层"按钮 ：单击此按钮，可以为当前图层新建一个子图层。

"创建新图层"按钮 ：单击此按钮，可以在当前图层上面新建一个图层。

"删除所选图层"按钮 ：即垃圾桶，可以将不想要的图层拖曳到此处删除。

单击"图层"控制面板右上方的按钮 ，将弹出其下拉菜单。

8.1.3 编辑图层

使用图层时，可以通过"图层"控制面板对图层进行编辑，如新建图层、新建子图层、为图层
设定选项、合并图层和建立图层蒙版等，这些操作都可以通过选择"图层"控制面板下拉菜单中的
命令来完成。

1. 新建图层

（1）使用"图层"控制面板下拉菜单。

单击"图层"控制面板右上方的按钮 ，在弹出的下拉菜单中
选择"新建图层"命令，弹出"图层选项"对话框，如图 8-9 所示。"名
称"文本框用于设定当前图层的名称；"颜色"选项用于设定新图
层的颜色。设置完成后，单击"确定"按钮，可以得到一个新建的
图层。

图 8-9

（2）使用"图层"控制面板按钮或快捷键。

单击"图层"控制面板下方的"创建新图层"按钮 ⬚ ，可以创建一个新图层。

按住 Alt 键，单击"创建新图层"按钮 ⬚ ，将弹出"图层选项"对话框。

按住 Ctrl 键，单击"创建新图层"按钮 ⬚ ，不管当前选择的是哪一个图层，都可以在图层列表的最上层新建一个图层。

如果要在当前选中的图层中新建一个子图层，可以单击"建立新子图层"按钮 ⬚ ，或从"图层"控制面板下拉菜单中选择"新建子图层"命令，或按住 Alt 键的同时，单击"建立新子图层"按钮 ⬚ ，也可以弹出"图层选项"对话框，它的设定方法和新建图层是一样的。

2. 选择图层

单击图层名称，图层会显示为深灰色，并在名称后出现一个当前图层指示图标，即黑色三角形图标◥，表示此图层被选择为当前图层。

按住 Shift 键，分别单击两个图层，即可选择两个图层之间多个连续的图层。

按住 Ctrl 键，逐个单击想要选择的图层，可以选择多个不连续的图层。

3. 复制图层

复制图层时，会复制图层中所包含的所有对象，包括路径、编组，以至于整个图层。

（1）使用"图层"控制面板下拉菜单。

选择要复制的图层"图层3"，如图8-10所示。单击"图层"控制面板右上方的按钮 ☰ ，在弹出的下拉菜单中选择"复制图层3"命令，复制出的图层在"图层"控制面板中显示为被复制图层的副本。复制图层后，"图层"控制面板的效果如图8-11所示。

图 8-10

图 8-11

（2）使用"图层"控制面板按钮。

将"图层"控制面板中需要复制的图层拖曳到下方的"创建新图层"按钮 ⬚ 上，就可以将所选的图层复制为一个新图层。

4. 删除图层

（1）使用"图层"控制面板的下拉菜单。

选择要删除的图层"图层3_复制"，如图8-12所示。单击"图层"控制面板右上方的按钮 ☰ ，在弹出的下拉菜单中选择"删除图层3_复制"命令，如图8-13所示，图层即可被删除，删除图层后的"图层"控制面板如图8-14所示。

（2）使用"图层"控制面板按钮。

选择要删除的图层，单击"图层"控制面板下方的"删除所选图层"按钮 🗑 ，可以将图层删除。将需要删除的图层拖曳到"删除所选图层"按钮 🗑 上，也可以删除图层。

图 8-12　　　　　　　　　　图 8-13　　　　　　　　　　图 8-14

5. 隐藏或显示图层

隐藏一个图层时，此图层中的对象在绘图页面上不显示，在"图层"控制面板中可以设置隐藏或显示图层。在制作或设计复杂作品时，可以快速隐藏图层中的路径、编组和对象。

（1）使用"图层"控制面板的下拉菜单。

选中一个图层，如图 8-15 所示。单击"图层"控制面板右上方的按钮 ，在弹出的下拉菜单中选择"隐藏其他图层"命令，"图层"控制面板中除当前选中的图层外，其他图层都被隐藏，效果如图 8-16 所示。选择"显示所有图层"命令，可以显示所有隐藏图层。

图 8-15　　　　　　　　　　　　　　图 8-16

（2）使用"图层"控制面板中的眼睛图标 。

在"图层"控制面板中，单击想要隐藏的图层左侧的眼睛图标 ，图层被隐藏。再次单击眼睛图标所在位置的方框，会重新显示此图层。

如果在一个图层的眼睛图标 上单击鼠标，隐藏图层，并按住鼠标左键不放，向上或向下拖曳，鼠标指针所经过的图标就会被隐藏，这样可以快速隐藏多个图层。

（3）使用"图层选项"对话框。

在"图层"控制面板中双击图层或图层名称，可以弹出"图层选项"对话框，取消勾选"显示"复选项，单击"确定"按钮，图层被隐藏。

6. 锁定图层

当锁定图层后，此图层中的对象不能再被选择或编辑，使用"图层"控制面板，能够快速锁定多个路径、编组和子图层。

（1）使用"图层"控制面板的下拉菜单。

选中一个图层，如图 8-17 所示。单击"图层"控制面板右上方的按钮 ，在弹出的下拉菜单中选择"锁定其他图层"命令，"图层"控制面板中除当前选中的图层外，其他所有图层都被锁定，效果如图 8-18 所示。选择"解锁所有图层"命令，可以解除所有图层的锁定。

图 8-17

图 8-18

（2）使用菜单栏命令。

选择菜单栏中的"对象 > 锁定 > 其他图层"命令，可以锁定其他未被选中的图层。

（3）使用"图层"控制面板中的锁定图标 🔒。

在想要锁定的图层左侧的方框中单击鼠标，出现锁定图标 🔒，图层被锁定。再次单击锁定图标 🔒，图标消失，即解除对此图层的锁定状态。

如果在一个图层左侧的方框中单击鼠标，锁定图层，并按住鼠标左键不放，向上或向下拖曳，鼠标指针经过的方框中出现锁定图标 🔒，就可以快速锁定多个图层。

（4）使用"图层选项"对话框。

在"图层"控制面板中双击图层或图层名称，可以弹出"图层选项"对话框，选择"锁定"复选项，单击"确定"按钮，图层被锁定。

7. 合并图层

在"图层"控制面板中选择需要合并的图层，如图 8-19 所示，单击"图层"控制面板右上方的按钮 ≡，在弹出的下拉菜单中选择"合并所选图层"命令，所有选择的图层将合并到最后一个选择的图层或编组中，效果如图 8-20 所示。

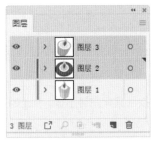

图 8-19

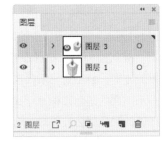

图 8-20

选择下拉菜单中的"拼合图稿"命令，所有可见的图层将合并为一个图层，合并图层时，不会改变对象在绘图页面上的排序。

8.1.4 编辑图层对象

使用"图层"控制面板可以选择或移动绘图页面中的对象，还可以切换对象的显示模式，更改对象的外观属性。

1. 选择对象

（1）使用"图层"控制面板中的目标图标。

在同一图层中的几个图形对象处于未选取状态，如图 8-21 所示。单击"图层"控制面板中要选择对象所在图层右侧的目标图标○，目标图标变为◎，如图 8-22 所示。此时，图层中的对象被全部选中，效果如图 8-23 所示。

图 8-21   图 8-22   图 8-23

（2）结合快捷键并使用"图层"控制面板。

按住 Alt 键的同时，单击"图层"控制面板中的图层名称，此图层中的对象将被全部选中。

（3）使用菜单栏命令。

使用"选择"工具![箭头]选中同一图层中的一个对象，如图 8-24 所示。选择菜单栏中的"选择 > 对象 > 同一图层上的所有对象"命令，此图层中的对象被全部选中，如图 8-25 所示。

图 8-24   图 8-25

2. 更改对象的外观属性

使用"图层"控制面板可以轻松地改变对象的外观。如果对一个图层应用一种特殊效果，则在该图层中的所有对象都将应用这种效果。如果将图层中的对象移动到此图层之外，对象将不再具有这种效果。因为效果仅仅作用于该图层，而不是对象。

选中一个想要改变对象外观属性的图层，如图 8-26 所示，选取图层中的全部对象，效果如图 8-27 所示。

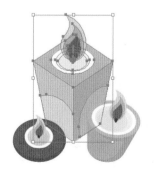

图 8-26   图 8-27

选择"效果 > 变形 > 旗形"命令，在弹出的"变形选项"对话框中进行设置，如图 8-28 所示，单击"确定"按钮，选中的图层中包括的对象全部变成旗形效果，如图 8-29 所示，也就改变了此图层中对象的外观属性。

图 8-28　　　　　　　　　　　　　　　　　图 8-29

在"图层"控制面板中，图层的目标图标 ○ 也是变化的。当目标图标显示为 ○ 时，表示当前图层在绘图页面上没有对象被选择，并且没有外观属性；当目标图标显示为 ◎ 时，表示当前图层在绘图页面上有对象被选择，且没有外观属性；当目标图标显示为 ● 时，表示当前图层在绘图页面上没有对象被选择，但有外观属性；当目标图标显示为 ◎ 时，表示当前图层在绘图页面上有对象被选择，也有外观属性。

选择具有外观属性的对象所在的图层，拖曳此图层的目标图标到需要应用的图层的目标图标上，就可以移动对象的外观属性。在拖曳的同时按住 Alt 键，可以复制图层中对象的外观属性。

选择具有外观属性的对象所在的图层，拖曳此图层的目标图标到"图层"控制面板底部的"删除所选图层"按钮 🗑 上，这时可以取消此图层中对象的外观属性。如果此图层中包括路径，将会保留路径的填充和描边填充。

3. 移动对象

在设计制作的过程中，有时需要调整各图层之间的顺序，而图层中对象的位置也会相应地发生变化。选择需要移动的图层，按住鼠标左键将该图层拖曳到需要的位置，释放鼠标左键，图层被移动。移动图层后，图层中的对象在绘图页面上的排列次序也会被移动。

选择想要移动的"图层 1"中的对象，如图 8-30 所示，再选择"图层"控制面板中需要放置对象的"图层 3"，如图 8-31 所示，选择"对象 > 排列 > 发送至当前图层"命令，可以将对象移动到当前选中的"图层 3"中，效果如图 8-32 所示。

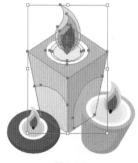

图 8-30　　　　　　　　　图 8-31　　　　　　　　　图 8-32

单击"图层 3"右边的方形图标 ，按住鼠标左键不放，将该图标 拖曳到"图层 1"中，如图 8-33 所示，可以将对象移动到"图层 1"中，效果如图 8-34 所示。

图 8-33

图 8-34

8.2 制作图层蒙版

将一个对象制作为蒙版后，对象的内部变得完全透明，这样就可以显示下面的被蒙版对象，同时也可以遮挡住不需要显示或打印的部分。

8.2.1 课堂案例——制作脐橙线下海报

案例学习目标

学习使用图形工具、文字工具和"剪切蒙版"命令制作脐橙线下海报。

案例知识要点

使用"矩形"工具、"渐变"工具、"钢笔"工具、"置入"命令和"剪切蒙版"命令制作海报背景，使用"文字"工具、"创建轮廓"命令、"偏移路径"命令和"剪切蒙版"命令添加并编辑标题文字，使用"文字"工具、"字符"控制面板添加宣传性文字。脐橙线下海报效果如图 8-35 所示。

图 8-35

效果所在位置

云盘 /Ch08/ 效果 / 制作脐橙线下海报 .ai。

1. 制作海报背景

（1）按 Ctrl+N 组合键，弹出"新建文档"对话框，设置文档的宽度为 500mm，高度为 700mm，取向为竖向，颜色模式为 CMYK，单击"创建"按钮，新建一个文档。

（2）选择"矩形"工具，绘制一个与页面大小相等的矩形，如图 8-36 所示。双击"渐变"工具，弹出"渐变"控制面板，选中"径向渐变"按钮，在色谱条上设置两个色标，分别将色标的位置设为 0、100，并分别设置颜色为 0（5、15、48、0）、100（12、54、96、0），其他选项的设置如图 8-37 所示；图形被填充为渐变色，并设置描边色为无，效果如图 8-38 所示。

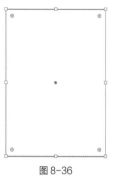

图 8-36　　　　　　　　　　图 8-37　　　　　　　　　　图 8-38

（3）选择"钢笔"工具 ，在适当的位置分别绘制不规则图形，如图 8-39 所示。选择"选择"工具 ，按住 Shift 键的同时，将绘制的图形同时选取，设置图形描边色为深绿色（81、52、100、19），填充图形，并设置描边色为无，如图 8-40 所示。

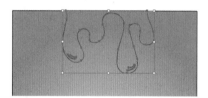

图 8-39　　　　　　　　　　　　　　　　图 8-40

（4）设置图形填充色为橘黄色（3、33、90、0），填充图形，并设置描边色为无，如图 8-41 所示。用相同的方法绘制其他图形，并填充相同的颜色，效果如图 8-42 所示。

图 8-41　　　　　　　　　　　　　　　　图 8-42

（5）选择"文件 > 置入"命令，弹出"置入"对话框，选择云盘中的"Ch08 > 素材 > 制作脐橙线下海报 > 01、02"文件，单击"置入"按钮，在页面中分别单击置入图片，单击属性栏中的"嵌入"按钮，嵌入图片。选择"选择"工具 ，分别拖曳图片到适当的位置，并调整其大小，效果如图 8-43 所示。

（6）选择"选择"工具 ，按住 Shift 键的同时，依次单击将图形和图片同时选取，按 Ctrl+G 组合键，将其编组，如图 8-44 所示。

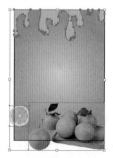

图 8-43　　　　　　　　　　　　　　　　图 8-44

（7）选取下方的背景矩形，按 Ctrl+C 组合键，复制图形，按 Shift+Ctrl+V 组合键，就地粘贴图形，如图 8-45 所示。按住 Shift 键的同时，单击下方编组图形将其同时选取，如图 8-46 所示。按 Ctrl+7 组合键，建立剪切蒙版，效果如图 8-47 所示。

图 8-45

图 8-46

图 8-47

2. 添加并编辑标题文字

（1）选择"文字"工具 **T**，在页面中输入需要的文字，选择"选择"工具 ▶，在属性栏中选择合适的字体并设置文字大小，效果如图 8-48 所示。

（2）按 Ctrl+T 组合键，弹出"字符"控制面板，将"设置所选字符的字距调整"选项 **VA** 设为 -60，其他选项的设置如图 8-49 所示；按 Enter 键确定操作，效果如图 8-50 所示。

图 8-48

图 8-49

图 8-50

（3）按 Shift+Ctrl+O 组合键，将文字转化为轮廓，效果如图 8-51 所示。按 Shift+Ctrl+G 组合键，取消文字编组。选择"对象 > 路径 > 偏移路径"命令，在弹出的对话框中进行设置，如图 8-52 所示；单击"确定"按钮，效果如图 8-53 所示。填充文字为白色，效果如图 8-54 所示。

图 8-51

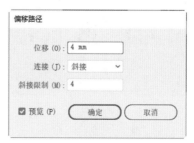
图 8-52

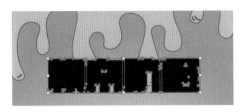

图 8-53

图 8-54

（4）选择"文件 > 置入"命令，弹出"置入"对话框，选择云盘中的"Ch08> 素材 > 制作脐橙线下海报 >03"文件，单击"置入"按钮，在页面中单击置入图片，单击属性栏中的"嵌入"按钮，嵌入图片。选择"选择"工具 ▶，拖曳图片到适当的位置，效果如图 8-55 所示。连续按 Ctrl+ [组合键，将图片向后移动到适当的位置，效果如图 8-56 所示。

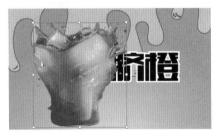

图 8-55

图 8-56

（5）选择"选择"工具 ▶，按住 Shift 键的同时，单击文字"赣"将其同时选取，如图 8-57 所示。按 Ctrl+7 组合键，建立剪切蒙版，效果如图 8-58 所示。

图 8-57

图 8-58

（6）用相同的方法为其他文字添加剪切蒙版，效果如图 8-59 所示。选择"矩形"工具 ▢，在适当的位置绘制一个矩形，填充图形为白色，并设置描边色为无，效果如图 8-60 所示。

图 8-59

图 8-60

（7）选择"窗口 > 变换"命令，弹出"变换"控制面板，在"矩形属性："选项卡中，将"圆角半径"选项设为 0mm 和 3mm，如图 8-61 所示，按 Enter 键确定操作，效果如图 8-62 所示。

图 8-61

图 8-62

（8）选择"文字"工具 T，在适当的位置分别输入需要的文字，选择"选择"工具 ▶，在属性栏中分别选择合适的字体并设置文字大小，效果如图 8-63 所示。选取上方需要的文字，填充文字为白色，效果如图 8-64 所示。

图 8-63

图 8-64

（9）在"字符"控制面板中，将"设置所选字符的字距调整"选项 VA 设为 160，其他选项的设置如图 8-65 所示；按 Enter 键确定操作，效果如图 8-66 所示。

图 8-65

图 8-66

（10）选取下方需要的文字，在"字符"控制面板中，将"设置所选字符的字距调整"选项 VA 设为 270，其他选项的设置如图 8-67 所示；按 Enter 键确定操作，效果如图 8-68 所示。

图 8-67

图 8-68

（11）保持文字选取状态。设置文字填充色为绿色（82、53、100、20），填充文字，效果如图 8-69 所示。选择"直线段"工具 ／，按住 Shift 键的同时，在适当的位置绘制一条直线，填充描边为白色，并在属性栏中将"描边粗细"选项设置为 3 pt，按 Enter 键确定操作，效果如图 8-70所示。

图 8-69

图 8-70

（12）选择"文件 > 置入"命令，弹出"置入"对话框，选择云盘中的"Ch08 > 素材 > 制作脐橙线下海报 > 02"文件，单击"置入"按钮，在页面中单击置入图片，单击属性栏中的"嵌入"按钮，嵌入图片。选择"选择"工具▶，拖曳图片到适当的位置，并调整其大小，效果如图 8-71所示。

（13）选择"选择"工具▶，按住 Alt+Shift 组合键的同时，水平向右拖曳图片到适当的位置，复制图片，效果如图 8-72 所示。

图 8-71

图 8-72

（14）选择"文字"工具 T，在适当的位置输入需要的文字，选择"选择"工具▶，在属性栏中选择合适的字体并设置文字大小，效果如图 8-73 所示。设置文字填充色为绿色（82、53、100、20），填充文字，效果如图 8-74 所示。

图 8-73

图 8-74

（15）在"字符"控制面板中，将"设置所选字符的字距调整"选项 ＶＡ 设为 540，其他选项的设置如图 8-75 所示；按 Enter 键确定操作，效果如图 8-76 所示。

图 8-75

图 8-76

（16）选择"文字"工具 **T**，在适当的位置分别输入需要的文字，选择"选择"工具 ▶，在属性栏中分别选择合适的字体并设置文字大小，效果如图 8-77 所示。选取文字"7"，如图 8-78 所示，按 Shift+Ctrl+O 组合键，将文字转化为轮廓，效果如图 8-79 所示。

图 8-77   图 8-78   图 8-79

（17）选择"对象 > 路径 > 偏移路径"命令，在弹出的对话框中进行设置，如图 8-80 所示；单击"确定"按钮，效果如图 8-81 所示。填充文字为白色，效果如图 8-82 所示。

图 8-80   图 8-81   图 8-82

（18）选择"文件 > 置入"命令，弹出"置入"对话框，选择云盘中的"Ch08 > 素材 > 制作脐橙线下海报 > 03"文件，单击"置入"按钮，在页面中单击置入图片，单击属性栏中的"嵌入"按钮，嵌入图片。选择"选择"工具 ▶，拖曳图片到适当的位置，效果如图 8-83 所示。连续按 Ctrl+[组合键，将图片向后移动到适当的位置，效果如图 8-84 所示。

图 8-83   图 8-84

（19）选择"选择"工具 ▶，按住 Shift 键的同时，单击数字"7"将其同时选取，如图 8-85 所示。按 Ctrl+7 组合键，建立剪切蒙版，效果如图 8-86 所示。

图 8-85

图 8-86

（20）选取文字"元 / 斤"，设置文字填充色为绿色（82、53、100、20），填充文字，效果如图 8-87 所示。

（21）选择"文字"工具 **T**，在适当的位置输入需要的文字，选择"选择"工具 ▶，在属性栏中选择合适的字体并设置文字大小，填充文字为白色，效果如图 8-88 所示。

图 8-87

图 8-88

（22）在"字符"控制面板中，将"设置所选字符的字距调整"选项 **VA** 设为 150，其他选项的设置如图 8-89 所示；按 Enter 键确定操作，效果如图 8-90 所示。

图 8-89

图 8-90

（23）选择"文字"工具 **T**，在文字"加"处单击插入光标，如图 8-91 所示。选择"文字 > 字形"命令，在弹出的"字形"面板中按需要进行设置并选择需要的字形，如图 8-92 所示；双击鼠标左键插入字形，效果如图 8-93 所示。脐橙线下海报制作完成，效果如图 8-94 所示。

图 8-91

图 8-92

图 8-93

图 8-94

8.2.2　制作图像蒙版

（1）使用"建立"命令制作。

选择"文件 > 置入"命令，在弹出的"置入"对话框中选择图像文件，如图 8-95 所示，单击"置入"按钮，图像出现在页面中，效果如图 8-96 所示。选择"椭圆"工具 ，在图像上绘制一个椭圆形作为蒙版，如图 8-97 所示。

图 8-95

图 8-96

图 8-97

选择"选择"工具 ，同时选中图像和椭圆形，如图 8-98 所示（作为蒙版的图形必须在图像的上面）。选择"对象 > 剪切蒙版 > 建立"命令（组合键为 Ctrl+7），制作出蒙版效果，如图 8-99 所示。图像在椭圆形蒙版外面的部分被隐藏，取消选取状态，蒙版效果如图 8-100 所示。

图 8-98

图 8-99

图 8-100

（2）使用鼠标右键快捷菜单命令制作蒙版。

选择"选择"工具 ▶，选中图像和椭圆形，在选中的对象上单击鼠标右键，在弹出的快捷菜单中选择"建立剪切蒙版"命令，制作出蒙版效果。

（3）用"图层"控制面板的下拉菜单命令制作蒙版。

选择"选择"工具 ▶，选中图像和椭圆形，单击"图层"控制面板右上方的按钮 ≡，在弹出的下拉菜单中选择"建立剪切蒙版"命令，制作出蒙版效果。

8.2.3　编辑图像蒙版

制作蒙版后，还可以对蒙版进行编辑，如查看、锁定蒙版、添加对象到蒙版和删除被蒙版的对象等操作。

1. 查看蒙版

选择"选择"工具 ▶，选中蒙版图像，如图 8-101 所示。单击"图层"控制面板右上方的图标 ≡，在弹出的菜单中选择"定位对象"命令，"图层"控制面板如图 8-102 所示，可以在"图层"控制面板中查看蒙版状态，也可以编辑蒙版。

图 8-101　　　　　　　　　　　　　　　　图 8-102

2. 锁定蒙版

选择"选择"工具 ▶，选中需要锁定的蒙版图像，如图 8-103 所示。选择"对象 > 锁定 > 所选对象"命令，可以锁定蒙版图像，效果如图 8-104 所示。

图 8-103　　　　　　　　　　　　　　　　图 8-104

3. 添加对象到蒙版

选中要添加的对象，如图 8-105 所示。选择"编辑 > 剪切"命令，剪切该对象。选择"直接选择"工具 ▷，选中被蒙版图形中的对象，如图 8-106 所示。选择"编辑 > 贴在前面 / 贴在后面"命令，就可以将要添加的对象粘贴到相应的蒙版图形的前面或后面，并成为图形的一部分，贴在前面的效果如图 8-107 所示。

图 8-105 | 图 8-106 | 图 8-107

4. 删除被蒙版的对象

选中被蒙版的对象，选择"编辑 > 清除"命令或按 Delete 键，即可删除被蒙版的对象。

也可以在"图层"控制面板中选中被蒙版对象所在图层，再单击"图层"控制面板下方的"删除所选图层"按钮 ，也可删除被蒙版的对象。

8.3 制作文本蒙版

在 Illustrator CC 2019 中，可以将文本制作为蒙版，可以使文本产生更为丰富的表现效果。

8.3.1 制作文本蒙版

（1）使用菜单栏命令制作文本蒙版。

选择"矩形"工具 ，绘制一个矩形，在"色板"控制面板中选择需要的图案样式，如图 8-108 所示，矩形被填充上此样式，效果如图 8-109 所示。

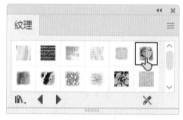

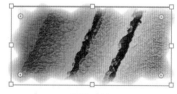

图 8-108 | 图 8-109

选择"文字"工具 ，在矩形上输入文字，选择"选择"工具 ，选中文字和矩形，如图 8-110 所示。选择"对象 > 剪切蒙版 > 建立"命令（组合键为 Ctrl+7），制作出蒙版效果，如图 8-111 所示。

图 8-110 | 图 8-111

（2）使用鼠标右键快捷菜单命令制作文本蒙版。

选择"选择"工具 ，选中图像和文字，在选中的对象上单击鼠标右键，在弹出的快捷菜单中选择"建立剪切蒙版"命令，制作出蒙版效果。

（3）使用"图层"控制面板的下拉菜单命令制作蒙版。

选择"选择"工具 ▶，选中图像和文字。单击"图层"控制面板右上方的按钮 ≡，在弹出的下拉菜单中选择"建立剪切蒙版"命令，制作出蒙版效果。

8.3.2　编辑文本蒙版

选择"选择"工具 ▶，选取被蒙版的文本，如图 8-112 所示。选择"文字 > 创建轮廓"命令，将文本转换为路径，路径上出现了许多锚点，效果如图 8-113 所示。

选择"直接选择"工具 ▷，选取路径上的锚点，就可以编辑修改被蒙版的文本，如图 8-114 所示。

图 8-112

图 8-113

图 8-114

8.4　"透明度"控制面板

在"透明度"控制面板中可以为对象添加透明度，还可以设置透明度的混合模式。

8.4.1　课堂案例——制作旅游海报

案例学习目标

学习使用"透明度"控制面板制作海报背景。

案例知识要点

使用"矩形"工具、"钢笔"工具和"旋转"工具制作海报背景，使用"透明度"控制面板调整图片混合模式和不透明度。旅游海报效果如图 8-115 所示。

效果所在位置

云盘 /Ch08/ 效果 / 制作旅游海报 .ai。

图 8-115

（1）按 Ctrl+N 组合键，弹出"新建文档"对话框，设置文档的宽度为 600 px，高度为 800 px，取向为竖向，颜色模式为 RGB，单击"创建"按钮，新建一个文档。

（2）选择"矩形"工具 ▭，绘制一个与页面大小相等的矩形，如图 8-116 所示。设置填充色为浅黄色（255、211、133），填充图形，并设置描边色为无，效果如图 8-117 所示。

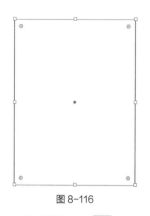

图 8-116

图 8-117

（3）选择"矩形"工具 ，在页面中绘制一个矩形，如图 8-118 所示。选择"钢笔"工具 ，在矩形下边中间的位置单击鼠标左键，添加一个锚点，如图 8-119 所示。分别在矩形左右两侧不需要的锚点上单击鼠标左键，删除锚点，效果如图 8-120 所示。

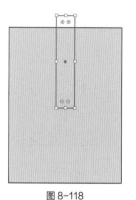

图 8-118

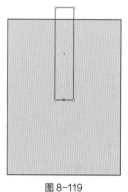

图 8-119

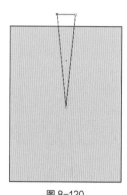

图 8-120

（4）选择"选择"工具 ，选取图形，选择"旋转"工具 ，按住 Alt 键的同时，在三角形底部锚点上单击，如图 8-121 所示，弹出"旋转"对话框，选项的设置如图 8-122 所示，单击"复制"按钮，旋转并复制图形，效果如图 8-123 所示。

图 8-121

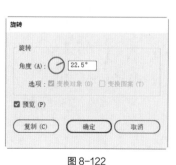

图 8-122

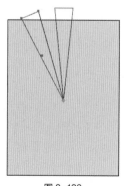

图 8-123

（5）连续按 Ctrl+D 组合键，复制出多个三角形，效果如图 8-124 所示。选择"选择"工具 ，按住 Shift 键的同时，依次单击复制的三角形将其同时选取，按 Ctrl+G 组合键，将其编组，如图 8-125 所示。

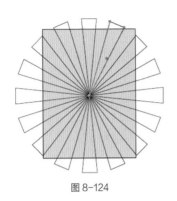
图 8-124

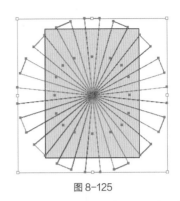
图 8-125

（6）填充图形为白色，并设置描边色为无，效果如图 8-126 所示。选择"窗口 > 透明度"命令，弹出"透明度"控制面板，将混合模式设为"柔光"，其他选项的设置如图 8-127 所示，按 Enter 键确定操作，效果如图 8-128 所示。

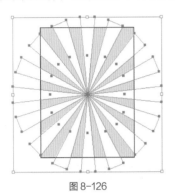
图 8-126

图 8-127

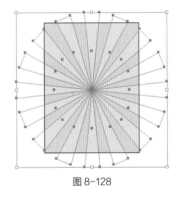
图 8-128

（7）选择"选择"工具▶，选取下方浅黄色矩形，按 Ctrl+C 组合键，复制矩形，按 Shift+Ctrl+V 组合键，就地粘贴矩形，如图 8-129 所示。按住 Shift 键的同时，单击下方白色编组图形将其同时选取，如图 8-130 所示，按 Ctrl+7 组合键，建立剪切蒙版，效果如图 8-131 所示。

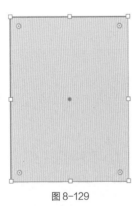
图 8-129

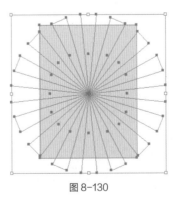
图 8-130

图 8-131

（8）按 Ctrl+O 组合键，打开云盘中的"Ch08 > 素材 > 制作旅游海报 > 01"文件，选择"选择"工具▶，选取需要的图形，按 Ctrl+C 组合键，复制图形。选择正在编辑的页面，按 Ctrl+V 组合键，将其粘贴到页面中，并拖曳复制的图形到适当的位置，效果如图 8-132 所示。旅游海报制作完成，效果如图 8-133 所示。

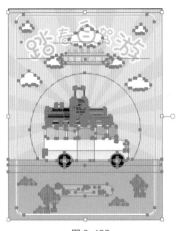

图 8-132

图 8-133

8.4.2 认识"透明度"控制面板

透明度是 Illustrator CC 2019 中对象的一个重要外观属性。绘图页面上的对象通过设置透明度，可以呈现完全透明、半透明或者不透明 3 种状态。在"透明度"控制面板中，可以改变对象的不透明度，还可以改变混合模式，从而制作出新的效果。

选择"窗口 > 透明度"命令（组合键为 Shift+Ctrl+F10），弹出"透明度"控制面板，如图 8-134 所示。单击控制面板右上方的按钮 ，在弹出的下拉菜单中选择"显示缩览图"命令，可以将"透明度"控制面板中的缩览图显示出来，如图 8-135 所示。在下拉菜单中选择"显示选项"命令，可以将"透明度"控制面板中的选项显示出来，如图 8-136 所示。

图 8-134

图 8-135

图 8-136

1. "透明度"控制面板的表面属性

在图 8-136 所示的"透明度"控制面板中，当前选中对象的缩略图出现在其中。当"不透明度"选项设置为不同的数值时，效果如图 8-137 所示（默认状态下，对象是完全不透明的）。

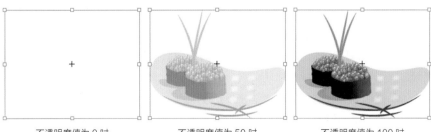

不透明度值为 0 时   不透明度值为 50 时   不透明度值为 100 时

图 8-137

选择"隔离混合"复选项：可以使不透明度设置只影响当前组合或图层中的其他对象。

选择"挖空组"复选项：可以使不透明度设置不影响当前组合或图层中的其他对象，但背景对象仍然受影响。

选择"不透明度和蒙版用来定义挖空形状"复选项：可以使用不透明度蒙版来定义对象的不透明度所产生的效果。

选中"图层"控制面板中要改变不透明度的图层，用鼠标单击图层右侧的目标图标 O，将其定义为目标图层，在"透明度"控制面板的"不透明度"选项中调整不透明度的数值，此时的调整会影响到整个图层不透明度的设置，包括此图层中已有的对象和将来绘制的任何对象。

2. "透明度"控制面板的下拉式命令

单击"透明度"控制面板右上方的按钮 ☰，弹出其下拉菜单，如图 8-138 所示。

图 8-138

"建立不透明蒙版"命令可以将蒙版的不透明度设置应用到它所覆盖的所有对象中。

在绘图页面中选中两个对象，如图 8-139 所示，选择"建立不透明蒙版"命令，"透明度"控制面板显示的效果如图 8-140 所示，制作不透明蒙版的效果如图 8-141 所示。

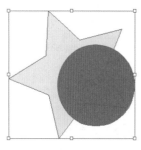

图 8-139   图 8-140   图 8-141

选择"释放不透明蒙版"命令，制作的不透明蒙版将被释放，对象恢复原来的效果。选中制作的不透明蒙版，选择"停用不透明蒙版"命令，不透明蒙版被禁用，"透明度"控制面板的变化如图 8-142 所示。

选中制作的不透明蒙版，选择"取消链接不透明蒙版"命令，蒙版对象和被蒙版对象之间的链接关系被取消。"透明度"控制面板中，蒙版对象和被蒙版对象缩略图之间的"指示不透明蒙版链接到图稿"按钮 🔗，转换为"单击可将不透明蒙版链接到图稿"按钮 🔗，如图 8-143 所示。

图 8-142

图 8-143

选中制作的不透明蒙版，勾选"透明度"控制面板中的"剪切"复选项，如图 8-144 所示，不透明蒙版的变化效果如图 8-145 所示。勾选"透明度"控制面板中的"反相蒙版"复选项，如图 8-146 所示，不透明蒙版的变化效果如图 8-147 所示。

图 8-144

图 8-145

图 8-146

图 8-147

8.4.3 "透明度"控制面板中的混合模式

在"透明度"控制面板中提供了 16 种混合模式，如图 8-148 所示。打开一幅图像，如图 8-149 所示。在图像上选取需要的图形，如图 8-150 所示。

图 8-148

图 8-149

图 8-150

分别选择不同的混合模式，可以观察图像的不同变化，效果如图 8-151 所示。

正常模式

变暗模式

正片叠底模式

颜色加深模式

变亮模式

滤色模式

颜色减淡模式

叠加模式

柔光模式

强光模式

差值模式

排除模式

色相模式

饱和度模式

混色模式

明度模式

图 8-151

课堂练习——制作旅游出行微信运营海报

 ## 练习知识要点

使用"置入"命令、"文字"工具、"建立剪切蒙版"命令添加并编辑标题文字，使用"文字"工具、"字符"控制面板添加宣传性文字。旅游出行微信运营海报效果如图 8-152 所示。

图 8-152

扫码观看
本案例视频

效果所在位置

云盘 /Ch08/ 效果 / 制作旅游出行微信运营海报 .ai。

课后习题——制作礼券

 习题知识要点

使用"矩形"工具绘制背景效果；使用"剪切蒙版"命令制作图片的剪切蒙版效果，使用"画笔库"命令制作印章效果，使用"符号库"命令添加徽标元素。礼券效果如图 8-153 所示。

扫码观看
本案例视频

图 8-153

 效果所在位置

云盘/Ch08/效果/制作礼券.ai。

09

第9章
使用混合与封套效果

学习引导

本章将重点讲解混合与封套效果的制作方法。使用"混合"命令可以产生颜色和形状的混合，生成中间对象的逐级变形。"封套"命令是 Illustrator CC 2019 中很实用的一个命令，使用"封套"命令可以用图形对象轮廓来约束其他对象的行为。

知识目标

1. 掌握混合对象的创建方法
2. 掌握继续混合其他对象的方法
3. 掌握更改混合路径的技巧
4. 掌握封套效果的使用方法

能力目标

1. 掌握火焰贴纸的制作方法
2. 掌握音乐节海报的制作方法
3. 掌握果果代金券的制作方法
4. 掌握锯齿状文字效果的制作方法

素质目标

1. 培养能够正确理解他人问题的沟通能力
2. 培养提升工作质量的责任意识
3. 培养具有独到见解的思考力和创新思维

9.1 混合效果的使用

　　"混合"命令可以创建一系列处于两个自由形状之间的路径,也就是一系列样式递变的过渡图形。该命令可以在两个或两个以上的图形对象之间使用。

9.1.1　课堂案例——制作火焰贴纸

案例学习目标

　　学习使用"混合"工具制作图形混合效果。

案例知识要点

　　使用"星形"工具、"圆角"命令绘制多角星形,使用"椭圆"工具、"描边"控制面板制作虚线,使用"钢笔"工具、"混合"工具制作火焰。火焰贴纸效果如图 9-1 所示。

图 9-1

扫码观看
本案例视频

扫码查看
扩展案例

效果所在位置

　　云盘 /Ch09/ 效果 / 制作火焰贴纸 .ai。

　　(1)按 Ctrl+N 组合键,弹出"新建文档"对话框,设置文档的宽度为 300mm,高度为 300mm,取向为竖向,颜色模式为 CMYK,单击"创建"按钮,新建一个文档。

　　(2)选择"星形"工具 ⭐ ,在页面中单击鼠标左键,弹出"星形"对话框,选项的设置如图 9-2 所示,单击"确定"按钮,出现一个星形。选择"选择"工具 ▶ ,拖曳星形到适当的位置,效果如图 9-3 所示。

图 9-2

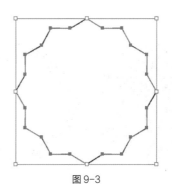

图 9-3

　　(3)选择"效果 > 风格化 > 圆角"命令,在弹出的对话框中进行设置,如图 9-4 所示;单击"确定"按钮,效果如图 9-5 所示。设置图形填充色为绿色(80、73、72、46),填充图形,并设置描边色为无,效果如图 9-6 所示。

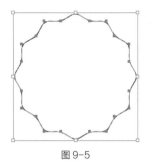

图9-4　　　　　　　　　　　图9-5　　　　　　　　　　　图9-6

（4）选择"椭圆"工具 ◯，按住 Alt+Shift 组合键的同时，以多角星形的中点为圆心绘制一个圆形，填充描边为白色，效果如图9-7所示。

（5）选择"窗口 > 描边"命令，弹出"描边"控制面板，勾选"虚线"复选项，数值被激活，各选项的设置如图9-8所示；按 Enter 键确定操作，效果如图9-9所示。

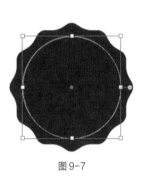

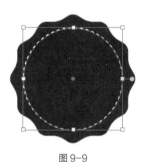

图9-7　　　　　　　　　　　图9-8　　　　　　　　　　　图9-9

（6）按 Ctrl+C 组合键，复制图形，按 Ctrl+F 组合键，将复制的图形粘贴在前面。选择"选择"工具 ▶，按住 Alt+Shift 组合键的同时，拖曳右上角的控制手柄，等比例缩小图形，效果如图9-10所示。按 Shift+X 组合键，互换填色和描边，效果如图9-11所示。

（7）选择"钢笔"工具 ✎，在适当的位置分别绘制2个不规则闭合图形，如图9-12所示。分别设置图形填充色为酒红色（49、91、67、13）、土黄色（2、45、83、0），填充图形，并设置描边色为无，效果如图9-13所示。

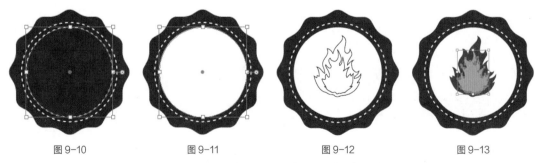

图9-10　　　　　　图9-11　　　　　　图9-12　　　　　　图9-13

（8）将两个矩形同时选取，双击"混合"工具 ▥，在弹出的对话框中进行设置，如图9-14所示，单击"确定"按钮，在两个不规则闭合图形上单击鼠标，生成混合，效果如图9-15所示。在属性栏中将"不透明度"选项设为90%，按 Enter 键确定操作，效果如图9-16所示。

图 9-14

图 9-15

图 9-16

（9）用相同的方法制作其他混合图形，效果如图 9-17 所示。选择"钢笔"工具 ，在适当的位置分别绘制 2 个不规则闭合图形，如图 9-18 所示。分别设置图形填充色为酒红色（49、91、67、13）、深黑色（91、97、71、65），填充图形，并设置描边色为无，效果如图 9-19所示。

图 9-17

图 9-18

图 9-19

（10）用相同的方法绘制其他图形，并填充相应的颜色，效果如图 9-20 所示。选择"星形"工具 ，在页面中单击鼠标左键，弹出"星形"对话框，选项的设置如图 9-21 所示，单击"确定"按钮，出现一个星形。选择"选择"工具 ，拖曳星形到适当的位置，效果如图 9-22 所示。

图 9-20

图 9-21

图 9-22

（11）保持图形选取状态。设置图形填充色为土黄色（4、31、89、0），填充图形，并设置描边色为无，效果如图 9-23 所示。

（12）选择"选择"工具 ，按住 Alt+Shift 组合键的同时，水平向右拖曳图形到适当的位置，复制图形，效果如图 9-24 所示。火焰贴纸制作完成，效果如图 9-25 所示。

图 9-23

图 9-24

图 9-25

9.1.2 创建混合对象

选择"混合"命令可以对整个图形、部分路径或控制点进行混合。混合对象后，中间各级路径上的点的数量、位置以及点之间线段的性质取决于起始对象和终点对象上点的数目，同时还取决于在每个路径上指定的特定点。

"混合"命令试图匹配起始对象和终点对象上的所有点，并在每对相邻的点间画条线段。起始对象和终点对象最好包含相同数目的控制点。如果两个对象含有不同数目的控制点，Illustrator 将在中间级中增加或减少控制点。

1. 创建混合对象

（1）应用"混合"工具创建混合对象。

选择"选择"工具 ▶，选取要进行混合的两个对象，如图 9-26 所示。选择"混合"工具 ，用鼠标单击要混合的起始图像，如图 9-27 所示。

图 9-26   图 9-27

在另一个要混合的图像上进行单击，将它设置为目标图像，如图 9-28 所示，绘制出的混合图像效果如图 9-29 所示。

图 9-28   图 9-29

（2）应用菜单栏命令创建混合对象。

选择"选择"工具 ▶，选取要进行混合的对象。选择"对象 > 混合 > 建立"命令（组合键为Alt+Ctrl+B），绘制出混合图像。

2. 创建混合路径

选择"选择"工具 ▶，选取要进行混合的对象，如图 9-30 所示。选择"混合"工具 ，用鼠标单击要混合的起始路径上的某一节点，鼠标指针变为实心，如图 9-31 所示。用鼠标单击另一个要混合的目标路径上的某一节点，将它设置为目标路径，如图 9-32 所示。

图 9-30   图 9-31   图 9-32

绘制出混合路径，效果如图 9-33 所示。

图 9-33

提示 在起始路径和目标路径上单击的节点不同，所得出的混合效果也不同。

3. 继续混合其他对象

选择"混合"工具 ，用鼠标单击混合路径中最后一个混合对象路径上的节点，如图 9-34 所示。

图 9-34

单击想要添加的其他对象路径上的节点，如图 9-35 所示。继续混合对象后的效果如图 9-36 所示。

图 9-35

图 9-36

4. 释放混合对象

选择"选择"工具 ▶，选取一组混合对象，如图 9-37 所示。选择"对象 > 混合 > 释放"命令（组合键为 Alt+Shift+Ctrl+B），释放混合对象，效果如图 9-38 所示。

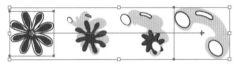

图 9-37

图 9-38

5. 使用"混合选项"对话框

选择"选择"工具 ▶，选取要进行混合的对象，如图 9-39 所示。选择"对象 > 混合 > 混合选项"命令，弹出"混合选项"对话框，在对话框中"间距"选项的下拉列表中选择"平滑颜色"，可以使混合的颜色保持平滑，如图 9-40 所示。

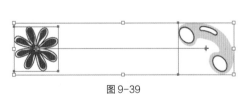

图 9-39

图 9-40

在对话框中"间距"选项的下拉列表中选择"指定的步数"，可以设置混合对象的步骤数，如图 9-41 所示。在对话框中"间距"选项的下拉列表中选择"指定的距离"选项，可以设置混合对象间的距离，如图 9-42 所示。

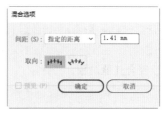

图 9-41　　　　　　　　　　　　　图 9-42

在对话框的"取向"选项组中有两个选项按钮可以选择："对齐页面"按钮和"对齐路径"按钮，如图 9-43 所示。设置好每个选项后，单击"确定"按钮。选择"对象 > 混合 > 建立"命令，将对象混合，效果如图 9-44 所示。

图 9-43　　　　　　　　　　　　　　　　　　

图 9-44

9.1.3　混合的形状

"混合"命令可以将一种形状变形成另一种形状。

1. 多个对象的混合变形

选择"钢笔"工具 ，在页面上绘制 4 个形状不同的对象，如图 9-45 所示。

选择"混合"工具 ，单击第 1 个对象，接着按照顺时针的方向，依次单击每个对象，这样每个对象都被混合了，效果如图 9-46 所示。

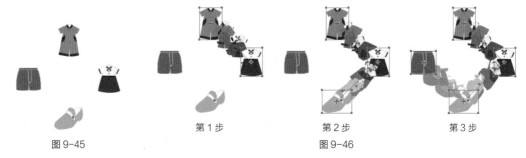

图 9-45　　　　　　　　　图 9-46

2. 绘制立体效果

选择"钢笔"工具 ，在页面上绘制灯笼的上底、下底和边缘线，如图 9-47 所示。选取灯笼的左右两条边缘线，如图 9-48 所示。

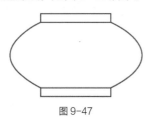　　　　　　　　　　　　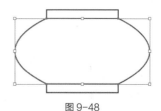

图 9-47　　　　　　　　　　　　　　　　图 9-48

选择"对象 > 混合 > 混合选项"命令，弹出"混合选项"对话框，设置"指定的步数"选项后的文本框中的数值为 4，在"取向"选项组中选择"对齐页面"按钮，如图 9-49 所示，单击"确定"按钮。选择"对象 > 混合 > 建立"命令，灯笼上面的立体竹竿即绘制完成，效果如图 9-50 所示。

图 9-49

图 9-50

9.1.4　编辑混合路径

在制作混合图形之前，需要修改混合选项的设置，否则系统将采用默认的设置建立混合图形。

混合得到的图形由混合路径相连接，自动创建的混合路径默认是直线，如图 9-51 所示，可以编辑这条混合路径。编辑混合路径可以添加、减少控制点，以及扭曲混合路径，也可将直角控制点转换为曲线控制点。

图 9-51

选择"对象 > 混合 > 混合选项"命令，弹出"混合选项"对话框，在"间距"选项的下拉列表中包括 3 个选项，如图 9-52 所示。

"平滑颜色"选项：按进行混合的两个图形的颜色和形状来确定混合的步数，为默认的选项，效果如图 9-53 所示。

图 9-52

图 9-53

"指定的步数"选项：控制混合的步数。当"指定的步数"选项设置为 2 时，效果如图 9-54 所示。当"指定的步数"选项设置为 7 时，效果如图 9-55 所示。

图 9-54

图 9-55

"指定的距离"选项：控制每一步混合的距离。当"指定的距离"选项设置为 25 时，效果如图 9-56 所示。当"指定的距离"选项设置为 2 时，效果如图 9-57 所示。

图 9-56

图 9-57

如果想要将混合图形与存在的路径结合，同时选取混合图形和外部路径，选择"对象 > 混合 > 替换混合轴"选项，可以替换混合图形中的混合路径，混合轴替换前后的效果对比如图 9-58 和图 9-59 所示。

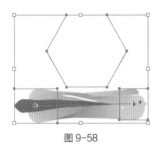

图 9-58

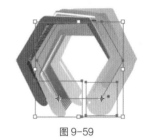

图 9-59

9.1.5 编辑混合对象

1. 改变混合图像的重叠顺序

选取混合图像，选择"对象 > 混合 > 反向堆叠"命令，混合图像的重叠顺序将被改变，改变前后的效果对比如图 9-60 和图 9-61 所示。

图 9-60

图 9-61

2. 打散混合图像

选取混合图像，选择"对象 > 混合 > 扩展"命令，混合图像将被打散，打散后的前后效果对比如图 9-62 和图 9-63 所示。

图 9-62

图 9-63

9.2 封套效果的使用

Illustrator CC 2019 中提供了不同形状的封套，利用不同的封套类型可以改变选定对象的形状。封套不仅可以应用到选定的图形中，还可以应用于路径、复合路径、文本对象、网格、混合或导入的位图当中。

当对一个对象使用封套时，对象就像被放入一个特定的容器中，封套使对象的本身发生相应的变化。同时，对于应用了封套的对象，还可以对其进行一定的编辑，如修改、删除等操作。

9.2.1　课堂案例——制作音乐节海报

案例学习目标

学习使用绘图工具和"封套扭曲"命令制作音乐节海报。

案例知识要点

使用"添加锚点"工具和"锚点"工具添加并编辑锚点，使用"极坐标网格"工具、"渐变"工具、"用网格建立"命令和"直接选择"工具制作装饰图形，使用"矩形"工具、"用变形建立"命令制作琴键。音乐节海报效果如图 9-64 所示。

效果所在位置

云盘 /Ch09/ 效果 / 制作音乐节海报 .ai。

图 9-64

（1）按 Ctrl+N 组合键，弹出"新建文档"对话框，设置文档的宽度为 1 080 px，高度为 1 440 px，取向为竖向，颜色模式为 RGB，单击"创建"按钮，新建一个文档。

（2）选择"矩形"工具 ▣，绘制一个与页面大小相等的矩形，如图 9-65 所示。设置填充色为粉色（250、233、217），填充图形，并设置描边色为无，效果如图 9-66 所示。

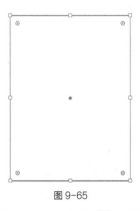

图 9-65

图 9-66

（3）使用"矩形"工具 ▣，在适当的位置再绘制一个矩形，设置填充色为蓝色（47、50、139），填充图形，并设置描边色为无，效果如图 9-67 所示。

（4）选择"添加锚点"工具 ✎，在矩形上边适当的位置单击鼠标左键，添加一个锚点，如图 9-68 所示。选择"直接选择"工具 ▷，按住 Shift 键的同时，单击右侧的锚点将其同时选取，并向下拖曳选中的锚点到适当的位置，效果如图 9-69 所示。

图 9-67

图 9-68

图 9-69

（5）选择"添加锚点"工具 ，在斜边适当的位置单击鼠标左键，添加一个锚点，如图 9-70 所示。选择"锚点"工具 ，单击并拖曳锚点的控制手柄，将所选锚点转换为平滑锚点，效果如图 9-71 所示。拖曳下方的控制手柄到适当的位置，调整其弧度，效果如图 9-72 所示。

图 9-70

图 9-71

图 9-72

（6）选择"极坐标网格"工具 ，在页面中单击鼠标左键，弹出"极坐标网格工具选项"对话框，设置如图 9-73 所示，单击"确定"按钮，出现一个极坐标网格。选择"选择"工具 ，拖曳极坐标网格到适当的位置，效果如图 9-74 所示。

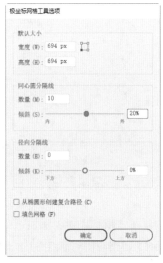
图 9-73

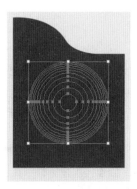
图 9-74

（7）在属性栏中将"描边粗细"选项设置为 3 pt，按 Enter 键确定操作，效果如图 9-75 所示。双击"渐变"工具 ，弹出"渐变"控制面板，选中"线性渐变"按钮 ，在色谱条上设置 4 个色标，分别将色标的位置设为 0、33、70、100，并分别设置颜色为 0（68、71、153）、33（88、65、150）、70（124、62、147）、100（186、56、147），其他选项的设置如图 9-76 所示，图形描边被填充为渐变色，效果如图 9-77 所示。

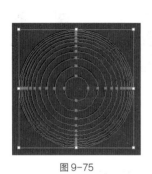

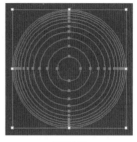

图 9-75　　　　　　　　　　　　图 9-76　　　　　　　　　　　　图 9-77

（8）选择"对象 > 封套扭曲 > 用网格建立"命令，弹出"封套网格"对话框，选项的设置如图 9-78 所示，单击"确定"，建立网格封套，效果如图 9-79 所示。

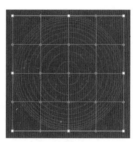

图 9-78　　　　　　　　　　　　　　　　　　　　图 9-79

（9）选择"直接选择"工具 ，选中并拖曳封套上需要的锚点到适当的位置，效果如图 9-80 所示。用相同的方法对封套其他锚点进行扭曲变形，效果如图 9-81 所示。

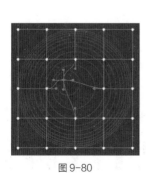

图 9-80　　　　　　　　　　　　　图 9-81

（10）选择"矩形"工具 ，在页面外绘制一个矩形，设置填充色为粉色（250、233、217），填充图形，并设置描边色为无，效果如图 9-82 所示。

（11）选择"选择"工具 ，按住 Alt+Shift 组合键的同时，水平向右拖曳矩形到适当的位置，复制矩形，效果如图 9-83 所示。选择"矩形"工具 ，在适当的位置绘制一个矩形，填充图形为黑色，并设置描边色为无，效果如图 9-84 所示。

（12）选择"选择"工具 ▶，用框选的方法将所绘制的矩形同时选取，按 Ctrl+G 组合键，将其编组，如图 9-85 所示。按住 Alt+Shift 组合键的同时，水平向右拖曳编组图形到适当的位置，复制编组图形，效果如图 9-86 所示。连续按 Ctrl+D 组合键，复制出多个图形，效果如图 9-87 所示。

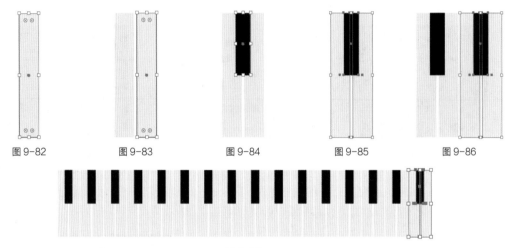

图 9-82 图 9-83 图 9-84 图 9-85 图 9-86

图 9-87

（13）选择"选择"工具 ▶，用框选的方法将所复制的图形同时选取，按 Ctrl+G 组合键，将其编组，如图 9-88 所示。

图 9-88

（14）双击"镜像"工具 ，弹出"镜像"对话框，选项的设置如图 9-89 所示；单击"复制"按钮，镜像并复制图形，效果如图 9-90 所示。

图 9-89

图 9-90

（15）选择"选择"工具 ▶，按住 Shift 键的同时，垂直向下拖曳复制的图形到适当的位置，效果如图 9-91 所示。

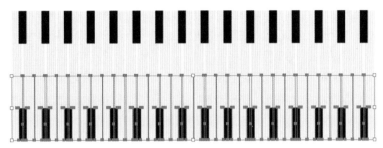

图 9-91

（16）选择"选择"工具 ▶，按住 Shift 键的同时，单击原编组图形将其同时选取，如图 9-92
所示。

图 9-92

（17）选择"对象 > 封套扭曲 > 用变形建立"命令，弹出"变形选项"对话框，选项的设置如
图 9-93 所示，单击"确定"，建立鱼形封套，效果如图 9-94 所示。

图 9-93

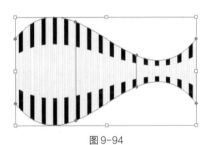

图 9-94

（18）选择"对象 > 封套扭曲 > 扩展"命令，打散封套图形，如图 9-95 所示。按 Shift+
Ctrl+G 组合键，取消图形编组。选取下方的鱼形封套，如图 9-96 所示，按 Delete 键将其删除，如
图 9-97 所示。

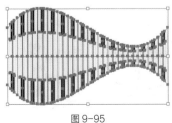

图 9-95

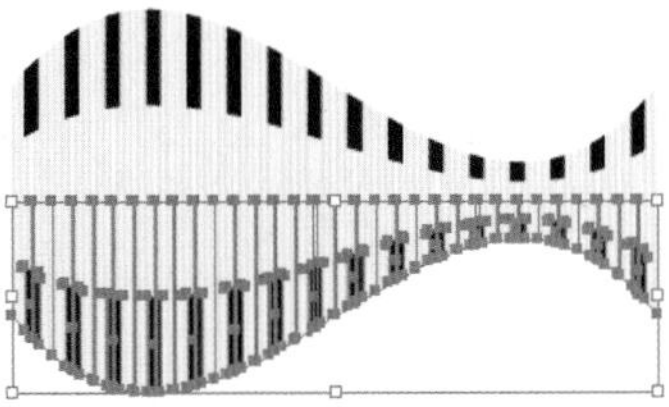

图 9-96

图 9-97

（19）选择"选择"工具 ▶，选取上方的鱼形封套，并将其拖曳到页面中适当的位置，效果如图 9-98 所示。选择"矩形"工具 ▣，在适当的位置绘制一个矩形，设置描边色为蓝色（47、50、139），填充描边，效果如图 9-99 所示。

（20）按 Ctrl+O 组合键，打开云盘中的"Ch09 > 素材 > 制作音乐节海报 > 01"文件，选择"选择"工具 ▶，选取需要的图形，按 Ctrl+C 组合键，复制图形。选择正在编辑的页面，按 Ctrl+V 组合键，将其粘贴到页面中，并拖曳复制的图形到适当的位置，效果如图 9-100 所示。音乐节海报制作完成，效果如图 9-101 所示。

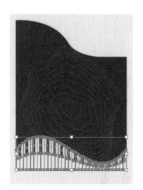
图 9-98

图 9-99

图 9-100

图 9-101

9.2.2　创建封套

当需要使用封套来改变对象的形状时，可以应用程序所预设的封套图形，或者使用"网格"工具调整对象，还可以使用自定义图形作为封套。但是，该图形必须处于所有对象的最上层。

（1）使用应用程序预设的形状创建封套。

选中对象，选择"对象 > 封套扭曲 > 用变形建立"命令（组合键为 Alt+Shift+Ctrl+W），弹出"变形选项"对话框，如图 9-102 所示。

在"样式"选项的下拉列表中提供了 15 种封套类型，可根据需要选择，如图 9-103 所示。

"水平"选项和"垂直"选项用来设置指定封套类型的放置位置。选定一个选项，在"弯曲"选项中设置对象的弯曲程度,可以设置应用封套类型在水平或垂直方向上的比例。勾选"预览"复选项，预览设置的封套效果，单击"确定"按钮，将设置好的封套应用到选定的对象中，图形应用封套前后的对比效果如图 9-104 所示。

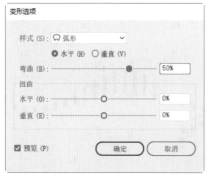
图 9-102

图 9-103

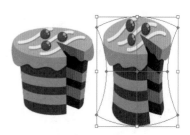
图 9-104

（2）使用网格建立封套。

选中对象，选择"对象 > 封套扭曲 > 用网格建立"命令（组合键为 Alt+Ctrl+M），弹出"封套网格"对话框。在"行数"选项和"列数"选项的文本框中，可以根据需要输入网格的行数和列数，如图 9-105 所示，单击"确定"按钮，设置完成的网格封套将应用到选定的对象中，如图 9-106所示。

设置完成的网格封套还可以通过"网格"工具进行编辑。选择"网格"工具，单击网格封套对象，即可增加对象上的网格数，如图 9-107 所示。按住 Alt 键的同时，单击对象上的网格点和网格线，可以减少网格封套的行数和列数。用"网格"工具拖曳网格点可以改变对象的形状，如图 9-108 所示。

 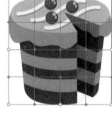 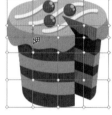 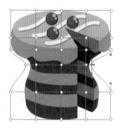

图 9-105　　　　　　　　图 9-106　　　　　　图 9-107　　　　　　图 9-108

（3）使用路径建立封套。

同时选中对象和想要用来作为封套的路径（这时封套路径必须处于所有对象的最上层），如图9-109 所示。选择"对象 > 封套扭曲 > 用顶层对象建立"命令（组合键为 Alt+Ctrl+C），使用路径创建的封套效果如图 9-110 所示。

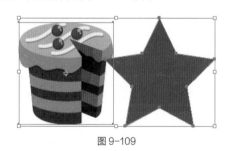 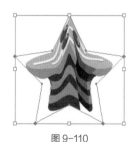

图 9-109　　　　　　　　　　　　　　　　图 9-110

9.2.3　编辑封套

用户可以对创建的封套进行编辑。由于创建的封套是将封套和对象组合在一起的，所以，既可以编辑封套，也可以编辑对象，但是两者不能同时编辑。

1.　编辑封套形状

选择"选择"工具，选取一个含有对象的封套。选择"对象 > 封套扭曲 > 用变形重置"命令或"用网格重置"命令，弹出"变形选项"对话框或"重置封套网格选项"对话框，这时，可以根据需要重新设置封套类型，效果如图 9-111 和图 9-112 所示。

选择"直接选择"工具或使用"网格"工具可以拖动封套上的锚点进行编辑。还可以使用"变形"工具对封套进行扭曲变形，效果如图 9-113 所示。

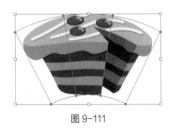

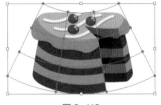

图 9-111 图 9-112 图 9-113

2. 编辑封套内的对象

选择"选择"工具 ▶，选取含有封套的对象，如图 9-114 所示。选择"对象 > 封套扭曲 > 编辑内容"命令（组合键为 Shift+Ctrl+V），对象将会显示原来的选择框，如图 9-115 所示。这时在"图层"控制面板中的封套图层左侧将显示一个小箭头，这表示可以修改封套中的内容，如图 9-116 所示。

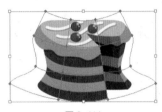

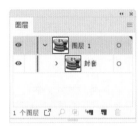

图 9-114 图 9-115 图 9-116

9.2.4 设置封套属性

可以对封套进行设置，使封套更好地符合图形绘制的要求。

选择一个封套对象，选择"对象 > 封套扭曲 > 封套选项"命令，弹出"封套选项"对话框，如图 9-117 所示。

图 9-117

勾选"消除锯齿"复选项，可以在使用封套变形的时候防止锯齿的产生，保持图形的清晰度。在编辑非直角封套时，可以选择"剪切蒙版"和"透明度"两种方式保护图形。"保真度"选项设置对象适合封套的保真度。勾选"扭曲外观"复选项后，下方的两个复选项将被激活。它可使对象具有外观属性，如应用了特殊效果，对象也将随之发生扭曲变形。"扭曲线性渐变填充"和"扭曲图案填充"复选项，分别用于扭曲对象的直线渐变填充和图案填充。

课堂练习——制作果果代金券

🔗 练习知识要点

使用"文字"工具添加文字，使用"混合"工具、"建立"命令制作立体化文字效果，使用"星形"工具、"直线段"工具和"渐变"控制面板制作装饰图形。果果代金券效果如图 9-118 所示。

图 9-118

扫码观看
本案例视频

📁 效果所在位置

云盘 /Ch09/ 效果 / 制作果果代金券 .ai。

课后习题——制作锯齿状文字效果

🔗 习题知识要点

使用"文字"工具、"就地粘贴"命令和"描边"控制面板制作锯齿状文字，使用"用变形建立"命令将锯齿状文字变形。锯齿状文字效果如图 9-119 所示。

图 9-119

扫码观看
本案例视频

📁 效果所在位置

云盘 /Ch09/ 效果 / 制作锯齿状文字效果 .ai。

10 第 10 章
效果的使用

学习引导

本章将主要介绍 Illustrator CC 2019 中强大的效果功能。通过本章的学习，读者可以掌握效果的使用方法，并将丰富的图形图像效果应用到实际操作中。

知识目标

1. 了解效果菜单和重复应用效果命令
2. 掌握"Illustrator"效果的使用方法
3. 掌握"Photoshop"效果的使用方法
4. 掌握图形样式和外观控制面板的使用技巧

能力目标

1. 掌握矛盾空间效果 logo 的制作方法
2. 掌握学术讲座海报的制作方法
3. 掌握文化传媒微信运营海报的制作方法
4. 掌握餐饮食品招贴的制作方法

素质目标

1. 培养对信息加工整合并合理使用的能力
2. 培养科学运用方法合理表现内容的能力
3. 培养总结项目和积极反思的能力

10.1　介绍效果

在 Illustrator CC 2019 中，使用"效果"命令可以快速地处理图像，通过对图像的变形和变色来使其更加精美。所有的"效果"命令都放置在"效果"菜单下，如图 10-1 所示。

"效果"菜单包括 4 个部分。第 1 部分是重复应用上一个效果的命令，第 2 部分是文档栅格化效果的设置，第 3 部分是应用于矢量图的效果命令，第 4 部分是应用于位图的效果命令。

图 10-1

10.2　重复应用"效果"命令

"效果"菜单的第 1 部分有两个命令，分别是"应用上一个效果"命令和"上一个效果"命令。当没有使用过任何效果时，这两个命令为灰色不可用状态，如图 10-2 所示。使用过效果后，这两个命令将显示为上次所使用的效果命令。例如，如果上次使用了"效果 > 扭曲和变换 > 扭转"命令，那么菜单将变为图 10-3 所示的命令。

图 10-2 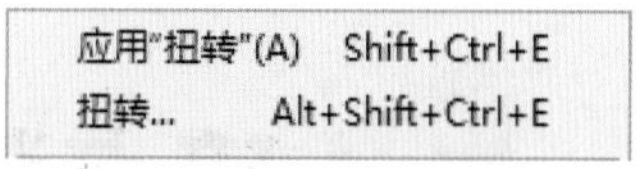　　　　　　　　　　　　　　　　图 10-3

选择"应用上一个效果"命令可以直接使用上次效果操作时所设置好的数值，把效果添加到图像上。打开文件，如图 10-4 所示，使用"效果 > 扭曲和变换 > 扭转"命令，设置扭曲度为 40°，效果如图 10-5 所示。选择"应用'扭转'"命令，可以保持第 1 次设置的数值不变，使图像再次扭曲40°，如图 10-6 所示。

在上例中，如果选择"扭转"命令，将弹出"扭转"对话框，可以重新输入新的数值，如图10-7 所示，单击"确定"按钮，得到的效果如图 10-8 所示。

图 10-4

图 10-5

图 10-6

图 10-7

图 10-8

10.3　Illustrator 效果

Illustrator 效果为矢量效果，可以同时应用于矢量和位图对象，它包括"栅格化"效果、"裁剪标记"效果和 8 个效果组，每个效果组又包括多个效果。

10.3.1　课堂案例——制作矛盾空间效果 Logo

 案例学习目标

学习使用"矩形"工具和"3D"命令制作矛盾空间效果 Logo。

 案例知识要点

使用"矩形"工具、"凸出和斜角"命令、"路径查找器"控制面板和"渐变"工具制作矛盾空间效果 Logo，使用"文字"工具输入 Logo 文字。矛盾空间效果 Logo 如图 10-9 所示。

图 10-9

扫码观看
本案例视频

扫码查看
扩展案例

 效果所在位置

云盘 /Ch10/ 效果 / 制作矛盾空间效果 Logo.ai。

（1）按 Ctrl+N 组合键，弹出"新建文档"对话框，设置文档的宽度为 800 px，高度为 600 px，取向为横向，颜色模式为 RGB，单击"创建"按钮，新建一个文档。

（2）选择"矩形"工具 ▢，在页面中单击鼠标左键，弹出"矩形"对话框，选项的设置如图 10-10 所示，单击"确定"按钮，出现一个正方形。选择"选择"工具 ▶，拖曳正方形到适当的位置，效果如图 10-11 所示。设置填充色为浅蓝色（109、213、250），填充图形，并设置描边色为无，效果如图 10-12 所示。

图 10-10

图 10-11

图 10-12

（3）选择"效果 > 3D > 凸出和斜角"命令，弹出"3D 凸出和斜角选项"对话框，设置如图 10-13 所示，单击"确定"按钮，效果如图 10-14 所示。选择"对象>扩展外观"命令，扩展图形外观，效果如图 10-15 所示。

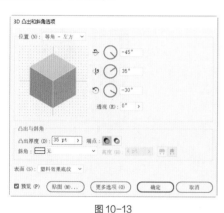

图 10-13

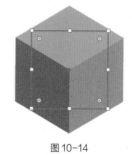

图 10-14

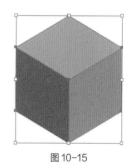

图 10-15

（4）选择"直接选择"工具 ▷，用框选的方法将长方体下方需要的锚点同时选取，如图 10-16 所示，并向下拖曳锚点到适当的位置，效果如图 10-17 所示。

（5）选择"选择"工具 ▶，按住 Alt+Shift 组合键的同时，水平向右拖曳图形到适当的位置，复制图形，效果如图 10-18 所示。

图 10-16

图 10-17

图 10-18

（6）选择"直接选择"工具 ▷，用框选的方法将右侧长方体下方需要的锚点同时选取，如图 10-19 所示，并向上拖曳锚点到适当的位置，效果如图 10-20 所示。

图 10-19   图 10-20

（7）选择"选择"工具 ▶，用框选的方法将两个长方体同时选取，如图 10-21 所示，再次单击左侧长方体将其作为参照对象，如图 10-22 所示，在属性栏中单击"垂直居中对齐"按钮 ▦，对齐效果如图 10-23 所示。

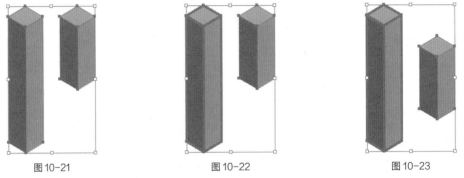

图 10-21   图 10-22   图 10-23

（8）选择"选择"工具 ▶，选取右侧的长方体，如图 10-24 所示，按住 Alt 键的同时，向左上角拖曳图形到适当的位置，复制图形，效果如图 10-25 所示。

（9）选择"窗口 > 变换"命令，弹出"变换"控制面板，将"旋转"选项设为 60°，如图 10-26 所示，按 Enter 键确定操作；拖曳旋转后的长方体到适当的位置，效果如图 10-27 所示。

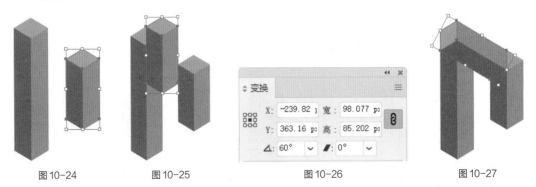

图 10-24   图 10-25   图 10-26   图 10-27

（10）双击"镜像"工具 ◁▸，弹出"镜像"对话框，选项的设置如图 10-28 所示；单击"复制"按钮，镜像并复制图形，效果如图 10-29 所示。选择"选择"工具 ▶，按住 Shift 键的同时，垂直向下拖曳复制的图形到适当的位置，效果如图 10-30 所示。

图 10-28

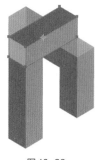

图 10-29

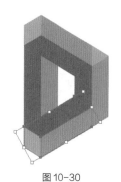

图 10-30

（11）选择"选择"工具▶，用框选的方法将所绘制的图形同时选取，连续 3 次按 Shift+ Ctrl+G 组合键，取消图形编组，如图 10-31 所示。选取左侧需要的图形，如图 10-32 所示，按 Shift+Ctrl+] 组合键，将其置于顶层，效果如图 10-33 所示。用相同的方法调整其他图形顺序，效果如图 10-34 所示。

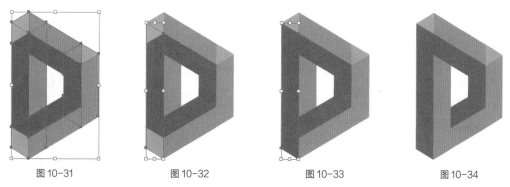

图 10-31　　　　　　　　图 10-32　　　　　　　　图 10-33　　　　　　　　图 10-34

（12）选取上方需要的图形，如图 10-35 所示。选择"吸管"工具✐，将吸管图标✐放置在右侧需要的图形上，如图 10-36 所示，单击鼠标左键吸取属性，如图 10-37 所示。选择"选择"工具▶，按 Shift+Ctrl+] 组合键，将其置于顶层，效果如图 10-38 所示。

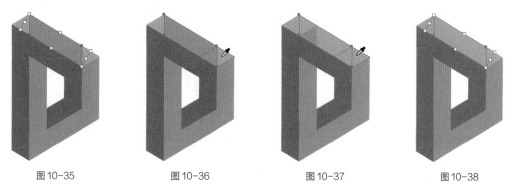

图 10-35　　　　　　　　图 10-36　　　　　　　　图 10-37　　　　　　　　图 10-38

（13）放大显示视图。选择"直接选择"工具▷，分别调整转角处的每个锚点，使其每个角或边对齐，效果如图 10-39 所示。选择"选择"工具▶，用框选的方法将所绘制的图形同时选取，如图 10-40 所示。选择"窗口 > 路径查找器"命令，弹出"路径查找器"控制面板，单击"分割"按

钮 ▣，如图 10-41 所示，生成新对象，效果如图 10-42 所示。按 Shift+Ctrl+G 组合键，取消图形编组。

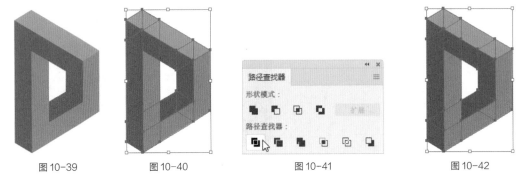

图 10-39 图 10-40 图 10-41 图 10-42

（14）选择"选择"工具 ▶，按住 Shift 键的同时，依次单击选取需要的图形，如图 10-43 所示。在"路径查找器"控制面板中，单击"联集"按钮 ▣，如图 10-44 所示，生成新的对象，效果如图 10-45 所示。

图 10-43 图 10-44 图 10-45

（15）双击"渐变"工具 ▣，弹出"渐变"控制面板，选中"线性渐变"按钮 ▣，在色谱条上设置 3 个色标，分别将色标的位置设为 0、36、100，并分别设置颜色为 0（41、105、176）、36（41、128、185）、100（109、213、250），其他选项的设置如图 10-46 所示，图形被填充为渐变色，效果如图 10-47 所示。用相同的方法合并其他形状，并填充相应的渐变色，效果如图 10-48 所示。

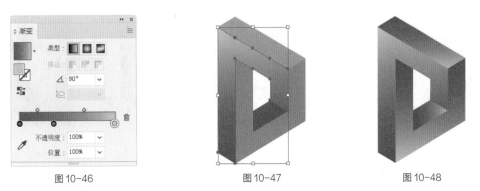

图 10-46 图 10-47 图 10-48

（16）选择"选择"工具 ▶，用框选的方法将所绘制的图形全部选取，按 Ctrl+G 组合键，将其编组，如图 10-49 所示。

（17）选择"文字"工具 **T**，在页面中分别输入需要的文字，选择"选择"工具 ▶，在属性栏中分别选择合适的字体并设置文字大小，效果如图 10-50 所示。

图 10-49

图 10-50

（18）选取下方英文文字，按 Alt+ →组合键，适当调整文字间距，效果如图 10-51 所示。矛盾空间效果 Logo 制作完成，效果如图 10-52 所示。

图 10-51

图 10-52

10.3.2 "3D"效果组

"3D"效果组中的效果可以将开放路径、封闭路径或位图对象通过凸出和斜角、绕转、旋转转换为三维对象，如图 10-53 所示。

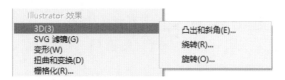

图 10-53

应用"3D"效果组中的效果前后对比如图 10-54 所示。

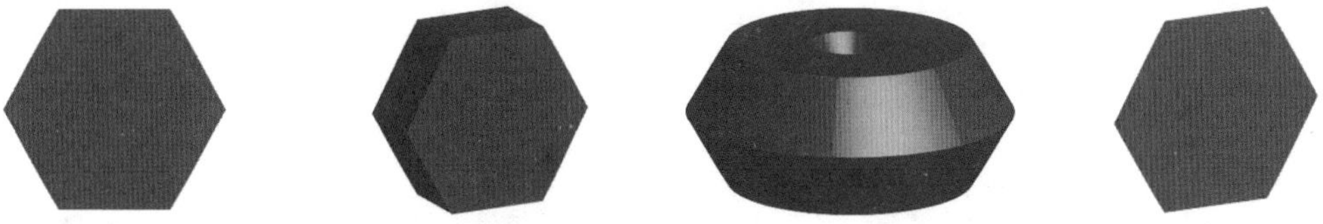

原图像　　　　　"凸出和斜角"效果　　　　　"绕转"效果　　　　　"旋转"效果

图 10-54

10.3.3 "SVG 滤镜"效果组

SVG 是将图像描述为形状、路径、文本和滤镜效果的矢量格式。其生成的文件很小，可在 Web、打印甚至资源有限的手持设备上提供较高品质的图像。用户无须牺牲锐利程度、细节或清晰度，即可在屏幕上放大 SVG 图像的视图。此外，SVG 提供对文本和颜色的高级支持，它可以确保用户看到的图像和 Illustrator 画板上所显示的一样。

"SVG 滤镜"效果组是一系列描述各种数学运算的 XML 属性，生成的效果会应用于目标对象而不是源图形。如果对象使用了多个效果，则 SVG 效果必须是最后一个效果。

如果要从 SVG 文件导入效果，需要选择"效果">"SVG 滤镜">"导入 SVG 滤镜"命令，如图 10-55 所示，选择所需要的 SVG 文件，然后单击"打开"按钮。

图 10-55

10.3.4 "变形"效果组

"变形"效果组中的效果使对象扭曲或变形，可作用的对象有路径、文本、网格、混合和栅格图像，如图 10-56 所示。

图 10-56

应用"变形"效果组中的效果前后对比如图 10-57 所示。

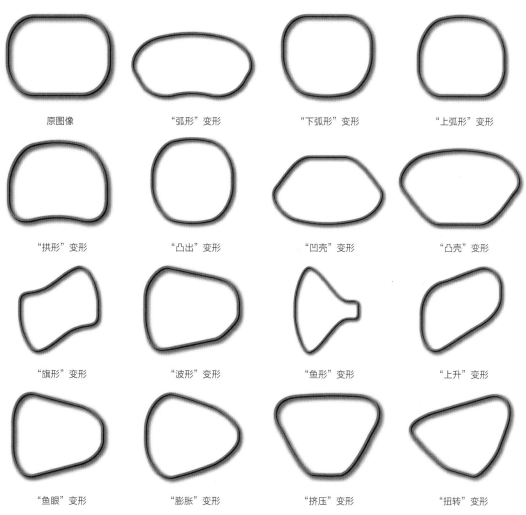

原图像　　　　　　　"弧形"变形　　　　　　"下弧形"变形　　　　　"上弧形"变形

"拱形"变形　　　　　"凸出"变形　　　　　　"凹壳"变形　　　　　　"凸壳"变形

"旗形"变形　　　　　"波形"变形　　　　　　"鱼形"变形　　　　　　"上升"变形

"鱼眼"变形　　　　　"膨胀"变形　　　　　　"挤压"变形　　　　　　"扭转"变形

图 10-57

10.3.5　"扭曲和变换"效果组

"扭曲和变换"效果组包括 7 个效果命令，如图 10-58 所示。它们可以使图像产生各种扭曲变形的效果。

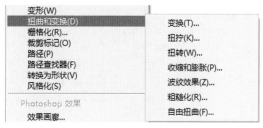

图 10-58

应用"扭曲和变换"效果组中的效果前后对比如图 10-59 所示。

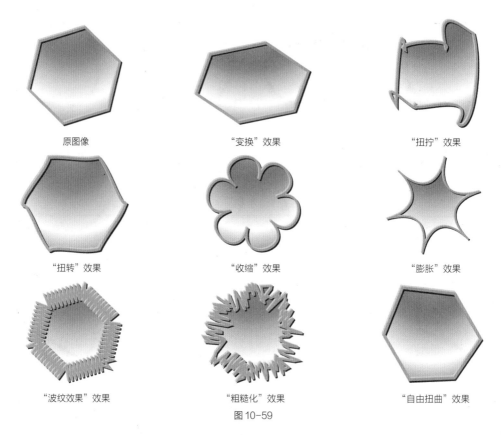

原图像   "变换"效果   "扭拧"效果

"扭转"效果   "收缩"效果   "膨胀"效果

"波纹效果"效果   "粗糙化"效果   "自由扭曲"效果

图 10-59

10.3.6 "栅格化"效果

    "栅格化"效果是用来生成像素（非矢量数据）的效果，可以将矢量图像转化为像素图像。"栅格化"对话框如图 10-60 所示。

图 10-60

10.3.7 "裁剪标记"效果

    "裁剪标记"效果指示了所需的打印纸张剪切的位置，效果如图 10-61 所示。

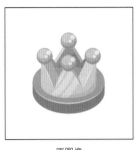 

原图像　　　　　　　　　　使用"裁剪标记"效果

图 10-61

10.3.8 "路径"效果组

"路径"效果组中的效果可以将对象路径相对于对象的原始位置进行偏移、将文字转化为如同任何其他图形对象那样可进行编辑和操作的一组复合路径、将所选对象的描边更改为与原始描边相同粗细的填色对象，如图 10-62 所示。

图 10-62

10.3.9 "路径查找器"效果组

"路径查找器"效果组中的效果可以将组、图层或子图层合并到单一的可编辑对象中，如图 10-63 所示。

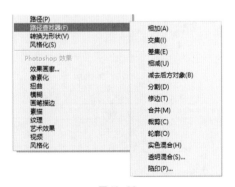

图 10-63

10.3.10 "转换为形状"效果组

"转换为形状"效果组中的效果可以将矢量对象的形状转换为矩形、圆角矩形或椭圆，如图 10-64 所示。

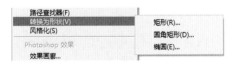

图 10-64

应用"转换为形状"效果组中的效果前后对比如图 10-65 所示。

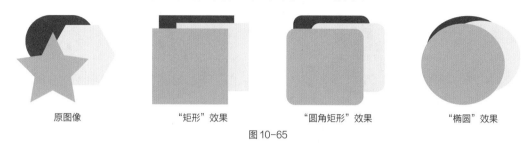

原图像　　　　　　"矩形"效果　　　　　　"圆角矩形"效果　　　　　　"椭圆"效果

图 10-65

10.3.11 "风格化"效果组

"风格化"效果组中的效果可以快速地向图像添加内发光、投影等效果，如图 10-66 所示。

图 10-66

1. "内发光"命令

可以在对象的内部创建发光的外观效果。选中要添加内发光效果的对象，如图 10-67 所示，选择"效果 > 风格化 > 内发光"命令，在弹出的"内发光"对话框中设置数值，如图 10-68 所示，单击"确定"按钮，对象的内发光效果如图 10-69 所示。

图 10-67　　　　　　　　　　　图 10-68　　　　　　　　　　　图 10-69

2. "圆角"命令

可以为对象添加圆角效果。选中要添加圆角效果的对象，如图 10-70 所示，选择"效果 > 风格化 > 圆角"命令，在弹出的"圆角"对话框中设置数值，如图 10-71 所示，单击"确定"按钮，对象的效果如图 10-72 所示。

图 10-70　　　　　　　　　　　图 10-71　　　　　　　　　　　图 10-72

3."外发光"命令

可以在对象的外部创建发光的外观效果。选中要添加外发光效果的对象，如图 10-73 所示，选择"效果 > 风格化 > 外发光"命令，在弹出的"外发光"对话框中设置数值，如图 10-74 所示，单击"确定"按钮，对象的外发光效果如图 10-75 所示。

图 10-73　　　　　　　　　　　　　图 10-74　　　　　　　　　　　　　图 10-75

4."投影"命令

可以为对象添加投影。选中要添加投影的对象，如图 10-76 所示，选择"效果 > 风格化 > 投影"命令，在弹出的"投影"对话框中设置数值，如图 10-77 所示，单击"确定"按钮，对象的投影效果如图 10-78 所示。

图 10-76　　　　　　　　　　　　　图 10-77　　　　　　　　　　　　　图 10-78

5."涂抹"命令

选中要添加涂抹效果的对象，如图 10-79 所示，选择"效果 > 风格化 > 涂抹"命令，在弹出的"涂抹选项"对话框中设置数值，如图 10-80 所示，单击"确定"按钮，对象的涂抹效果如图 10-81 所示。

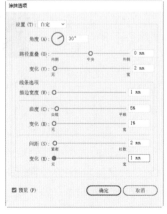

图 10-79　　　　　　　　　　　　　图 10-80　　　　　　　　　　　　　图 10-81

6. "羽化"命令

"羽化"可以将对象的边缘从实心颜色逐渐过渡为无色。选中要羽化的对象，如图 10-82 所示，选择"效果 > 风格化 > 羽化"命令，在弹出的"羽化"对话框中设置数值，如图 10-83 所示，单击"确定"按钮，对象的羽化效果如图 10-84 所示。

图 10-82　　　　　　　　　　图 10-83　　　　　　　　　　图 10-84

10.4　Photoshop 效果

Photoshop 效果为栅格效果，也就是用来生成像素的效果。可以同时应用于矢量或位图对象，它包括"效果画廊"效果和 9 个效果组，有些效果组又包括多个效果。

10.4.1　课堂案例——制作学术讲座海报

案例学习目标

学习使用"纹理"效果、"艺术效果"效果和"画笔描边"效果制作学术讲座海报。

案例知识要点

使用"矩形"工具、"纹理化"命令、"置入"命令和"干画笔"命令制作海报底图，使用"文字"工具、"创建轮廓"命令和"喷色描边"命令添加并编辑标题文字。学术讲座海报效果如图 10-85 所示。

图 10-85

效果所在位置

云盘 /Ch10/ 效果 / 制作学术讲座海报 .ai。

（1）按 Ctrl+N 组合键，弹出"新建文档"对话框，设置文档的宽度为 150mm，高度为 200mm，取向为竖向，颜色模式为 CMYK，单击"创建"按钮，新建一个文档。

（2）选择"矩形"工具▢，绘制一个与页面大小相等的矩形，设置图形填充色为浅黄色（0、2、9、0），填充图形，并设置描边色为无，效果如图 10-86 所示。

（3）选择"效果 > 纹理 > 纹理化"命令，在弹出的对话框中进行设置，如图 10-87 所示；单击"确定"按钮，效果如图 10-88 所示。

图 10-86

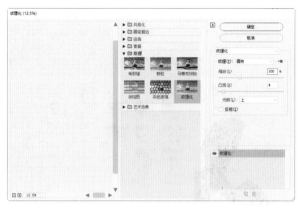

图 10-87

图 10-88

（4）选择"文件 > 置入"命令，弹出"置入"对话框，选择云盘中的"Ch10 > 素材 > 制作学术讲座海报 > 01"文件，单击"置入"按钮，在页面中单击置入图片，单击属性栏中的"嵌入"按钮，嵌入图片。选择"选择"工具 ▶，拖曳图片到适当的位置，效果如图 10-89 所示。

（5）选择"效果 > 艺术效果 > 干画笔"命令，在弹出的对话框中进行设置，如图 10-90 所示；单击"确定"按钮，效果如图 10-91 所示。

图 10-89

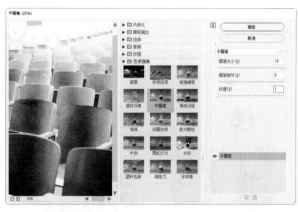

图 10-90

图 10-91

（6）在属性栏中将"不透明度"选项设为 80%，按 Enter 键确定操作，效果如图 10-92 所示。选择"文字"工具 T，在页面中输入需要的文字，选择"选择"工具 ▶，在属性栏中选择合适的字体并设置文字大小，效果如图 10-93 所示。

图 10-92

图 10-93

（7）按 Shift+Ctrl+O 组合键，将文字转化为轮廓，效果如图 10-94 所示。选择"效果 > 画笔描边 > 喷色描边"命令，在弹出的对话框中进行设置，如图 10-95 所示；单击"确定"按钮，效果如图 10-96 所示。

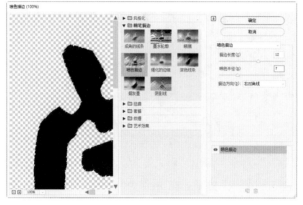

图 10-94   图 10-95   图 10-96

（8）拖曳文字右上方的控制手柄，将其旋转到适当的角度，效果如图 10-97 所示。用相同的方法制作文字"术""讲""座"，效果如图 10-98 所示。

（9）按 Ctrl+O 组合键，打开云盘中的"Ch10 > 素材 > 制作学术讲座海报 > 02"文件，选择"选择"工具 ▶，选取需要的图形，按 Ctrl+C 组合键，复制图形。选择正在编辑的页面，按 Ctrl+V 组合键，将其粘贴到页面中，并拖曳复制的图形到适当的位置，效果如图 10-99 所示。学术讲座海报制作完成，效果如图 10-100 所示。

图 10-97   图 10-98   图 10-99   图 10-100

10.4.2 "像素化"效果组

"像素化"效果组中的效果可以将图像中颜色相似的像素合并起来，产生特殊的效果，如图 10-101 所示。

图 10-101

应用"像素化"效果组中的效果前后对比如图 10-102 所示。

  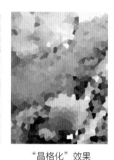  

原图像　　　　　　"彩色半调"效果　　　　"晶格化"效果　　　　"点状化"效果　　　　"铜版雕刻"效果

图 10-102

10.4.3 "扭曲"效果组

"扭曲"效果组中的效果可以对像素进行移动或插值来使图像达到扭曲效果，如图 10-103 所示。

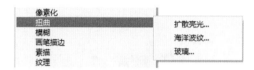

图 10-103

应用"扭曲"效果组中的效果前后对比如图 10-104 所示。

原图像　　　　　　"扩散亮光"效果　　　　"海洋波纹"效果　　　　"玻璃"效果

图 10-104

10.4.4 "模糊"效果组

"模糊"效果组中的效果可以削弱相邻像素之间的对比度，使图像达到柔化的效果，如图 10-105 所示。

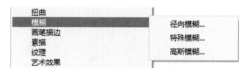

图 10-105

1. "径向模糊"命令

"径向模糊"效果可以使图像产生旋转或运动的效果，模糊的中心位置可以任意调整。

选中图片，如图 10-106 所示。选择"效果 > 模糊 > 径向模糊"命令，在弹出的"径向模糊"对话框中进行设置，如图 10-107 所示，单击"确定"按钮，图像效果如图 10-108 所示。

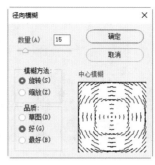

图 10-106　　　　　　　　　　图 10-107　　　　　　　　　　图 10-108

2. "特殊模糊"命令

"特殊模糊"效果可以使图像背景产生模糊效果，可以用来制作柔化效果。

选中图片，如图 10-109 所示。选择"效果 > 模糊 > 特殊模糊"命令，在弹出的"特殊模糊"对话框中进行设置，如图 10-110 所示，单击"确定"按钮，效果如图 10-111 所示。

图 10-109　　　　　　　　　　图 10-110　　　　　　　　　　图 10-111

3. "高斯模糊"命令

"高斯模糊"效果可以使图像变得柔和、效果模糊，可以用来制作倒影或投影。

选中图像，如图 10-112 所示。选择"效果 > 模糊 > 高斯模糊"命令，在弹出的"高斯模糊"对话框中进行设置，如图 10-113 所示，单击"确定"按钮，图像效果如图 10-114 所示。

图 10-112　　　　　　　　　　图 10-113　　　　　　　　　　图 10-114

10.4.5 "画笔描边"效果组

"画笔描边"效果组中的效果可以通过设置不同的画笔和油墨产生类似绘画的效果,如图 10-115 所示。

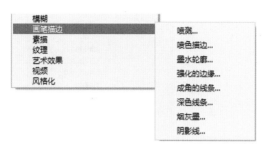

图 10-115

应用"画笔描边"效果组中的效果前后对比如图 10-116 所示。

图 10-116

10.4.6 "素描"效果组

"素描"效果组中的效果可以模拟现实中的素描、速写等美术方法对图像进行处理,如图 10-117 所示。

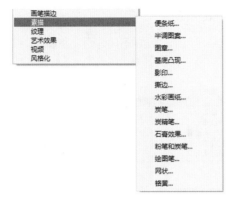

图 10-117

应用"素描"效果组中的效果前后对比如图 10-118 所示。

图 10-118

10.4.7 "纹理"效果组

"纹理"效果组中的效果可以使图像产生各种纹理效果，还可以利用前景色在空白的图像上制作纹理图，如图 10-119 所示。

图 10-119

应用"纹理"效果组中的效果前后对比如图 10-120 所示。

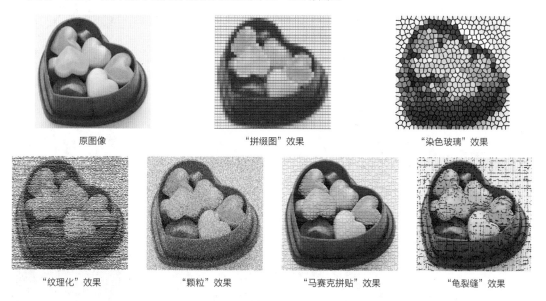

原图像　　　　　　"拼缀图"效果　　　　　　"染色玻璃"效果

"纹理化"效果　　　　"颗粒"效果　　　　"马赛克拼贴"效果　　　　"龟裂缝"效果

图 10-120

10.4.8 "艺术效果"效果组

"艺术效果"效果组中的效果可以模拟不同的艺术派别，使用不同的工具和介质为图像创造出不同的艺术效果，如图 10-121 所示。

图 10-121

应用"艺术效果"效果组中的效果前后对比如图 10-122 所示。

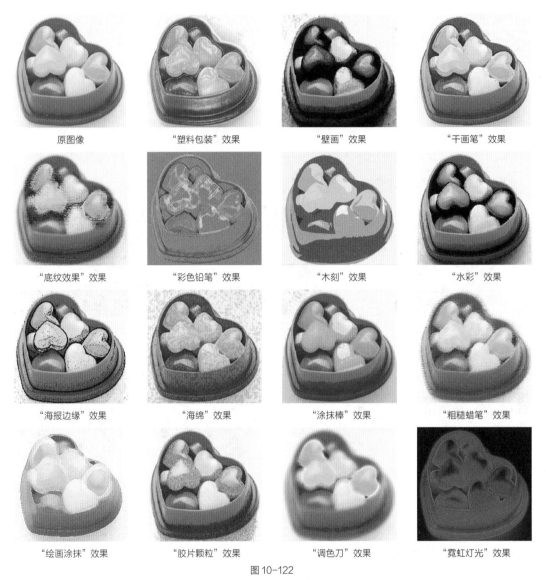

图 10-122

10.4.9 "视频"效果组

"视频"效果组中的效果可以从摄像机输入图像或者将 Illustrator 格式的图像输入到录像带上，主要用于解决 Illustrator 格式图像与视频图像交换时产生的系统差异问题，如图 10-123 所示。

图 10-123

NTSC 颜色：将色域限制在用于电视机重现时的可接受范围内，以防止过饱和颜色渗到电视扫描行中。

逐行：通过移去视频图像中的奇数或偶数扫描行，使在视频上捕捉的运动图像变得更平滑。可以选择通过复制或插值来替换移去的扫描行。

10.4.10 "风格化"效果组

"风格化"效果组中只有 1 个效果，如图 10-124 所示。

图 10-124

"照亮边缘"效果可以把图像中的低对比度区域变为黑色，高对比度区域变为白色，从而使图像上不同颜色的交界处呈现发光效果。

选中图像，如图 10-125 所示，选择"效果 > 风格化 > 照亮边缘"命令，在弹出的"照亮边缘"对话框中进行设置，如图 10-126 所示，单击"确定"按钮，图像效果如图 10-127 所示。

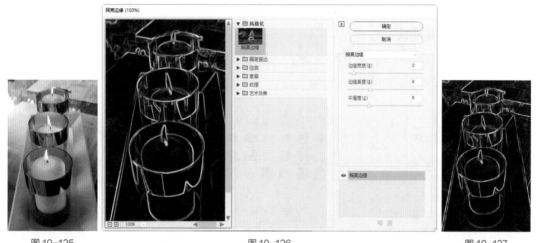

图 10-125   图 10-126   图 10-127

10.5 使用样式

Illustrator CC 2019 提供了多种样式库给用户选择和使用。下面具体介绍各种样式的使用方法。

10.5.1 "图形样式"控制面板

选择"窗口 > 图形样式"命令，弹出"图形样式"控制面板。在默认状态下，控制面板的效果如图 10-128 所示。在"图形样式"控制面板中，系统提供了多种预置的样式。在制作图像的过程中，不但可以任意调用控制面板中的样式，还可以创建、保存、管理样式。在"图形样式"控制面板的下方，"断开图形样式链接"按钮 ✎ 用于断开样式与图形之间的链接；"新建图形样式"按钮 ◼ 用于建立新的样式；"删除图形样式"按钮 🗑 用于删除不需要的样式。

Illustrator CC 2019 提供了丰富的样式库，可以根据需要调出样式库。选择"窗口 > 图形样式库"命令，弹出其子菜单，如图 10-129 所示，可以调出不同的样式库，如图 10-130 所示。

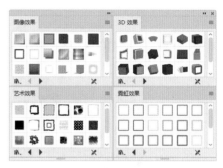

图 10-128　　　　　　　图 10-129　　　　　　　　　图 10-130

> **提示**
>
> Illustrator CC 2019 中的样式有 CMYK 颜色模式和 RGB 颜色模式两种类型。

10.5.2　使用样式

选中要添加样式的图形，如图 10-131 所示。在具体样式库的控制面板中单击要添加的样式，如图 10-132 所示。图形被添加样式后的效果如图 10-133 所示。

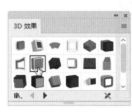

图 10-131　　　　　　　图 10-132　　　　　　　　　图 10-133

定义图形的外观后，可以将其保存。选中要保存外观的图形，如图 10-134 所示。单击"图形样式"控制面板中的"新建图形样式"按钮 ，样式被保存到样式库，如图 10-135 所示。

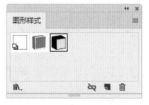

图 10-134　　　　　　　　　　　　　　　图 10-135

用鼠标将图形直接拖曳到"图形样式"控制面板中也可以保存图形的样式，如图 10-136 所示。

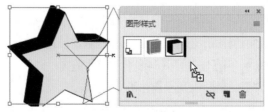

图 10-136

当把"图形样式"控制面板中的样式添加到图形上时，Illustrator CC 2019 将在图形和选定的样式之间创建一种链接关系。也就是说，如果"图形样式"控制面板中的样式发生了变化，那么被添加了该样式的图形也会随之变化。单击"图形样式"控制面板中的"断开图形样式链接"按钮 ⊗，可断开链接关系。

10.6 "外观"控制面板

在 Illustrator CC 2019 的"外观"控制面板中，可以查看当前对象或图层的外观属性，其中包括应用到对象上的效果、描边颜色、描边粗细、填色、不透明度等。

选择"窗口 > 外观"命令，弹出"外观"控制面板。选中一个对象，如图 10-137 所示，在"外观"控制面板中将显示该对象的各项外观属性，如图 10-138 所示。

图 10-137

图 10-138

"外观"控制面板可分为 2 个部分。

第 1 部分为显示当前选择，可以显示当前路径或图层的缩略图。

第 2 部分为当前路径或图层的全部外观属性列表。它包括应用到当前路径上的效果、描边颜色、描边粗细、填色和不透明度等。如果同时选中的多个对象具有不同的外观属性，如图 10-139 所示，"外观"控制面板将无法一一显示，只能提示当前选择为混合外观，效果如图 10-140 所示。

图 10-139

图 10-140

在"外观"控制面板中，各项外观属性是有层叠顺序的。在列举选取区的效果属性时，后应用的效果位于先应用的效果之上。拖曳代表各项外观属性的列表项，可以重新排列外观属性的层叠顺序，从而影响到对象的外观。例如，当图像的"描边"属性在"填色"属性之上时，图像效果如图 10-141 所示。在"外观"控制面板中将"描边"属性拖曳到"填色"属性的下方，如图 10-142 所示。改变层叠顺序后图像效果如图 10-143 所示。

在创建新对象时，Illustrator CC 2019 将把当前设置的外观属性自动添加到新对象上。

图 10-141

图 10-142

图 10-143

课堂练习——制作文化传媒微信运营海报

 练习知识要点

使用"文字"工具和"凸出和斜角"命令制作立体文字效果，使用"文字"工具、"字符"控制面板添加宣传性文字。文化传媒微信运营海报效果如图 10-144 所示。

图 10-144

扫码观看
本案例视频

 效果所在位置

云盘 /Ch10/ 效果 / 制作文化传媒微信运营海报 .ai。

课后习题——制作餐饮食品招贴

 习题知识要点

使用"置入"命令置入图片，使用"文字"工具、填充工具和"涂抹"命令添加并编辑标题文字，使用"文字"工具、"字符"控制面板添加其他相关信息。餐饮食品招贴效果如图 10-145 所示。

图 10-145

扫码观看
本案例视频

 效果所在位置

云盘 /Ch10/ 效果 / 制作餐饮食品招贴 .ai。

11 第11章
综合设计实训

学习引导

本章的综合设计实训案例是根据商业设计项目的真实情境来训练读者利用所学知识完成商业设计项目。通过多个商业设计项目案例的演练，读者能更牢固地掌握 Illustrator CC 2019 的强大操作功能和使用技巧，并应用好所学技能制作出专业的商业设计作品。

知识目标

1. 掌握软件基础知识的使用方法
2. 了解 Illustrator 的常用设计领域
3. 掌握 Illustrator 在不同设计领域的使用

能力目标

1. 掌握美食宣传单的制作方法
2. 掌握阅读平台推广海报的制作方法
3. 掌握坚果食品包装的制作方法
4. 掌握金融理财 App 的 Banner 的制作方法
5. 掌握电商平台 App 引导页的制作方法
6. 掌握家居画册封面的设计方法
7. 掌握健康医疗 App 引导页的设计方法
8. 掌握培训班宣传单的设计方法
9. 掌握商场海报的设计方法

素质目标

1. 培养综合项目的管理和实施能力
2. 培养运用科学设计方法解决实际问题的能力
3. 培养对自己职业发展有明确意识的就业与创业能力

11.1 宣传单设计——制作美食宣传单

11.1.1 【项目背景及要求】

1. 客户名称

多味餐厅。

2. 客户需求

多味餐厅是一家专门制作各类快餐的餐厅，一直深受周围居民和食客的喜爱。目前，多味餐厅推出了新款菜品，要求制作一款宣传单，用于街头派发、橱窗及公告栏展示。宣传单要以宣传新款菜品为主体内容，要求内容明确清晰，展现餐厅的可口美食。

3. 设计要求

（1）内容以美食摄影照片为主，使文字与图片相结合，相互衬托。

（2）色调鲜艳，要能引起食欲，给观者以美味的视觉感受。

（3）画面构图饱满，使观者的视线被美食所吸引。

（4）整体设计简洁明了，能够第一时间传递给观者最有用的信息。

（5）设计规格为 143mm（宽）×220mm（高），分辨率 300 像素 / 英寸。

11.1.2 【项目创意及制作】

1. 素材资源

图片素材所在位置：云盘中的"Ch11/ 素材 / 制作美食宣传单 /01 ～ 14"。

文字素材所在位置：云盘中的"Ch11/ 素材 / 制作美食宣传单 / 文字文档"。

2. 作品参考

设计作品参考效果所在位置：云盘中的"Ch11/ 效果 / 制作美食宣传单 .ai"，效果如图 11-1 所示。

图 11-1

3. 制作要点

使用"矩形"工具、"渐变"工具和"不透明度"选项绘制背景，使用"剪切蒙版"命令绘制装饰图形，使用"文字"工具、多个绘图工具、"混合"工具和"渐变"工具绘制标题文字，使用多个绘图工具、"文字"工具和"路径查找器"命令制作标志，使用"文字"工具添加菜单信息。

11.2 海报设计——制作阅读平台推广海报

11.2.1 【项目背景及要求】

1. 客户名称

Circle。

2. 客户需求

Circle 是一个以文字、图片、视频等多媒体形式，实现信息即时分享、传播互动的平台。现平台需要制作一款宣传海报，要求能够适用于平台传播，以宣传教育咨询为主要内容，内容明确清晰，展现品牌品质。

3. 设计要求

（1）海报内容是以书籍的插画为主，将文字与图片相结合，表明主题。

（2）色调淡雅，带给观者平静、放松的视觉感受。

（3）画面干净整洁，使观者体会到阅读的快乐。

（4）设计能够让观者感受到品牌风格，产生咨询的欲望。

（5）设计规格为 750 px（宽）×1 181 px（高），分辨率 72 像素 / 英寸。

11.2.2 【项目创意及制作】

1. 素材资源

图片素材所在位置：云盘中的"Ch11/ 素材 / 制作阅读平台推广海报 /01、02"。

文字素材所在位置：云盘中的"Ch11/ 素材 / 制作阅读平台推广海报 / 文字文档"。

2. 作品参考

设计作品参考效果所在位置：云盘中的"Ch11/ 效果 / 制作阅读平台推广海报 .ai"，效果如图 11-2 所示。

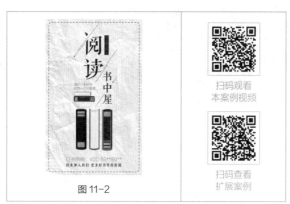

图 11-2

扫码观看
本案例视频

扫码查看
扩展案例

3. 制作要点

使用"置入"命令、"不透明度"选项添加海报背景，使用"直排文字"工具、"字符"控制面板、"创建轮廓"命令、"矩形"工具和"路径查找器"控制面板添加并编辑标题文字，使用"直接选择"工具、"删除锚点"工具调整文字，使用"直线段"工具、"描边"控制面板绘制装饰线条。

11.3 包装设计——制作坚果食品包装

11.3.1 【项目背景及要求】

1. 客户名称

松鼠果果坚果有限公司。

2. 客户需求

松鼠果果是一家以坚果、干果、茶叶、休闲零食等食品的研发、分装及销售为主的产业链平台型企业。公司现阶段新推出一种花生食品，需要设计一个坚果包装，包装设计要求画面生动，主题醒目。

3. 设计要求

（1）包装袋使用卡通绘图给人活泼和亲近感。

（2）将产品包装图片放在画面主要位置，突出主题。

（3）以真实的花生图片作为背景，向观众传达直观的信息内容。

（4）整体设计简洁明了，能够第一时间传递给观众最有用的信息。

（5）设计规格为 160mm（宽）×240mm（高），分辨率 300 像素 / 英寸。

11.3.2 【项目创意及制作】

1. 素材资源

图片素材所在位置：云盘中的"Ch11/ 素材 / 制作坚果食品包装 /01 ～ 04"。

文字素材所在位置：云盘中的"Ch11/ 素材 / 制作坚果食品包装 / 文字文档"。

2. 作品参考

设计作品参考效果所在位置：云盘中的"Ch11/ 效果 / 制作坚果食品包装 .ai"，效果如图 11-3 所示。

扫码观看
本案例视频

扫码查看
扩展案例

图 11-3

3. 制作要点

使用"矩形"工具、"钢笔"工具、填充工具和"透明度"控制面板制作包装底图，使用多个绘图工具、"剪切蒙版"命令、"镜像"工具和填充工具绘制卡通松鼠，使用"文字"工具、"字符"控制面板添加商品名称及其他相关信息，使用"置入"命令、"投影"命令、"剪切蒙版"命令和"混合模式"选项制作包装展示图。

11.4　Banner 设计——制作金融理财 App 的 Banner

11.4.1　【项目背景及要求】

1. 客户名称

MK money。

2. 客户需求

MK money 是一个专业的理财平台，现平台推出新款理财项目，为了吸引客户积极参与此次活动，希望发布一款可以招引客户到平台理财的 Banner，用于平台展示宣传。设计要贴合理财赚钱的主题，从而达到吸引客户的目的。

3. 设计要求

（1）Banner 设计要以金融理财类的元素为主导。

（2）设计使用插画的形式来诠释 Banner 内容，表现 Banner 特色。

（3）画面色彩要符合金融行业特色，使用大胆而丰富的色彩，丰富画面效果。

（4）设计风格具有特色，能够引起客户的好奇及兴趣。

（5）设计规格为 750 px（宽）×360 px（高），分辨率 72 像素 / 英寸。

11.4.2　【项目创意及制作】

1. 素材资源

图片素材所在位置：云盘中的“Ch11/ 素材 / 制作金融理财 App 的 Banner/01”。

文字素材所在位置：云盘中的“Ch11/ 素材 / 制作金融理财 App 的 Banner/ 文字文档”。

2. 作品参考

设计作品参考效果所在位置：云盘中的“Ch11/ 效果 / 制作金融理财 App 的 Banner.ai”，效果如图 11-4 所示。

图 11-4

3. 制作要点

使用“矩形”工具、“渐变”工具绘制背景；使用“钢笔”工具、填充工具绘制卡通人物；使用“椭圆”工具、“渐变”工具、“路径查找器”命令和“变换”控制面板绘制钱币。

11.5　引导页设计——制作餐饮连锁店 App 引导页

11.5.1　【项目背景及要求】

1. 客户名称

Shine。

2. 客户需求

Shine 是一家餐饮连锁店。业务覆盖了水果蔬菜、海鲜肉禽、牛奶零食等全品类。现为更好地发展，Shine 需要制作一款 App。本例要求进行 Shine App 引导页设计，用于产品的宣传和推广，设计要符合产品的宣传主题，能体现出餐饮连锁店的特点。

3. 设计要求

（1）引导页以插画的形式进行设计。

（2）界面要求内容丰富，图文搭配合理。

（3）画面色彩要充满时尚性和现代感。

（4）设计风格具有特色，版式布局合理有序。

（5）设计规格为 750 px（宽）×1 334 px（高），分辨率 72 像素 / 英寸。

11.5.2　【项目创意及制作】

1. 素材资源

图片素材所在位置：云盘中的"Ch11/ 素材 / 制作餐饮连锁店 App 引导页 /01 ～ 03"。

文字素材所在位置：云盘中的"Ch11/ 素材 / 制作餐饮连锁店 App 引导页 / 文字文档"。

2. 作品参考

设计作品参考效果所在位置：云盘中的"Ch11/ 效果 / 制作餐饮连锁店 App 引导页 .ai"，效果如图 11-5 所示。

图 11-5

3. 制作要点

使用"矩形"工具、"椭圆"工具、"直接选择"工具、"圆角矩形"工具、"旋转"工具、"镜像"工具和填充工具绘制门窗和屋檐，使用"椭圆"工具、"圆角矩形"工具、"直线段"工具和"缩放"命令绘制其他元素，使用"文字"工具、"字符"控制面板添加介绍文字。

11.6　课堂练习1——设计家居画册封面

11.6.1　【项目背景及要求】

1. 客户名称

新思派家居集团有限公司。

2. 客户需求

新思派是一家居家用品零售企业。主要销售办公用品、卧室系列、厨房系列、纺织品、炊具系列、房屋储藏系列等多种产品。现集团推出新的系列产品，为方便客户了解产品需要制作画册，本案例是为画册设计制作封面，要求能够体现出产品特点及企业特色。

3. 设计要求

（1）设计风格要求大气简约。

（2）画册封面的色彩要素雅，能够衬托主题。

（3）设计要求能够展现产品主题信息，使人一目了然。

（4）画面的色调搭配和谐，带给人高端时尚的视觉感受。

（5）设计规格为 420mm（宽）×285mm（高），分辨率 300 像素 / 英寸。

11.6.2　【项目创意及制作】

1. 素材资源

图片素材所在位置：云盘中的"Ch11/ 素材 / 设计家居画册封面 /01 ～ 03"。
文字素材所在位置：云盘中的"Ch11/ 素材 / 设计家居画册封面 / 文字文档"。

2. 制作提示

首先新建文件并制作背景效果，其次添加封面名称及其他信息，再制作标志。

3. 知识提示

使用"矩形"工具、"椭圆"工具和"路径查找器"命令绘制图形，使用"文字"工具制作标题及活动信息，使用"矩形网格"工具、"描边"控制面板制作日历，使用"星形"工具制作装饰星形。

11.7　课堂练习2——设计健康医疗 App 引导页

11.7.1　【项目背景及要求】

1. 客户名称

好医生 App。

2. 客户需求

好医生 App 是一款致力于让家庭医生和专科医生与患者进行高效沟通的平台，主要面向家庭成员、白领及学生。现好医生 App 要对平台风格和内容进行调整。本例是为 App 设计制作引导页，要求以现代、简洁的风格为主，根据品牌的特性、产品的功能等因素进行设计。

3. 设计要求

（1）引导页以插画的形式进行设计。

（2）界面要求内容丰富，图文搭配合理。

（3）将细节部分细致化处理，使人感受到平台的用心。

（4）界面的色调搭配和谐，带给人高端专业的视觉感受。

（5）设计规格为 750 px（宽）× 1 334 px（高），分辨率 72 像素 / 英寸。

11.7.2　【项目创意及制作】

1. 素材资源

图片素材所在位置：云盘中的"Ch11/ 素材 / 设计健康医疗 App 引导页 /01"。

文字素材所在位置：云盘中的"Ch11/ 素材 / 设计健康医疗 App 引导页 / 文字文档"。

2. 制作提示

首先新建文件，其次制作日历，再次制作日历网格线，最后添加文字信息。

3. 知识提示

使用"圆角矩形"工具、"矩形"工具、"变换"控制面板绘制日历，使用"矩形网格"工具绘制网格，使用"矩形"工具、"直线段"工具、"镜像"工具和填充工具制作翻页效果。

11.8　课后习题 1——设计培训班宣传单

11.8.1　【项目背景及要求】

扫码观看
本案例视频

扫码观看
本案例视频

1. 客户名称

童话少儿书画。

2. 客户需求

童话少儿书画是一家艺术教育培训机构，致力于儿童艺术创新教育。通过多个学段的完整创造力思维系统课程，适龄适性地满足不同认知发展阶段孩子的学习需求。现机构推出了新一期的假期活动，要求设计制作一款宣传单，用于街头派发、橱窗及公告栏展示。宣传单要求内容丰富，重点宣传此次假期培训的学习内容。

3. 设计要求

（1）宣传单设计要求色彩丰富，具有趣味性。

（2）设计要求运用卡通形象，与文字一起构成丰富生动的画面。

（3）设计要求表现出活动有趣、新颖的风格，色彩鲜艳，给人以活泼的视觉感受。

（4）要求文字的设计具有特色，使观众快速了解活动信息。

（5）设计规格为 210mm（宽）× 285mm（高），分辨率 300 像素 / 英寸。

11.8.2　【项目创意及制作】

1. 素材资源

图片素材所在位置：云盘中的"Ch11/ 素材 / 设计培训班宣传单 /01 ～ 11"。

文字素材所在位置：云盘中的"Ch11/ 素材 / 设计培训班宣传单 / 文字文档"。

2. 制作提示

首先新建文件，其次制作背景效果，再次制作宣传文字效果。

3. 知识提示

使用"矩形"工具和"渐变"工具绘制背景，使用"文本"工具、"渐变"工具、"混合"工具和"投影"命令绘制标题文字，使用"文本"工具和多个绘图工具添加宣传内容和图片。

11.9 课后习题2——设计商场海报

11.9.1 【项目背景及要求】

1. 客户名称

永美世贸商场。

2. 客户需求

永美世贸商场是一家平民化的综合性购物商城，致力于打造更贴合老百姓的购物平台。商场现阶段需要设计一款关于岭城分店开业的海报，要求能突出体现海报宣传的主题，同时展现出热闹的氛围并具有视觉冲击感。

3. 设计要求

（1）红色的背景和金色的点缀营造出热闹的氛围。

（2）立体化的文字突出宣传主题，能瞬间抓住人们的视线。

（3）放射光的设计形成具有冲击力的画面，突出主题。

（4）装饰图形和飘落的红包形成动静结合的画面，增强了氛围感。

（5）设计规格为 500mm（宽）×700mm（高），分辨率 300 像素 / 英寸。

11.9.2 【项目创意及制作】

1. 素材资源

图片素材所在位置：云盘中的"Ch11/ 素材 / 设计商场海报 /01 ～ 05"。

文字素材所在位置：云盘中的"Ch11/ 素材 / 设计商场海报 / 文字文档"。

2. 制作提示

首先新建文件，其次制作背景效果，再次制作标题文字效果，最后制作宣传文字效果。

3. 知识提示

使用"置入"命令置入素材图片，使用"文字"工具、"倾斜"工具、"渐变"工具、"混合"工具制作立体文字，使用"钢笔"工具、"渐变"工具绘制装饰图形，使用"圆角矩形"工具、"椭圆"工具和"投影"命令制作扫码条。

扩展知识扫码阅读

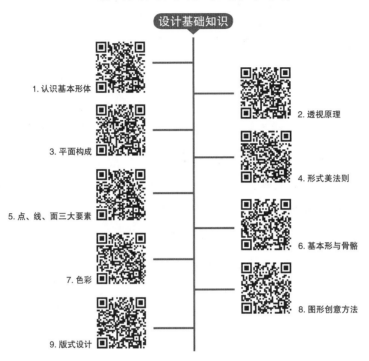

设计基础知识

1. 认识基本形体

2. 透视原理

3. 平面构成

4. 形式美法则

5. 点、线、面三大要素

6. 基本形与骨骼

7. 色彩

8. 图形创意方法

9. 版式设计

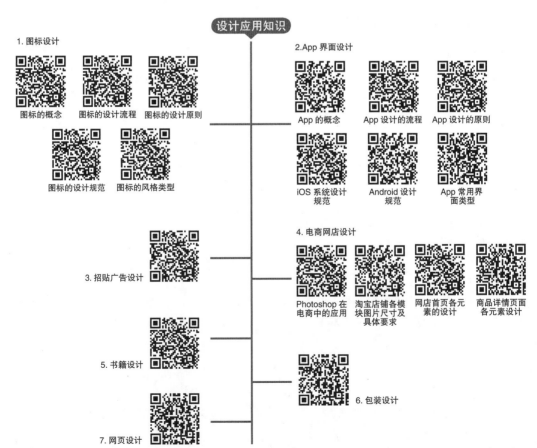

设计应用知识

1. 图标设计

图标的概念　图标的设计流程　图标的设计原则

图标的设计规范　图标的风格类型

2. App 界面设计

App 的概念　App 设计的流程　App 设计的原则

iOS 系统设计规范　Android 设计规范　App 常用界面类型

3. 招贴广告设计

4. 电商网店设计

Photoshop 在电商中的应用　淘宝店铺各模块图片尺寸及具体要求　网店首页各元素的设计　商品详情页面各元素设计

5. 书籍设计

6. 包装设计

7. 网页设计